生态与生物设计丛书
丛书主编：吕品晶　段胜峰
执行主编：景斯阳

生态设计史
一部未完成的百科全书

[希] 莉迪亚·卡利波利提（Lydia Kallipoliti） 著
景斯阳　译
于洋　审校

研究协助　Foivos Geralis
插图绘制　Youngbin Shin

華中科技大學出版社
http://press.hust.edu.cn
中国·武汉

图书在版编目（CIP）数据

生态设计史：一部未完成的百科全书 / （希）莉迪亚·卡利波利提著；景斯阳译. -- 武汉：华中科技大学出版社，2025.8. -- (生态与生物设计丛书). -- ISBN 978-7-5772-1812-0

Ⅰ. X32；TU-856

中国国家版本馆CIP数据核字第202586DP54号

Histories of Ecological Design: An Unfinished Cyclopedia

By Lydia Kallipoliti

Original English edition published by Actar

This edition first published in China in 2025 by Huazhong University of Science and Technology Press, Wuhan City

生态设计史：一部未完成的百科全书

SHENGTAI SHEJISHI: YI BU WEI WANCHENG DE BAIKE QUANSHU

[希] 莉迪亚·卡利波利提 著

景斯阳 译

出版发行：华中科技大学出版社（中国·武汉）
武汉市东湖新技术开发区华工科技园

电话：(027)81321913

邮编：430223

策划编辑：王　娜

责任编辑：王　娜

封面设计：黄琬婷

责任监印：朱　玢

印　　刷：湖北金港彩印有限公司

开　　本：710 mm×1000 mm 1/16

印　　张：17.75　　插页：1

字　　数：294千字

版　　次：2025年8月 第1版 第1次印刷

定　　价：168.00元

华中出版

投稿邮箱：wangn@hustp.com

本书若有印装质量问题，请向出版社营销中心调换

全国免费服务热线：400-6679-118 竭诚为您服务

中央高校基本科研业务费专项资金资助
中央美术学院自主科研项目资助

致安东尼·维德勒

（Anyhony Vidler，1941—2023）

我的私人百科全书

生活与智慧的巨人

[→]

[↘]

[↘]

丛书总序

人类正站在生态文明的转折点，全球生态设计理念历经了从机械功能主义向全生命周期范式的革命性跨越——从20世纪60年代工业污染治理的觉醒，到千禧年后循环经济与碳足迹追踪的系统性整合，设计已从“改造自然”转向“与自然共生”的伦理重构。当下，生物设计正掀起新一轮范式革命：仿生算法优化城市代谢系统，基因编程材料重塑制造逻辑，菌丝体自生长模块颠覆建筑工业，而生物艺术更以基因编辑为画笔，叩问技术伦理的边界。本丛书诞生于气候临界与生物多样性锐减的紧迫语境，旨在为产业提供从细胞级制造到零废弃系统的技术工具箱，为公众缔造理解生态智慧的认知桥梁，以跨学科知识熔炉点燃可持续文明的火种。这既是设计学科的时代应答，亦是人类重写“生产－生态”契约的技术宣言。

丛书锚定“前沿性、跨学科性、创新性”三大核心维度，构建面向未来的生态与生物设计知识体系。前沿性聚焦全球近十年的突破性探索，从基因编辑驱动的生物材料研发到仿生算法优化的碳汇系统，横跨实验室研发与产业实践；跨学科性深度融合生态设计、生物艺术、生物制造与智慧生态，打破学科壁垒，重塑“自然逻辑－技术工具－人文伦理”三位一体的方法论；创新性以范式突破为内核，涵盖生物基材料自生长技术、细胞级制造工艺及零废弃循环系统等全链条革新，重新定义“设计－生产－环境”的共生边界。本丛书既是生态危机下的学科应答，亦是面向可持续文明的技术宣言。

丛书内容以“技术革新－伦理思辨－历史脉络－应用工具”四重维度为轴，系统构建生态与生物设计的知识图谱。技术革新维度聚焦生物逻辑与人工系统的深度耦合，涵盖基因编程材料、菌丝体自生长建筑模块及仿生算法驱动的碳代谢优化，从分子尺度到城市尺度重构“设计－生产－环境”的共生界面；伦理思辨维度直面生物科技与人类世的伦理张力，探索基因编辑艺术对生命主权的挑战、合成生物学在文化身份中的隐喻，以及技术霸权与生态正义的辩证关系，为跨界实践提供批判性框架；历史脉络维度以非线性叙事重审生态设计演进，从工业文明的功能割裂到循环经济的系统闭环，从封闭生态原型到跨物种共生网络，揭示设计如何以自然法则为镜，回应气候临界与资源危机的代际挑战；应用工具维度则提供从实验室到产业的转化路径，包括生物基材料研发指南、零废弃系统设计协议及政策制定的碳模型工具包，推动生态智慧向产业链与治理体系的渗透。

本丛书作为跨学科生态与生物设计的行动指南，感谢中央美术学院与四川美术学院联合支持，其分册架构直指多元应用场景，包括生物技术工具包、策展人伦理思辨框架、企业研发生物基材料的实战手册等。从政策制定的碳循环模型到高校学科建设的危机设计课程，丛书以“工具性－思想性”双重维度，推动生态智慧向产业实践与公众认知的渗透，构筑可持续文明的产学研协同基座。

2025年5月10日

[→] [↘]

[↖]
目 录

[→] 前 言 [001]

[→] 致 谢 [005]

[→] 引 言 [011]

[○] 第 I 章 自然主义 [022]
（约1866年至第二次世界大战）：寻找根源

导论 [025]
i . 分类学家 [030]
ii . 进化论者 [040]
iii . 沉浸主义者 [050]
iv . 生物功能主义者 [058]
v . 家庭经济学家 [066]
vi . 适应主义者 [078]

[□] 第 II 章 合成自然主义 [102]
（约1966年至2000年）：寻找系统

导论 [105]
i . 世界规划师 [110]
ii . 局外人 [118]
iii . 垃圾建筑师 [126]
iv . 自治主义者 [134]
v . 气候学家 [144]
vi . 城市活动家 [154]

[▹] 第 III 章 黑暗自然主义 [172]
（约2000年至今）：寻找数据

导论 [175]
i . 次自然主义者 [182]
ii . 星球主义者 [192]
iii . 非人类 [202]
iv . 有韧性者 [212]
v . 土地叙述者 [222]
vi . 活体制造者 [232]

[→] 参考文献 [251]

[→] [↘]

[↖]

前 言

长期以来，我一直认为编纂任何类型的百科全书都是一项值得怀疑的任务。之所以说它值得怀疑，是因为将知识限定于一个全面的体系之中这一行为，意味着人类至上的观念，这种观念长期以来主宰了西方世界的传统与习惯。词语“百科全书”源于希腊语短语“εγκύκλιος παιδεία”，它的字面意思是“全面的知识”，词根来自“εν+κύκλος”（意为“在圆圈中”）和“παιδεία”，后者意指知识、教育或学习。从原则上讲，生态学也象征着封闭、循环推理和基于所有事物相互连接的整体性。自从1866年恩斯特·海克尔（Ernst Haeckel）将生态学定义为生物体与其环境之间不可分割的联系以来，生态学引发了关于整体主义和人类福祉的思考，“一种令人安心的圆满感，自然界成为一个由圆形结构所治理的宇宙。”[1]

在百科全书的知识围合和生态学的有机循环中，最直观的例证可能就是莱昂纳多·达·芬奇的《维特鲁威人》了，这一形象长期以来主宰了人们对美、平衡与和谐的认知。图中以肚脐为中心的标准男性躯体，暗示了一个完整且封闭的系统；该系统无须添加任何东西，甚至没有添加的可能性。根据维特鲁威的理论，身体各部分之间的关系是整数比例；因此，每一条线都表示一种确定的相互关系，从而达到完美的平衡。“在整体的现实（宇宙）中，身体呈现为一个相对稳定的结构。”[2] 我们还可以将几何学视为规范化身体的一种努力，以及一个主要的假肢，它开启了对身体的识别，将欲望引导到精神分析学家雅克·拉康（Jacques Lacan）所说的法则，即可识别的社会规范。[3]围合赋予了身体一个预定的形象，这一形象保证了完整性；身体——连同建筑和自然——都被封闭在一个无法逃避的规范领域内。因此，对异常或偏差的渴望被框定住了。

从许多方面来看，围合是一种思想和政治建构，它将所有被认为已知的事物纳入一个可控且确定的世界观中。然而，“圈”并不是权力作用的一个固定形式。政治行动的真正任务是将知识、有机生命和个体身体围合形成主权实体，并将其工具化为话语模式和霸权权力结构。我们必须从一开始就认识到，任何生态设计的历史都深深根植于——如果不是等同于——资本主义及其恶劣的组织安排所促成的对自然的剥削和粗暴对待，以及人类认为自己在地球上拥有至高无上的权力和地位的逻辑。最为重要的是，本书概述的所有历史都以某种方式反映了统治的等级模式，这些模式致力于控制知识，并将物理和物质世界塑造成本体论的和科学的世界观。长期以来，建筑师、设计师和思想家一直在支持这样一种傲慢的立场，他们认为我们（人类）是地球的看护者，而“我”（作为一个独特的个体实体）拥有分析世界、设定等级和构建更为规范的意识形态宇宙的崇高能力。正如矿物学家弗拉基米尔·维尔纳茨基（Vladimir Vernadsky）于20世纪20年代在巴黎索邦大学的讲座中所指出的，如果在研究一个有机体时将其看作与宇宙环境毫不相干的东西，那么它就不是作为一个自然体，而纯粹是作为思想和意识形态的产物。[4]

然而，生态学并非一个单一概念。正如水存在于各种物质状态中，既能赋予生命也能摧毁生命一样，生态学（以及随之而来的生态设计）涵盖了多种碎片化的世界观及其组合。它是关于人类和非人类行为体以及它们如何与地球相遇、如何与其各个部分相互关联、如何滋养地球或被其滋养的故事云。生态学被关于世界应当是什么样子的“幽灵”和观念所笼罩：万物相互连通的工程幻想、循环推理，以及对自然的理想化。然而，在当今这个面临气候危机、环境不平等和毒性泛滥的世界中，这些幻想不过是一个世界崩塌的废墟，一个现在已经消失，但曾被视为完整和被环绕的世界。尽管如此，这些幽灵仍在影响当下，时而萦绕在环境政策的制定方式中，时而体现在管理我们设计和建造的官僚机制和规章中。

在本书的框架下，生态设计的历史呈现为漫长而多样的面貌，我们坦诚地以多种形式展现它，这些历史形成了一个多种叙事开放关联的矩阵。如果将生态设计视为一种创世行为，那么任何关于它的论述都必须回答“世界是什么”以及“世界为何而存在”这两个问题。根据其作者的观点，这些论述随着时间的推移发生了实质性的改变和转化。在这项对该领域形成过程的研究中，我们不仅从时间顺序上检视生态设计的历史，还从相互关联的世界观角度进行考察。每个视角都揭示了人们对自然的看法、自然与文化的关系，以及人类与非人类主体占据自然世界的观念的演变。书中的图形标记为读者提供了多个切入点和阅读章节的路径，使读者既可以按时间顺序阅读，也可以通过相互关联的世界观来阅读。这种非线性的阅读模式有助于读者了解关于生态设计的争议性叙述，以及自“生态学”概念诞生以来其简短历史所呈现的多样面貌。在我持续尝试按时代和章节进行分类的过程中，总有一些内容无法被完全归类或纳入组织结构，尽管它们正是由这些结构产生的。这是一种解构平行历史、展示其间冲突与和谐的尝试。这些简短的章节构建了不同的阅读路径，也揭示了不可能完整地撰写出这一主题的权威历史。这本书的组织方式反映了其内容，它既不能被完美地限制在一个圆圈内，也无法从单一视角观察。从理论上讲，我们的愿景是提供一个能够容纳众多世界的世界，正如萨帕塔主义者（Zapatistas）所承诺的那样。[5]

因此，这本书有意被定位为一本“未完成的百科全书”（unfinished cyclopedia），而不是一本百科全书（encyclopedia）。从历史角度来看，cyclopædia 是 encyclopedia 的一个古老术语；第一部 cyclopædia 由英国作家埃弗拉姆·钱伯斯（Ephraim Chambers）于 1741 年编纂和编辑。[6] 这个词在 19 世纪逐渐不再被使用，特别是由法国哲学家兼翻译家丹尼斯·狄德罗（Denis Diderot）和数学家让·达朗贝尔（Jean d'Alembert）编写的 18 世纪法国大百科全书[7] 问世之后，encyclopedia 这个词开始被广泛采用。

尽管术语的变化并不意味着学说的变化，但我认为，知识的循环（cycling）过程与将其围合（encircling）的过程大不相同。循环意味着观念和实践的反馈循环，它们在不同的轨道上循环和传播，并具有明确的语义重心。它还暗示了一种探索和发现的旅程，而不是单一的批判性视角，这种旅程使得在不同的时间、地点和研究对象之间的探索和交流成为可能。这种旅程既是空间的，也是时间的；它让我们能够深入体验并理解空间、故事和被封存的秘密。当一个章节成为这样一个循环过程的一部分时，我们无法绝对确定它是在讲述过去还是未来，因为在思想史中，话语会被再循环。出现的概念可能看起来是新的，但思想经历了从一个认识论领域到另一个领域的漫长迁移。

思想的循环还提供了一种抵抗项目的线性或因果性的手段，作为解决特定问题的应对策略；循环成为对理想化的连续性的破坏，或者对时间单向性的富有成效的干扰。正如一般系统论之父海因茨·冯·福斯特（Heinz von Foerster）所言："系统中存在一些噪声是有益的。如果一个系统固定在特定状态且不具备适应性，那么它可能完全是错误的——无法调整自身到一个更合适的状态。"[8] 因为重要的不仅是信息，噪声同样关键。在某一参考层面上被视为噪声的东西，在另一个层面上可能是有用的输入。这本书正是如此。其他媒介副产品的手段和媒介的过剩，导致了一种有意的"失焦"视角。它反映了世界的状态，就像一堆废物一样：[9] 一团从它们原本的语境和历史中移位了的思想、身体、平台和物体的凝聚物——简而言之，即这个充满气候紧急情况、健康危机和社会不平等的世界。

[→]　　　　[↘]

[\]

致　谢

安东尼·维德勒——我的导师、同事、挚友，以及无与伦比的生命力量——是我编纂这本未完成的百科全书的主要原因。作为一位“活的百科全书”，他的声音一直在我脑海中回响。这种感觉甚至在我们相遇之前就已开始。他的著作激励了我，并在我于麻省理工学院学习建筑技术期间引导我走向理论研究。过去几年在我们每周的晚餐和长时间的对话中，他不断劝说我编写一本环境百科全书，尽管我曾抗拒，甚至将其视为一项令人痛苦的艰巨任务。安东尼切身感受到这种挣扎，他那部分源自英国人的“坚持下去”的冲动，以及他一生中创作出的大量作品，都源于他对孤雌生殖的理解——一种心灵产生纯粹思想的状态，前所未有且与物质世界的任何事物都不混合——已经成为消逝的神话。即使是安东尼，凭借其卓越的才智连接了如此多的知识点，也依赖于工作伦理和写作劳动。对他来说，这是一种原始的需要，是生命的证明，也是一种不可避免的事情。

从安东尼那里，我还领悟到过去、现在和未来之间的界限实际上是一种幻觉。作为一位历史学家和求知欲旺盛的研究者，他的思维因好奇心而活跃，他在过去的碎片中洞见未来，在未来的预测中窥探过去。我向他学习，并与他一起思考，作为一名历史学家，我开始将时间视为在过去、未来和现在之间延展的时空维度中的混合体。从这个意义上说，我并不仅仅将历史先例视为在当下帮助和教育我们的信息，而是将其视为超越其时代、活跃于当下的思想体。这本书的各个章节和时期并非在讲述一种仁慈的多元主义，而是在积累现实的碎片，并将它们重组成一个虚构的、破碎的集合，反映了我们在面对和概念化自然世界时所展现的有缺陷的本性。

安东尼塑造了我作为建筑师和思想者的人生。我欠他一笔永远无法偿还的债。但和我一样，他也塑造了许多其他人的人生。更重要的是，他塑造了建筑话语领域乃至思想世界本身。他始终保持对生活的坚定乐观，相信建筑有力量影响生活的方式。我的损失，不论多么痛苦，都是集体的损失；这是一个无法由另一个灵魂填补的空缺。如今在库珀联盟学院（Cooper Union）工作变得异常艰难；我总是期待在各个角落见到他，手持那台徕卡相机，目光锐利。这本书的每一页都有他的声音。

再见了，我的朋友。我将永远追寻你的声音。

这本书的编纂过程很漫长，首先我要感谢阿克塔出版社（Actar Publishers）的总编辑里卡多·德维萨（Ricardo Devesa）的耐心等待。尽管这本书的酝酿时间很长，但是他始终没有对我的意图产生怀疑。本书的内容源于我 2018 年发表在《牛津英语环境科学百科全书》（*Oxford English Encyclopedia for Environmental Science*）网络版上的文章《生态设计史》（“The History of Ecological Design”）。该文章已为本次出版进行了修订，然而牛津的匿名编辑和同行评审者给予我的反馈意见仍弥足珍贵，极具建设性与洞察力。我非常感激这些学者们，感谢他们在未署名的情况下如此深入地参与内容讨论。我还要特别感谢我杰出的本科生、教学和研究助理艾米丽·克莱因（Emily Klein）。在我 2015 年至 2019 年任职于伦斯勒理工学院（Rensselaer Polytechnic Institute）建筑学院期间，她给予了我极大的帮助。那时我和艾米丽共同撰写牛津在线文章的第一版。我永远不会忘记她那平和的力量、坚定的决心和纯粹的光芒。

在进一步完善牛津论文内容的过程中，我与我的研究生兼研究助理费沃斯·格拉里斯（Foivos Geralis）合作，他当时在库珀联盟学院学习。我对费沃斯特别感兴趣，因为他来自我在希腊的家乡、母校和大学。但抛开个人偏好不谈，费沃斯对这本书的贡献是至关重要的。他为每一个问题都找到了额外的资源，挖掘出了未知的参考资料，最重要的是，他促使我严肃地处理环境历史中的去殖民化问题，这是一个亟需深入研究的话题。除了费沃斯，我还与韩国建筑师兼插画家申英彬（Youngbin Shin）合作，他为这本书中的每一个章节赋予了视觉特征和生命力。申英彬和我花了无数时间在伦敦和纽约之间进行视频会议，以创作这些插图，所有这些都基于每个时期的标志性表现，并经过调整，从而在视觉上捕捉章节主角的精神。若没有申英彬独特的才华、奉献和不屈不挠的精神，这本书中各个群体的视觉身份就不会如此生动地呈现出来。同样，与平面设计师斯特吉奥斯·加利卡斯（Stergios Galikas）在后奇观工作室（Post-Spectacular Office）的合作也是纯粹的愉悦。我非常感激他以及他的合伙人埃维琳娜·加兰佐蒂（Evelina Garantzioti）和埃利·克里斯塔基（Elli Christaki）在用符号增强这本书的非线性阅读体验方面给予的重要帮助，以及他们理解内容的含义并将其转化为令人惊叹的视觉景观的罕见能力。最后，我要特别感谢我的文案编辑伊琳娜·奥雷什科维奇（Irina Oryshkevich），她对细节的关注和处理语言的能力令人赞叹。

建筑和设计类书籍通常面向特定的读者群体出版，若没有那些为出版工作提供资金支持的人，这些书籍很难问世。因此，我要感谢希腊干尼亚的地中海建筑中心（CAM）对本书出版的支持。我还要永远感激纽约库珀联盟学院欧文·S.查宁建筑学院（Irwin S. Chanin School of Architecture）为我提供的研究机会。这要归功于前院长纳德尔·特哈拉尼（Nader Tehrani），他在2019年聘请我为终身教职教师，并在2022年监督了我的终身教职评审。虽然来到库珀之前我并不认识纳德尔，但我逐渐地尊重、钦佩并深深地把他作为朋友和同事来关心。他可能拥有世界上最令人生畏的眉毛，但他在建筑学领域的慷慨、领导力和奉献精神是无与伦比的。紧随纳德尔之后，我要感谢我的长期朋友、合作者和同事，海莉·埃伯（Hayley Eber）。她在纳德尔任内是副院长，现在是代理院长。海莉在各个方面都支持这个项目，在她的杰出领导下工作是一种纯粹的快乐。能够成为一个我钦佩和真心喜爱的机构的一部分，确实是一种恩赐。我要感谢我的同事们：黛安娜·阿格雷斯特（Diana Agrest）、诺拉·阿卡维（Nora Akawi）、詹姆斯·劳德（James Lowder）、迈克尔·扬（Michael Young）、梅尔西哈·韦莱达尔（Mersiha Veledar）、圭多·祖利安尼（Guido Zuliani）、伊丽莎白·奥唐奈尔（Elizabeth O'Donnell）、尼玛·贾维迪（Nima Javidi）、苏珊娜·德雷克（Susannah

Drake）、埃斯特·崔（Esther Choi）、黛西·阿梅斯（Daisy Ames）、本杰明·阿兰达（Benjamin Aranda）、史蒂文·希利尔（Steven Hillyer）、谢尔文·贾马利（Shervin Jamali）和莫妮卡·夏皮罗（Monica Shapiro）。他们是了解库珀联盟学院一切事务的人，为这个机构注入了生机和活力。

我对我的导师比阿特丽兹·科洛米娜（Beatriz Colomina）和马克·威格利（Mark Wigley）深表感激。他们深厚的友谊和指导对我影响深远。他们卓越的智慧和对生活各方面的严谨探究不仅以不可预见的方式塑造了我的思想和智力发展，也帮助我在生活中始终保持好奇心、警觉和积极性。同时，我也有幸从许多才华横溢且智慧非凡的人那里学习和思考，包括：埃娃·弗兰奇·伊·吉拉贝特（Eva Franch i Gilabert）、安德烈斯·哈克（Andrés Jaque）、卡洛琳·奥唐奈尔（Caroline O'Donnell）、米金·尹（Meejin Yoon）、萨拉·惠廷（Sarah Whiting）、拉尼娅·戈斯恩（Rania Ghosn）、安娜·奈马克（Anna Neimark）、迈克尔·奥斯曼（Michael Osman）、亚历山德罗斯·察米斯（Alexandros Tsamis）、玛丽亚娜·伊巴涅兹（Mariana Ibañez）、西蒙·金（Simon Kim）、罗伯特·皮特鲁斯科（Robert Pietrusko）、大卫·鲁伊（David Ruy）、卡雷尔·克莱因（Karel Klein）、杰西·勒卡瓦利耶（Jesse LeCavalier）、特伊·卡彭特（Tei Carpenter）、法尔津·洛提-贾姆（Farzin Lotfi-Jam）、伊万·洛佩兹·穆努埃拉（Iván López Munuera）、香农·马特恩（Shannon Mattern）、凯瑟琳·西维特·诺登森（Catherine Seavitt Nordenson）、茱莉亚·切尔尼亚克（Julia Czerniak）、克里斯·佩里（Chris Perry）、凯瑟琳·德怀尔（Cathryn Dwyre）、瑞特·鲁索（Rhett Russo）、安德鲁·威特（Andrew Witt）、索尼娅·索布里诺·拉尔斯顿（Sonia Sobrino Ralston）、帕诺斯·德拉戈纳斯（Panos Dragonas）、内兰·图兰（Neyran Turan）、法比奥拉·洛佩斯-杜兰（Fabiola López-Durán）、尼拉杰·巴蒂亚（Neeraj Bhatia）、安妮·彭德尔顿-朱利安（Ann Pendleton-Jullian），以及不可或缺的西尔维亚·拉文（Sylvia Lavin）和利兹·迪勒（Liz Diller）。我要特别提到我的合作伙伴阿雷蒂·马科普洛（Areti Markopoulou），她是我在2022年塔林（Tallinn）建筑双年展中的共同策展人。我们紧密合作了两年，我从阿雷蒂那里学到了许多，她不仅是我的思想力量和一位严谨的决策者，更是我生命中的好朋友之一。最后，我非常感谢普林斯顿大学建筑学院院长莫尼卡·彭斯·德·莱昂（Monica Ponce de Leon），感谢她邀请我作为访问教授去教授一门课程，并在多次论文评审中给我机会。这些杰出的个人都为我的学术和个人成长作出了重要贡献，我对他们的指导和支持深表感激。

我很幸运能拥有一群真诚的朋友，每次遇到他们，他们的智慧和善良都会激励我。感谢基里亚科斯·基里亚库（Kyriakos Kyriakou）、安吉·科（Angie Co）、阿丽安娜·哈里森（Ariane Harrison）、佩普·阿维莱斯（Pep Aviles）、莱亚·塞尔马（Laia Celma）、埃万格洛斯·科齐奥里斯（Evangelos Kotsioris）、阿凡提·希拉利（Avanti Shirali）、查坦尼亚·乌拉尔（Chaitanya Ullal）、琳恩和丹·博根（Lynn and Dan Bogan）、阿斯帕西亚·塔卡（Aspasia Taka）、克利米斯·马夫里迪斯（Klimis Mavridis）、赖夫·拉森（Reif Larsen）、凯蒂·霍尔特（Katie Holt）、伊奥安娜·卢拉（Ioanna Loula）、安杰利基·查季迪米特里乌（Angeliki Chatzidimitriou）、梅雷迪思和瑞安·莱格（Meredith and Ryan Legg）、卡特琳娜·霍拉特（Katharina Hoerath）和莉娜·梅西斯克利（Lina Mesiskli）的友谊和支持。我的姑姑莱夫基·安德拉多（Lefki Andreadou）不懈地支持我，为了照顾我的女儿，她不辞辛苦地往返于希腊和纽约之间。我的父母塔蒂亚娜·安德拉多（Tatiana Andreadou）和哈拉兰博斯·卡利波利提（Charalambos Kallipoliti）在我开展图书项目的过程中一直真诚地鼓励我。

最后，我要特别感谢我生活中的坚强支柱，安德烈亚斯·西奥多里迪斯（Andreas Theodoridis）。我在之前的书中对他的感谢至今仍然适用。与人共度一生不可避免地伴随着挑战，尤其是在尝试平衡彼此有时相冲突的愿望与抱负时。然而，知道自己在这广阔人生海洋中拥有一个稳固的锚和避风港，这是一种难以言喻的美好。

最重要的是，我想感谢我的女儿们，阿格拉（Aggela）和米凯拉（Michaela）。她们促使我探索不同的世界，也因此帮助我在本书中纳入了许多不同的领域。她们带回家的小蜥蜴和充当魔法棒的树枝；她们追逐青蛙、在泥泞中打滚、衣服穿反、在家里上演音乐会和电影。有时，我们挤在一起睡觉。除了这些，她们带来的活力和纯粹的能量让生活变得值得拥有。对于她们教会我的一切，我永远感激有幸成为她们的母亲。

[→] [↘]

[↖]

图解生态设计史

[Ⅲ] # 黑暗自然主义

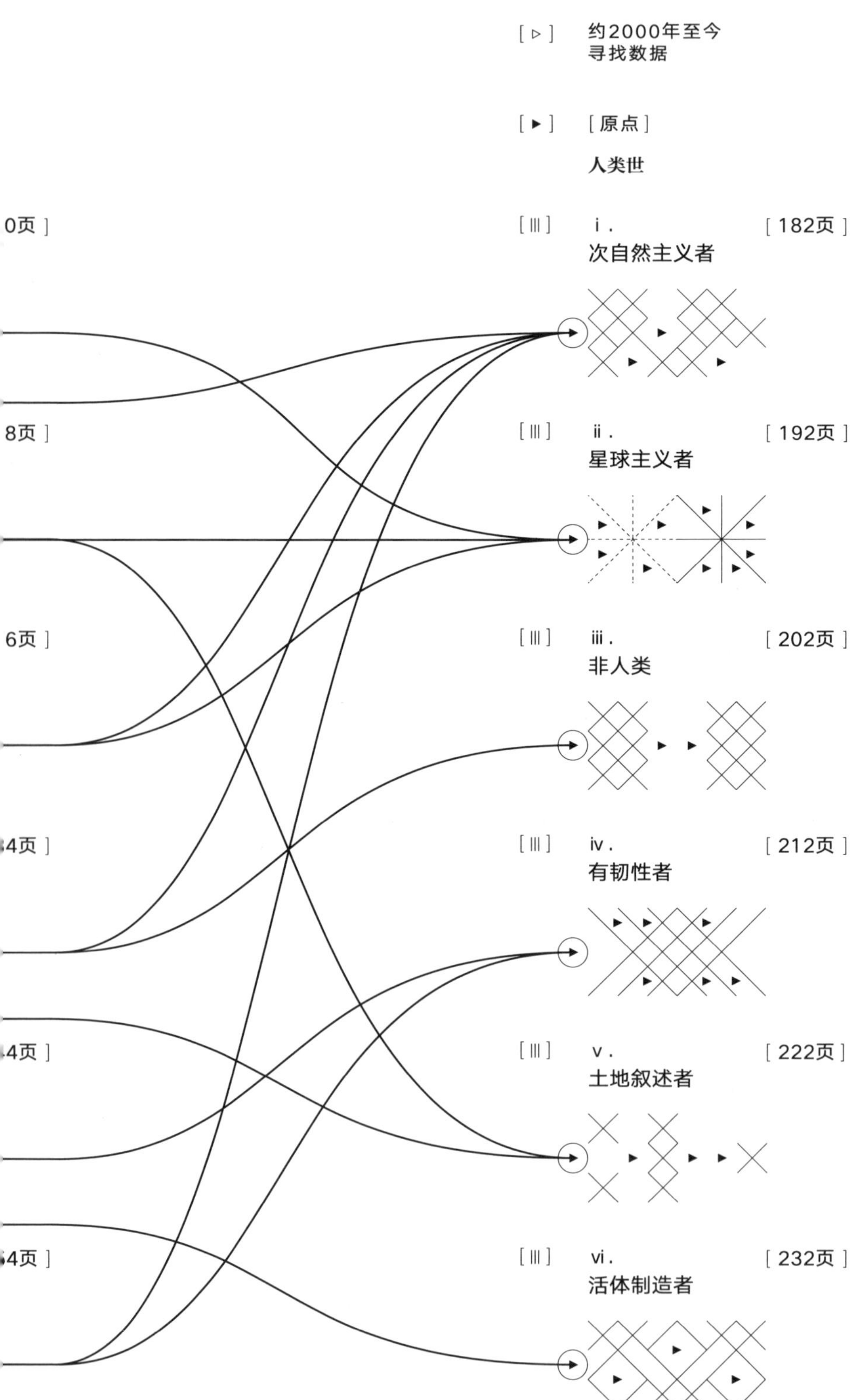

[▷] 约2000年至今
寻找数据
[▶] [原点]
人类世
[Ⅲ] i . 次自然主义者 [182页]
[Ⅲ] ii . 星球主义者 [192页]
[Ⅲ] iii . 非人类 [202页]
[Ⅲ] iv . 有韧性者 [212页]
[Ⅲ] v . 土地叙述者 [222页]
[Ⅲ] vi . 活体制造者 [232页]

[I] # 自然主义

[II] # 合成自然

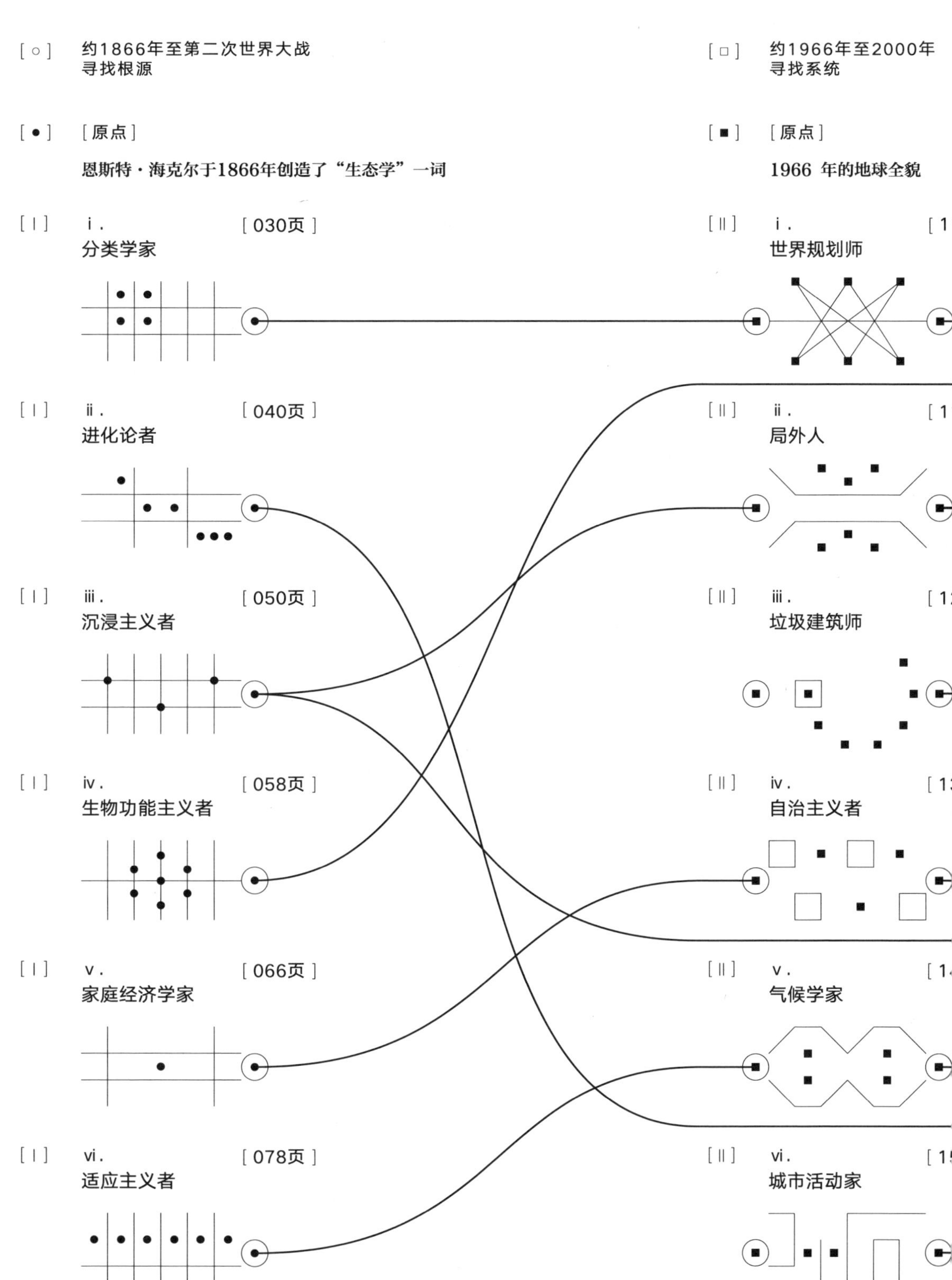

[○] 约1866年至第二次世界大战
寻找根源
[●] [原点]
恩斯特·海克尔于1866年创造了“生态学”一词
[I] i. [030页]
分类学家
[I] ii. [040页]
进化论者
[I] iii. [050页]
沉浸主义者
[I] iv. [058页]
生物功能主义者
[I] v. [066页]
家庭经济学家
[I] vi. [078页]
适应主义者
[□] 约1966年至2000年
寻找系统
[■] [原点]
1966 年的地球全貌
[II] i.
世界规划师
[II] ii.
局外人
[II] iii.
垃圾建筑师
[II] iv.
自治主义者
[II] v.
气候学家
[II] vi.
城市活动家

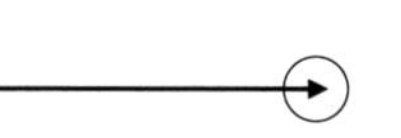

[→]

[↘]

[↖]

引　言

生态设计这一概念最初由西姆·范德赖恩（Sim van der Ryn）和斯图尔特·考恩（Stewart Cowan）在1996年的著作中提出。他们主张在建筑、工业生态学、可持续农业和水处理等领域中，将人类活动与自然过程无缝整合。他们指出，当前的设计和生产方法往往与自然界的节律和周期不同步，存在固有缺陷。他们将生态设计定义为通过与生命过程整合，最大限度地减小对环境破坏性影响的任何设计形式。[10] 任何设计的产品、空间或环境在世界上都有广泛的存在，超越了其作为物化形式的物体的地位，这种认识非常重要，因为它将这种存在投射并延伸到更大的环境力量和全球流动的联系中。

在他们警示性的呼吁之后，建筑师威廉·麦克唐纳（William McDonough）和化学家迈克尔·布朗嘉特（Michael Braungart）于2002年发表了他们的宣言《从摇篮到摇篮》（*From Cradle to Cradle*），提出用循环的政治经济模式取代"从摇篮到坟墓"的线性逻辑。[11] 该书为建筑和设计领域的可持续性讨论奠定了基础，并在环境辩论中确立了技术维度，以及效率、优化和进化竞争的逻辑。《从摇篮到摇篮》的理念后来演变成一种生产模式，被世界各地的许多公司、组织和政府采用，并发展成为注册商标和产品认证的形式。

尽管如此，这些发展仍然暗示着生态设计这一不断成长的领域有着非常短暂的历史。但实际上，其渊源可以追溯到更早的时期。例如，恩斯特·海克尔在1866年将“生态学”（ecology）定义为生物与其环境之间不可分割的联系；[12]或者亨利·戴维·梭罗（Henry David Thoreau）在马萨诸塞州瓦尔登湖畔自建的小屋中所写的关于自给自足和与亲近自然的著名手册《瓦尔登湖》。[13]

“生态设计”（ecological design）这一新词出现于20世纪60年代末，那时广为流传的地球全景图在文化领域崭露头角。当时的一些出版物将我们的星球描绘为一个资源有限的封闭系统，并预测了微观行为对地球宏观动态的影响。从多个方面来看，生态设计标志着第二次世界大战后现代环保主义的兴起，这种兴起表现在因对未来严峻前景的预测而引发的社会活动中，并将设计视为一种补救工具。相比之下，20世纪初的第一个环保时代并未积极地将设计作为实现目标的手段，而是提倡一种新的荒野精神和对未工业化土地的保护。

第二次世界大战后，生态设计顺应自然世界和谐发展的呼声，让位于一种“合成自然主义”的新形式，这种形式将自然法则和新陈代谢的概念从荒野领域转移到了城市、建筑和物体的领域。[14]随着人们对地球遭受破坏这一意识的增强，生态设计不仅意味着设计对象或空间与自然世界的融合，还意味着通过技术介入在设计原则和工具中再现自然界。

建筑和设计中再现自然的理念与巴克敏斯特·富勒（Buckminster Fuller）、约翰·麦克黑尔（John McHale）和伊恩·麦克哈格（Ian McHarg）等人提出的“世界规划”理念相呼应。这种理念将生态设计理解为对地球本身的设计，而不仅仅是对某个物体、建筑或领土的设计。与范德赖恩和考恩对自然平衡论点表现出深刻的赞赏不同，这种观点认为生态设计实际上可以从自然系统的合成复制开始。

21世纪初，环境辩论进入了一个新时代。这个时代的特征是，曾经被视为“自然”的事物正在消失，同时永久性的气候危机和普遍存在的毒性正在被自然化。这种自然化不仅发生在地球本身，也存在于人类和非人类体内。正如雅克·德里达（Jacques Derrida）对语言和文化的演变所主张的那样[15]，它们并非既定事实，而是通过历史和社会过程所构建的，这些严重的环境退化的发展被视为自然且不可避免的。它们被自然化为技术和文化进步演化的默认机制。这种对所涉问题的错误扭曲，正是生态设计中的批判性话语对改革和重建新的联盟和等级制度至关重要的原因。法国建筑评论家兼策展人弗雷德里克·米加鲁（Frédéric

Migayrou）认为，“生态设计”这一术语本身就意味着所有自然事物的丧失，他指出“生态学作为一门科学是基于对一切自然事物的否定……这标志着自然不再是一个不确定的领域”。[16]

在人类世，地球无疑已经进入一个全新的地质时代，在这个时代中，甚至没有一平方英寸的环境是未被触及的；人类塑造了地球。在这种新的物质和存在条件下，生态设计不仅仅指向世界救赎的伦理和约束的修辞；相反，它引发了分歧的立场，使人类不再是生态系统中的主角。

≈

总的来说，定义生态设计是一项难以捉摸的任务，因为它实际上并不指向某个特定的属性或空间配置。我们对这个术语的确切含义仍然不甚明了，在很多方面，它依然是未被定义的。[17]生态焦虑在设计和建筑领域的渗透呈现出多种面貌：在设计思维中重新引入道德价值，试图复兴古老的人文主义话语；用“性能”取代“功能”，希望恢复失落的现代主义和实证主义精神；后结构主义对环境改善的批判；以及将废物和污染视作设计生成潜力的批判性认识。

生态学作为一种循环的、因果的推理形式，已成为设计辩论中不可避免的推理机制，倡导统一和共同利益。从政治角度来看，生态设计被用作对抗环境灾难的战斗工具；它象征着保护、和谐与整体性，是应对气候危机的一剂安抚剂。然而，“可持续性”这一术语的广泛传播——最常引用自1987年联合国布伦特兰委员会的报告——以及自20世纪90年代以来可持续性标准的制定和可持续设计政策的制度化，往往服务于主流企业价值观。LEED（能源与环境设计先锋）认证计划在各种设计出版物中一直受到批评，被视为一种技术分类工具，通过创造一种掩盖在环保主义伦理下的新收入来源，为资本主义生产赋能。

今天，在市场扩张型治理和资本优先伦理以及西方传统主导地位受到公开质疑的时代，重要的是要从一开始就承认生态设计的历史是一个根深蒂固的、榨取式的、殖民性的项目。尽管如此，值得注意的是，本书并不提供替代性的土著历史；相反，它重新评估了生态设计作为一种意识形态工具和教学结构在各种观念中根深蒂固的价值观。正如建筑师和Archizoom创始人安德烈·布兰齐（Andrea Branzi）在20世纪70年代所主张的，自然不一定是一个物理实体，也不一定只是一个中立和自由的结构，而是一个必须被包装起来以看起来像其自身完美形象的伟大而普遍的产品。[18]在各个章节中展开的价值观修订围绕以下三个问题：a）气候变化作为一种具体化的现象和生活体验的问题；b）度量和通过测量来赋予价值的认识传统的问题；c）有机体作为个体化“自我”的问题。

关于第一个问题——气候变化作为一种具体化的现象和生活体验的问题——直面生态设计至关重要，因为它直接影响人类和非人类体，这些身体作为体验世界的物质实体，会出汗、排泄、渗漏和脱落。设计总是处于特定情境之中，而建筑则提供了感知和记录气候变化的物质媒介。在我们这个星球遭受破坏的时代，仅仅通过统计数据、警示故事和日常的稀缺实践来进行调解和抽象化处理是远远不够的。大洋中的浮游垃圾岛、污水处理产生的甲烷云、电子废物的副经济、野火和洪水泛滥，这些并不是我们可以通过更有效的资源管理来缓解的虚幻状况。它们是渗透到我们呼吸的空气和饮用水中的物质状态。它们与身体的生理机能复杂地交织在一起，从而融入居住的生态环境中。因此，毒性并不是一个我们可以避开的遥远困境；它已经存在于我们的身体中。从某种程度上说，我们自己就是毒性。

因此，气候变化的指标，如温室气体浓度、海平面上升、海洋热量和酸化，不再仅仅是冰冷的数字。它们实际上已经嵌入我们的身体，展示了环境是如何体现自身的。身体是由环境共同生产和塑造的；它们并非被动地置于一个既定的、建造的和被测量的环境中。更进一步说，除了将身体视为与环境分离的个体有机体，我们还可以认为，持续污染、森林砍伐和栖息地破坏的剥削性结构以多尺度的方式伤害了地球这个整体，成为人类和非人类之间的分布式机构。从这个角度来看，将生态设计理解为关怀则与共同居住世界的理念相吻合，其中任何类型的主体作为摄取和排泄的媒介，都成为他们居住空间的主要运营者，拥有劳动和日常职责。这并非繁重维护的问题，而是一种关怀的表达；一种通过生物与行星气候的复杂相互作用、原始的内在本能来理解世界的方式。正如女性主义哲学家玛利亚·普伊格·德拉·贝拉卡萨（Maria Puig de la Bellacasa）所论述的，关怀作为一种伦理框架，[19]可能通过情感、敏感性和体力劳动的维度挑战主导系统和意识形态，并可能为建筑师和设计师提供在建造世界中行动的方式，仿佛它是一个生态系统。此外，气候变化不仅在身体的肉体和化学构成中留下印记，还体现在人口的严重流离失所、气候迁移和地域不平等中。缓解和应对气候变化是一个正义和公平的问题。鉴于此，生态设计的首要任务是质疑建筑如何获得其力量、经济、材料和劳动力，以及了解建筑在城市和远郊环境中的现在和未来的角色及运营能力。

这一论点引出了第二个问题：气候变化及其通过度量和测量来评估的问题。第二次世界大战后，生态学主要被视为一种概念框架，能够将设计的作用从单一对象扩展到其在环境中的定位。然而近年来，环境讨论已经经历了历史性的和认知上的转变，更加注重技术维度。自20世纪80年代对无限制增长、自由市场资本主义和个人责任的提倡以来，“生态设计”已演变为“可持续设计”。这一转变暗示了一个服务于政府机构与宗教系统的道德框架和英雄模式。[20]可持续性使得性能的叙事、数据的壮观呈现以及技术专长的价值成为成功的主要组成部分。这种转变，作为资本主义的一个方面，推动了模糊的框架和一种官僚主义，它产生了自己的专家，同时阻碍了公众参与到世界的关怀和共同进化中。同样，可持续性标准技术子集的制定充满了难以逆转的矛盾和荒谬。例如，减少热量损失从而降低能源消耗的釉面幕墙，却也促进了病态建筑综合征的发展。[21]大规模的树木种植活动减少了城市环境中的二氧化碳和空气污染，但也导致了贫困人口的经济排挤和绅士化。[22]这些只是众多例子中的一部分，展示了技术的发展和可识别性的降低如何促进经济增长并加强工业性资源开采。作为物流核算系统，可持续发展的标准在许多方面都是作为主权实体运作的。[23]因此，计量性资产（如碳足迹）不应仅仅被视作技术分类工具，还需要理解为可经由价值体系革新进行重塑的社会性、政治性和概念性结构。只有通过对材料、技术、过程和生命周期进行病理分析，生态设计才能重新获得价值和相关性。

度量具有权威性的另一个原因是，气候变化缺乏更深入而直观的视觉表达方式。[24]作为一种实践，生态设计抵制被具象化。将生态设计简化为固定的空间特质是牵强的，当然，也不能将其规定为可识别的类型学或有意将其设计为生态的空间。正如建筑历史学家安东尼·维德勒所说的关于不可思议的事物，“它不是空间本身的属性，也不能由任何特定的空间构型所激发；在其审美维度中，它是对心理状态投射的表现”。[25]同样，环境问题也难以被描绘，因为它们不仅仅代表优化建筑系统性能的技术装置集合。相反，它们涉及政治现实和缓慢的转型，使人们转变观念，从线性生产系统转变为一种扭转了开采和再生关系的循环式的世界观。

关于第三个问题，有机体作为个体

化“自我”，重要的是探索生命作为能量模式、物质生成和分配方式，这超越了自给自足的有机体概念。这种立场不容忍自然与人工、人类与非人类、资源与废弃物的传统二元对立。相反，它促使一个新的分散物质网络兴起，其中一些存在于人体内，而人体又被其他物种和微生物居住。人类学家罗安清（Anna Lowenhaupt Tsing）写道：“自给自足的假设使得新知识的爆发成为可能。通过思考自给自足和个体（无论何种尺度）的自我利益，可以忽略污染，即通过相遇实现转变。”[26] 如罗安清、罗西·布拉伊多蒂（Rosi Braidotti）、阿图罗·埃斯科巴尔（Arturo Escobar）等人的著作所示，本书打开了非人类主题的概念，包括生物主题，还包括技术和文化方面的他者，同时旨在探索所有自然和技术表达的潜力，以减轻我们与建筑环境生产相关的欲望和规程的掠夺性。它涉及非单一主体，以及自我与他者之间扩大的相互关联感，包括非人类或“地球”他者[27]。

在整个20世纪，“自我”的解体被精神分析学视为一种病理现象。匈牙利精神分析学家桑多尔·费伦齐（Sandor Ferenczi）将其比喻为原子的放射性轰击，并将其视为“向原初心理的退化”。[28] 同样，在讨论类似的“退化”时，[29] 西格蒙德·弗洛伊德（Sigmund Freud）声称，自我可能会被侵略性的力量洪流和破坏性能量所解离，从而导致功能统一性的丧失。在这个过程中，主体可能会退回到发展的原始阶段。这可能发生在个体身上，使其回到生命早期阶段，或者发生在时间层面，如回到类似冰河时期的原始全球时代，其中个体与环境的关系以不同的方式被构建。这些关于自我的生动叙述反映了20世纪之交对病理行为的看法，它们与当今人类世的新观点及其无处不在的元素毒性产生了共鸣。在这种背景下，被渗透的身体可能被视为超越即时形式表达的设计载体；它们可以被视为分布式属性和环境的支架，在这些支架上或周围，微生物和物质暂时结晶。

在对生态设计平行和交织历史的调查中，将重点考察三个主要时代：（一）自然主义（Naturalism，约1866年至第二次世界大战）；（二）合成自然主义（Synthetic Naturalism，第二次世界大战至2000年左右）；（三）黑暗自然主义（Dark Naturalism，约2000年至今）。自“生态学”这一术语诞生以来，每个时期都将从多个方面进行研究，以展示自然相对于文化的观念变化，以及人类对自然世界的占据或与自然世界的同步。

启蒙后的环境辩论侧重于对生物体的细致观察和记录；通过分析分类，人们推测了世界生命的起源。在战后时期，环境问题通过反馈循环图来探讨；全球资源被视为可重新分配和重新绘制的相互关联的系统。进入21世纪，关于环境的讨论比过去更加多样化，但与在线的数据星座信息云类似，它致力于对生物系统的本地数据分类。

这些相互冲突的立场仅反映了用来描述生态设计领域的常用术语中的一小部分，包括“绿色”（green）、“可持续的”（sustainable）、“替代的”（alternative）、“有韧性的”（resilient）、“自给自足的”（self-sufficient）、“有机的”（organic）、“生物技术的”（biotechnical）等。在本研究中，我认为生态设计始于重新构想的世界，即将其视为一个复杂的流动系统，而非离散对象的集合。视觉艺术家和理论家乔治·凯佩斯（György Kepes）将这种转变描述为20世纪的一个根本性转向，他指出：

> 19世纪的主流态度是使用卡尔·马克思（Karl Marx）的术语“物化”（reification）；关系被解释为事物、对象或商品价值。今天，这种态度的逆转开始显现；在科学和艺术领域逐渐兴起一种趋势，即向去物质化的客体世界和削弱物质占有的过程和系统发展。科学家先前认为物质被塑造成各种形态，从而将其理解为有形的物体，而现在则认识到这些其实是能量及其动态组织。[30]

回顾这些不同的历史视角，我们可以看到生态设计使“生态学”这一概念更加灵活和多元：它不仅涉及一种新的自然主义和/或技术科学标准，还包括对世界及其资源的循环性理解。除了最大限度地减小建筑对环境的不利影响，生态设计还是一种观念和哲学体系，它将思想、信息和物质的世界视为流动的而非离散物体的积累。它不仅仅是一个物质系统，还标志着将一种生物转化为另一种生物来实现生命的迁移。在这种背景下，重新审视“生态的”一词，而不是“可持续的”和“绿色的”，变得尤为重要。也许正是在这种认知论的融合中，我们可以对建筑和设计提出更高的要求。

[ ] 前　言

[1] 简·班纳特（Jane Bennet），《梭罗的自然：伦理、政治与荒野》（*Thoreau's Nature: Ethics, Politics, and the Wild*），纽约：塞奇出版社（Sage Publications Inc），1994年，第51页。

[2] 达利博尔·韦塞利（Dalibor Vesely），"具身化的建筑学"（The Architectonics of Embodiment），载于乔治·多兹（George Dodds）和罗伯特·塔弗诺（Robert Tavernor）编，《身体与建筑》（*Body and Building*），马萨诸塞州，剑桥：麻省理工学院出版社（MIT Press），2002年，第28页。

[3] 雅克·拉康，"镜像阶段作为自我功能形成的体现——精神分析经验中的启示"，载于《雅克·拉康选集》，由艾伦·谢里丹（Alan Sheridan）翻译，纽约：诺顿出版社（Norton），1977年。

[4] 弗拉基米尔·维尔纳茨基，《生物圈》（*The Biosphere*），由大卫·B. 朗缪尔（David B. Langmuir）翻译；马克·A. S. 麦克米纳明（Mark A.S. McMenamin）修订及注释，纽约：哥白尼出版社（Copernicus），1998年，第30页。

[5] 1996年1月1日，萨帕塔主义者在《拉坎多纳丛林第四次宣言》中提出"一个能让许多世界共存的世界"。https://www.globaldashboard.org/2020/06/16/a-world-in-which-many-worlds-fit/（访问日期：2023年7月20日）。

[6] 埃弗拉姆·钱伯斯，《百科全书：或者，艺术与科学的通用辞典》（*Cyclopædia: or, An Universal Dictionary of Arts and Sciences*），最初于1728年出版，后于1741年再版，藏于伦敦大英图书馆。这部分为两卷的百科全书按字母顺序排列，提供了迄今为止人类知识的全面概览。其显著特点在于其强调实际应用，钱伯斯认为知识应该有用且与日常生活相关。它包括了农业、建筑、天文学、生物学、化学、工程学、地理学、数学、医学、物理学和技术等多种主题的实用信息，附有插图和图表。其高度视觉化的特性增强了可读性。1751—1752年，该书已在伦敦出版了七版。钱伯斯于1740年去世后，另外七卷的补充材料于1753年以两卷本的形式出版，由约翰·刘易斯·斯科特（John Lewis Scott）和约翰·希尔（John Hill）修订与更新。

[7] 《百科全书，或科学、艺术与手工艺系统辞典》（*Encyclopédie, ou dictionnaire raisonné des sciences, des arts et des métiers*），该书于1751年至1772年在法国出版，由丹尼斯·狄德罗编，直到1759年，与让·达朗贝尔共同编辑。

[8] 海因茨·冯·福斯特，"论自组织系统及其环境"（On Self-Organizing Systems and Their Environments），1959年5月5日在芝加哥跨学科自组织系统研讨会（Interdisciplinary Symposium on Self-Organizing Systems in Chicago）上的演讲。最初发表于M. C. 乔维茨（M. C. Yovits）和S. 卡梅隆（S. Cameron）编，《自组织系统》（*Self-Organizing Systems*），伦敦：佩尔加蒙出版社（Pergamon Press），1960年，第31-50页。参见 http://e1020.pbworks.com/f/fulltext.pdf（访问日期：2012年12月6日）。

[9] 迈克尔·马德尔（Michael Marder），"被抛弃"（Being Dumped），《环境人文学》（*Environmental Humanities*），2019年5月，第11卷，第1期，第184页。

[ ] 引言

[10] 西姆·范德赖恩和斯图尔特·考恩，《生态设计》（*Ecological Design*），华盛顿特区：岛屿出版社（Island Press），1996年，第x页。

[→]

[↘]

[\] 注 释

[11] 威廉·麦克唐纳和迈克尔·布朗嘉特，《从摇篮到摇篮：循环经济设计之探索》（*Cradle to Cradle: Remaking the Way We Make Things*），纽约：北点出版社（North Point Press），2002年。

[12] 恩斯特·海克尔，《生物体的一般形态学：有机形态学基本原理；基于查尔斯·达尔文改革的进化论的机械基础》（*Generelle Morphologie der Organismen: Allgemeine Grundzüge der Organischen Formen-Wissenschaft; mechanisch begründet durch die von Charles Darwin reformirte Descendenz*），柏林：乔治·赖默印刷与出版（Druck und Verlag von Georg Reimer），1866年。

[13] 亨利·戴维·梭罗，《瓦尔登湖》（*Walden; or, Life in the Woods*），波士顿：蒂克诺和菲尔兹出版社（Ticknor & Fields），1854年。

[14] 莉迪亚·卡利波利提（Lydia Kallipoliti），“封闭世界：肮脏生理学的兴衰”（Closed Worlds: The Rise and Fall of Dirty Physiology），《建筑理论评论》（*Architectural Theory Review*），2015年，第20卷，第1期，第68页。

[15] 雅克·德里达，《马克思的幽灵：债务状态、哀悼的工作与新国际》（*Spectres de Marx: L'Etat de la Dette, Le Travail du Deuil et La Nouvelle Internationale*），巴黎：伽利略出版社（Editions Galilée），1993年。

[16] 弗雷德里克·米加鲁，“家园的扩展”（Extensions of the Oikos），载于玛丽-安·布雷耶（Marie-Ange Brayer）和贝亚特丽斯·西蒙诺特（Beatrice Simonot）编，《建筑实验室的土建筑：土建筑的激进实验》（*Archilab's Earth Buildings. Radical Experiments in Earth Architecture*），伦敦：泰晤士与哈德逊出版社（Thames & Hudson），2003年，第22页。

[17] 桑福德·奎因特（Sanford Kwinter），“易燃景观”（Combustible Landscape），载于克里斯·里德（Chris Reed）和尼娜-玛丽·利斯特（Nina-Marie Lister）编，《投射生态学》（*Projective Ecologies*），马萨诸塞州，剑桥：阿克塔出版社与哈佛大学设计研究生院，2020年，第341页。

[18] 安德烈·布兰齐，“激进笔记11：脏与净/ Sporco e pulito”，《卡萨贝拉》（*Casabella*），1973年10月，第382期，第8页。

[19] 玛丽亚·普伊格·德拉·贝拉卡萨，《关怀之事：后人类世界中的思辨伦理》（*Matters of Care: Speculative Ethics in More Than Human Worlds*），明尼阿波利斯：明尼苏达大学出版社（University of Minnesota Press），2017年。

[20] 参见马克·雅尔佐姆贝克（Mark Jarzombek），“可持续性、建筑与自然；在模糊系统与棘手问题之间”（Sustainability, Architecture and Nature; Between Fuzzy Systems and Wicked Problems），《阈值》（*Thresholds*），第26期：失去自然（Denatured），马萨诸塞州，剑桥：麻省理工学院出版社，2003年，第54页。

[21] 参见米歇尔·墨菲（Michelle Murphy），《病态建筑综合征与不确定性问题：环境政治、技术科学与女工》（*Sick Building Syndrome and the Problem of Uncertainty: Environmental Politics, Technoscience and Women Workers*），北卡罗来纳州，达勒姆：杜克大学出版社（Duke University Press），2006年，第2页。

[22] 参见丹尼尔·费尔南德斯·帕斯夸尔（Daniel Fernández Pascual）和阿隆·施瓦贝（Alon Schwabe），“被抵消者”（The Offsetted），e-flux建筑（*e-flux architecture*），2017年11月。https://www.e-flux.com/architecture/positions/153904/the-

offsetted/（访问日期：2022年1月11日）。

[23] 克里斯托弗·海特（Christopher Hight），“设计生态系统”（Designing Ecologies），载于克里斯·里德和尼娜-玛丽·利斯特编，《投射生态学》，巴塞罗那：阿克塔出版社与哈佛大学设计研究生院，2020年，第99页。

[24] T. J. 德莫斯（T. J. Demos），《反人类世：当今的视觉文化与环境》（*Against The Anthropocene: Visual Culture and Environment Today*），柏林：斯特恩伯格出版社（Sternberg Press），2017年。

[25] 安东尼·维德勒，《建筑中的不可思议：现代“不安之家”的论文集》（*The Architectural Uncanny. Essays in the Modern Unhomely*），马萨诸塞州，剑桥：麻省理工学院出版社，1992年，第11页。

[26] 罗安清，《末日松茸：资本主义废墟上的生活可能》（*The Mushroom at the End of the World: On the Possibility of Life in Capitalist Ruins*），新泽西州，普林斯顿：普林斯顿大学出版社（Princeton University Press），2015年，第28页。

[27] 罗西·布拉伊多蒂，《后人类》（*The Posthuman*），英国，剑桥：波利蒂出版社（Polity），2013年，第49页。

[28] 桑多尔·费伦齐，“癔症物质化现象”（The Phenomena of Hysterical Materialization）（1919年），载于《精神分析的理论与技术》（*Theory and Technique of Psychoanalysis*），由约翰·里克曼（John Rickman）编译，简·伊莎贝尔·萨蒂（Jane Isabel Suttie）翻译，纽约：基础书籍公司（Basic Books Inc，1952年，第97页。

[29] 西格蒙德·弗洛伊德，《西格蒙德·弗洛伊德心理学全集标准版，第十九卷（1923—1925）：自我与本我及其他作品》（*The Standard Edition of the Complete Psychological Works of Sigmund Freud, Volume XIX (1923-1925): The Ego and the Id and Other Works*），1961年，第19页。另见彼得·L. 乔瓦奇尼（Peter L. Giovacchini），“躯体症状与移情神经症”（Somatic Symptoms and the Transference Neurosis），《国际精神分析杂志》（*International Journal of Psychoanalysis*），1963年，第44卷，第148页。

[30] 乔治·凯佩斯，“艺术与生态意识”（Art and Ecological Consciousness），载于乔治·凯佩斯编，《环境艺术》（*Arts of the Environment*），纽约：乔治·布拉吉勒出版社（George Braziller），1972年，第11页。

[ ] 第1章

[\] [1]

自然

主义

原点

恩斯特·海克尔于1866年创造了“生态学”一词

[|]　　[↘]

[•] 导　论

第一时期可以大致界定为从 19 世纪开始直至第二次世界大战结束，我们暂且将其描述为“寻找根源”的时期。这种寻根既体现在视觉层面，如通过细致记录植物和树木并将其用作谱系系统；也体现在体验层面，如自然科学家们进行长途旅行以探寻世界生命的起源。荒野的维系对这一时期具有关键意义，它将自然环境视为一个独特的“他者”，超越了日常生活的实践范畴。自然主义精神同样明显地体现在对开放领域的探索中，以及对人与自然相互连接和融合的思想的强化上。这种连接和融合既体现在物质层面，如海克尔的研究所揭示的，也体现在存在层面，如亨利·戴维·梭罗的思想所体现的。

这一时期的起点可以追溯到德国动物学家恩斯特·海克尔（1834—1919）创造“生态学”（oekologie）这一术语。他在 1866 年出版的《生物体的一般形态学》（*General Morphology of Organisms*）中首次使用这个词，用来表示“动物与其有机和无机环境的关系”。[1]“oekologie”一词源自希腊语 oikos，意为“家庭”“房屋”“居住地”。因此，海克尔的生态学本质上是对生物与其所居住的生物和非生物环境之间关系的研究。自海克尔提出这一概念以来，学者们对生态学进行了各种定义和重新解释。其中最著名的是赫伯特·安德鲁阿萨（Herbert Andrewartha）和路易斯·查尔斯·伯奇（Louis Charles Birch）在 1954

年的著作及后续附录中提出的观点。[2] 他们在研究中考虑了生物的分布和丰度，环境如何影响动物的生存机会及其栖息地的形式，以及不同物种根据季节变化和在艰难环境进行繁殖和迁移的各种方式。

值得注意的是，艾伦·斯沃洛·理查兹（Ellen Swallow Richards）在1892年的一次公开演讲中建议将海克尔的“生态学”引入英语。理查兹是卫生化学家、家庭经济学运动的先驱，也是麻省理工学院首批女性毕业生之一。在她的著作中，理查兹倡导环境科学，并强调理解和管理自然的重要性。然而，她的方法很快就被忽视，取而代之的是更侧重于动植物生命形态学和生理学研究的科学方法。[3]

总体而言，这一时期可以被视为生态设计的前史。这一特征在当时的视觉地图中尤为明显，这些地图描绘并推测了自然世界的秩序和根源。例如，海克尔的谱系树［图 I.1］和约翰·沃尔夫冈·歌德（Johann Wolfgang Goethe）的原型植物（Urpflanze）概念。原型植物是一种假设的祖先型、原型母株，在不同的气候条件下会呈现不同的形态。[4]［图 I.2］在这个时期，自然界主要被视为荒野，是一个被观察、保护，并被想象为与人造物分离的对象。歌德和海克尔坚持绘制树木和根系，并将它们呈现为生物分类的视觉类比，这一做法深受德国浪漫主义传统的影响，其中，土壤、景观和民族主义的意识形态为生态思考提供了基础。在寻根的过程中，生态学开始与对扎根于特定地方的渴望联系起来。这种联系可以被视为一种现象学的诠释学，尽管当时现象学还未被埃德蒙·胡塞尔（Edmund Husserl）正式确立为哲学运动。

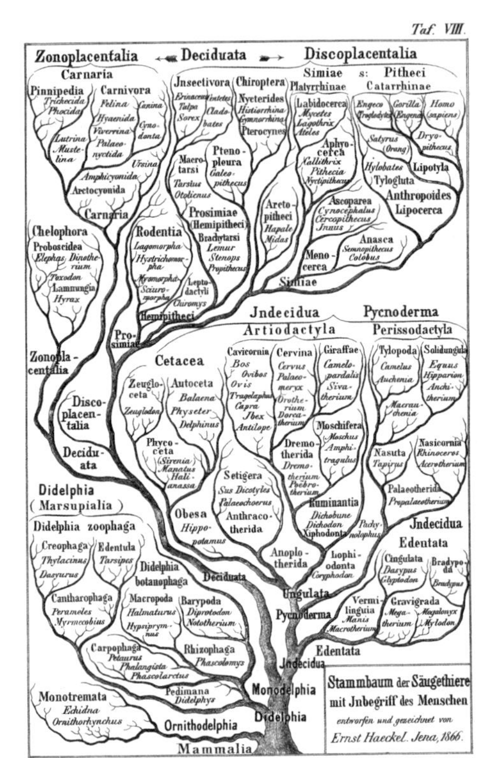

［图］　1
［|］　恩斯特·海克尔的哺乳动物谱系树，1886年。

尽管歌德关于植物形态学的研究早

已被摒弃，但自启蒙时期以来，变形的概念已深深植根于人智学对自然的认知中。这一概念认为，任何植物或动物的形态都由其基本类型与环境条件的相互作用决定。[5] 歌德的原型植物和海克尔的谱系树，无论其科学准确性如何，这种植物的表现形式都体现了人类对自然的一种殖民统治，并预示着一个建立在不断演化的等级社会之上的世界秩序。这些看似与政治和历史无关的植物或树的视觉图解结构，实际上通过将某些物种、生物和种群置于边缘或较低等级来维护权力和特权。树的分叉不仅暗示了线性进展，还建立了一种秩序，为生命的各个组成部分赋予价值；通过将生物排列成阶梯、中心和分支，来生成并维持社会层级。因此，生态设计的起源根植于一种将自然元素的解剖学和生物体的新陈代谢理想化的强烈愿望，将它们转化为概念原型，使我们能够根据自然秩序想象新的世界和新的未来。正如艺术史学家 T. J. 德莫斯所指出的，“生态学的学科形成与欧洲殖民主义的高峰期相吻合，这种制度不仅限于对人类的统治，还包括对自然的结构化。”[6] 因此，生态学远非单纯与自然相互联系的无辜学科。相反，正如历史学家利比·罗宾（Libby Robin）所观察到的，它是“帝国的科学”。[7]

在这一时期，自然系统的视觉表现围绕不同的生物哲学学派发展，并影响了西方世界自然科学和医学科学的发展。[8] 正如我们将在后续章节中看到的，许多生理学家采纳了关于自然形态的功能理论，展示了对生物体的机械理解——这一理解被转化为设计师和建筑师的机械理想，包括路易斯·沙利文（Louis

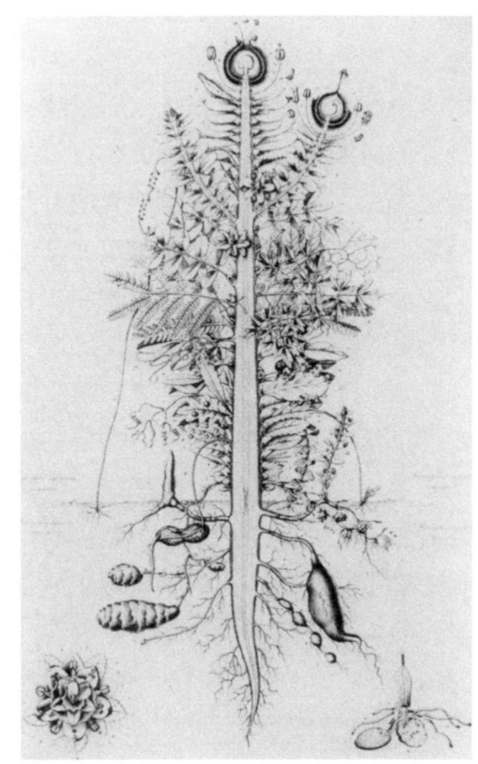

[图]　2

[|]　原型植物。1837年，法国植物学家及植物画家皮埃尔·让·弗朗索瓦·图尔平（Pierre Jean François Turpin）对约翰·沃尔夫冈·歌德的原型植物构想进行了插图绘制。

Sullivan）著名的格言“形式追随功能”和勒·柯布西耶（Le Corbusier）的机器隐喻。同时，胚胎学家和形态学家对物种内部和种间形态及其差异关系的广泛研究，被直接转化为进化设计理论。每种方法都假设了对自然世界的理解有不同的出发点，并由此引导了设计理论和实践，每种都代表了不同的优先级和焦点。

当时的自然学家和建筑师虽然尝试绘制植物和生物体的解剖结构，但通常并未尝试描绘自然过程或生态系统的循环。他们更多地专注于设计能以抽象和经验主义方式与自然力量融合的空间和环境。此外，这种融合在组织和象征意义上表达了扎根的概念，植物和生物体作为灵感模型，服务于人造结构。

值得注意的是，生态设计历史的起源并不清晰。本书第一部分涉及的少数主角和理论将生态学、生物学、生理学和自然历史中的各种思想转移到设计上，而非催生一个独特的新领域。正如生态学家兼生态史学家罗伯特·P. 麦金托什（Robert P. McIntosh）在《生态学的背景：概念与理论》（*The Background of Ecology: Concept and Theory*）中所论述的[9]，19 世纪新学科术语的增多揭示了生态学与其他学科的认识论混合。正如他所指出的，即使是引入“生态学”一词的海克尔也认为有必要在 1891 年明确“生物学和生态学这两个术语是不可互换的。”[10]

从这个意义上说，“自然主义”和“寻找根源”关注“原生态设计理念”，并借用“原生态学家”[11] 这个术语来描述在生态学成为正式科学之前的生态洞察。

术语的融合既证明了哲学和实际存在立场的综合，也反映了生态设计作为新兴领域的边界和责任。麦金托什在其书中叙述的关于生态设计是机械的还是有机的、主动的还是被动的、整体的还是碎片的、有意识的还是无意识的，这些问题仍然困扰着当代关于生态设计主体性的讨论。如果说生态学和自然科学一样，因其坚持观察、描述和归纳的科学方法而受到批评的话[12]，生态设计则标志着从对自然系统的观察到有意识的创造作为积极主体的新系统的过程。正如科学史学家威廉·科尔曼（William Coleman）指出的，19 世纪生物学家从历史考察转向生理学的实验研究；与之类似地，设计通过模仿、复制、调节或推测性表现，将意图性、目的性和对自然系统的干预引入生态学。[13]

[•]　导 论

E MOST DANGEROUS
WORLDVIEW IS THE WORLDVIEW OF THOSE WHO HAVE NOT
VIEWED THE W
C. LINNE

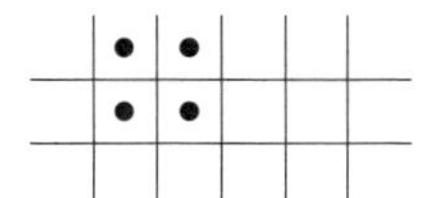

[•] 分类学家

我们对事物的分类方式深刻影响着学科结构。我们组织信息的方式既源于我们的社会、政治、智力和文化结构，同时又影响着它们。生态思想在建筑学中的传承清晰地展示了这一影响。组织工具在设计学科中的渗透绝非无意之举。这不仅仅是为了便于管理知识，还从根本上改变了设计的本质，且这种改变无法逆转。

生态学的历史在许多方面植根于分类的历史。自 19 世纪以来，生态问题无处不在，它将持续的分类思维转变为一种设计努力。在这种努力中，对植物和生物体的观察与分析被赋予了形态和价值。分类的组织工具从来都不是中立的，即使在语言被用于呈现生态系统及其各自子系统的反馈循环之前也是如此。因此，许多植物学家在 18 世纪所追求的组织、可视化、标记和分类生命的项目将一个想象中的世界秩序的愿景与生态设计的起源混为一谈。生态系统的分类不仅揭示了世界由什么构成，还显示了世界应由什么构成，这反映了每位处理这一问题的作者的世界观。正如文化历史学家希莱尔·施瓦茨（Hillel Schwartz）指出的，观察、分类和复制“使我们成为我们自己……并使已知的世界成为我们自己的”。[14] 表现方式体现或表达了组织或理解世界的可用方式。[15]

这一研究线索可追溯至瑞典植物学家、医生和动物学家卡尔·林奈（Carl Linnaeus）的工作，他被誉为“现代分类学之父”。19 世纪法国和瑞士植物学家安托万-洛朗·德·朱西厄（Antoine-Laurent de Jussieu）和奥古斯丁·皮拉姆斯·德·坎多尔（Augustin Pyramus de Candolle）的分类系统也对此领域产生了深远影响。与此同时，德国自然学家和探险家亚历山大·冯·洪堡（Alexander von Humboldt）的地理可视化山脉绘图启发了年轻的查尔斯·达尔文（Charles Darwin）。冯·洪堡致力于绘制植物与有机体之间复杂的相互关系和依赖，并描绘了自然界背后的微妙空间分布。他通过在美洲探险过程中看到的场景和现象，以新颖方式展示了火山剖面图并绘制了等温区域。他的剖面图表现形式将经验性的插图绘制品质与地图的系统性量化组织相结合，统一为一种单一格式。冯·洪堡的剖面图最终揭示了植物的形状、大小和行为如何与外部环境因素，如大气、湿度、土壤构成和空气质量相互依存。通过诗意的视觉叙事，他将自己在漫长旅程中仔细进行的地球物理测量可视化。例如，他的奇姆博拉索火山（Chimborazo）地图中的等温区域暗示了一个全球生态系统，这一系统不受政治和国家领土主权的约束，而是由模式和环境流动所构成的世界［图 I.3］。的确，将形态和自然视为互动的表达，以及将形态视为环境力量的表达，是冯·洪堡最重要的遗产。因此，许多学者认为生态思维始于他的绘图和 1805 年的开创性著作《植物地理学随笔》（*Essay on the Geography of Plants*）。[16, 17] 可以说，冯·洪堡的绘图不仅仅是展示和描述现有知识，相反，正如历史学家安德烈亚·沃尔夫（Andrea Wulf）所指出的，它们本身就是关于什么是自然以及如何设计自然的发明。重要的是要记住，当时的系统实践尚未与清晰阐述的理论联系起来。英国植物学家彼得·史蒂文斯（Peter Stevens）认为，那个时期普遍存在对自然“形态”的困惑。植物学、自然历史的元素以及系统学被混为一谈，而系统学在科学层级中处于较低位置。[18]

最终，在恩斯特·海克尔的工作中可以看到演化概念的视觉形式。海克尔是一位杰出的科学家、动物学家和哲学家，同时也是 1866 年“生态学”一词的创造者。林奈的系统清晰地代表了对自然界进行分类的旧认知体系，其类别划分主要基于形式上的相似性，组织结构采用自上而下的等级制度。相比之下，洪堡和海克尔的方法代表了当时对自然界分类的新方式，将自然界视为有机体之间相互关联的网络。此外，洪堡和海克尔都创造性地和形式性地使用绘图媒介，从而使其能够发展出一种与自身的关联。

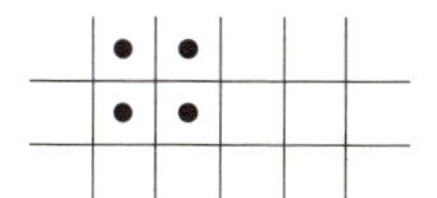

林奈在其1735年的《自然系统》（*Systema Naturae*）[19]中详尽列出了4400种动物和7700种植物，使用了现今仍在使用的常规双名法来命名物种。他对动物、植物和矿物王国的概述是其分类关系的唯一视觉表达。当时的艺术家们制作了他建立的物种和目类的插图版，但林奈本人只提供了轮廓、名称和文字描述。米歇尔·福柯（Michel Foucault）在《话语的秩序》（*L'Ordre du Discours*）中指出，通过明确表达的文字代码而非插图来识别植物，“清除了它们的所有相似之处，甚至清除了它们的颜色。”[20]

林奈认为上帝选中他来对地球上固定数量的物种进行分类，并记录下其完美且静态的自然秩序。林奈的分类网格反映了用“列”来组织和规划空间的古典系统，列本身是静态对象，不同物种可根据其共有的物理特征进行分类。这种简单直接的网格化编码赋予了网格的每一部分同等的重要性，基本上可以被任何人在任何地方使用，并产生相同的观察结果。当时自然学家研究植物物种数量之多，并非因为他们对植物生活比动物生活更感兴趣，而是因为分类等级制度优先考虑了肉眼可见的器官。[21]林奈

[图] 3

[|] 亚历山大·冯·洪堡绘制的厄瓜多尔奇姆博拉索火山的插图，展示了山体不同高度处植物物种的分布。

对他认为的自然界的三个王国——动物、植物和矿物——赋予了更强的等级感。尽管他拒绝了进化论，但他的动物分类系统以及生物的双名法仍然是现代生物学中的标准格式。他的系统如此清晰和稳定，以至于查尔斯·达尔文直接将其作为自己关于“由共同祖先通过自然选择进化而来”的理论的证据。[22]

值得注意的是，林奈的命名和分类系统［图 I.4］是殖民主义的产物。在欧洲人首次跨洋航行和开始殖民扩张之前，生物分类系统基于亚里士多德（Aristotle）的《动物志》（*History of Animals*）和其学生泰奥弗拉斯托斯（Theophrastus）的《植物探究》（*Enquiry into Plants*）或《植物史》（*Historia Plantarum*）。到林奈时代，许多新物种已在殖民地被发现并命名。植物学作为科学探究领域，受到欧洲殖民势力组织和资助的探险航行启发而诞生。然而，由于他们对普遍性的分类系统的构想忽视了本土知识、名称和当地物质文化，许多历史学家认为林奈的植物命名系统纯粹是殖民主义工具。[23]

实际上，园艺学会和植物学实践是帝国主义扩张的一部分。[24] 植物学家以探索科学知识为旗号，成为欧洲帝国的代理人，并扮演了英勇探险者的角色。19世纪的自然学家不仅善于观察和记录植物和生物，还是具有巨大体力耐力的旅行者。

许多植物学之旅以征服无人居住的土地和为人类了解世界为名，参与了殖民暴力。除了实地发生的身体冲突和涉及的奴役劳工之外，分类行为本身也是一种智力形式的暴力。作为一种学科权力，知识的分类是一种合法化的方式。通过这种方式，植物和动物种类被从原生生命网络中提取出来，纳入新的知识体系，并处于生命等级秩序的较低层次。脱离了原有的起源和地点，它们成为林奈的全球分类的一部分。

尽管如此，林奈的双名命名法按照生物的属和种进行分类，这一方法通过摒弃将生物根据相似性从低到高排序的自然阶梯，在某种程度上使生命的等级秩序变得扁平化。林奈在《自然系统》中使用的网格分类表，为命名和编号世界生物多样性设定了规范，与金字塔式的树形结构形成对比。自亚里士多德时代以来，树的隐喻一直是分类学的持久遗产，正如乌贝托·埃科（Umberto Eco）在《从树到迷宫》（*From the Tree to the Labyrinth*）中的生动叙述。[25] 林奈还首次将人类纳入动物界，将人类与其他动物并列，归入类人猿目（Anthropomorpha）。

相较于林奈，海克尔沿袭了林奈对已知世界生命的视觉映射，在1866年的《生物体的一般形态学》（*Generelle*

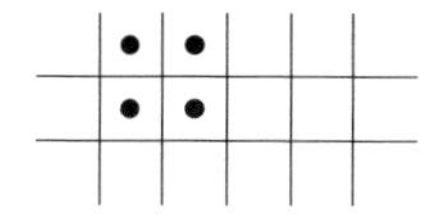

CAROLI LINNÆI REGNUM ANIMALE

I. QUADRUPEDIA. II. AVES. III. AMPHIBIA. PARADOXA. IV. PISCES. V. INSECTA. VI. VERMES.

[图] 4

[|] 卡尔·林奈的《自然系统》第一版（1735年）中的动物王国表。文本：I. 四足类（Quadrupedia），II. 鸟纲（Aves），III. 两栖类（Amphibia），IV. 双鱼纲（Pisces），V. 昆虫纲（Insecta），VI. 蠕虫纲（Vermes）。

Morphologie der Organismen）中重新引入谱系树［图 I.1］，使用插图来标示视觉映射中的一个重大范式转变。通过这棵树，海克尔以图形方式描述了生物间的关系，将形状和尺度作为分类系统的关键参数。海克尔对宗教和教会的强烈不满也延伸到了对林奈普遍观点的批评。在达尔文和海克尔之前，主流观点认为万物是固定和永恒的。

海克尔关于变形和进化过程的观点与让 - 巴蒂斯特·拉马克（Jean-Baptiste Lamarck）、约翰·沃尔夫冈·歌德以及德国浪漫主义活力论传统的思想一致。这一传统认为进化源于自然的内在力量，而非达尔文后来提出的任意外部变异。在《宇宙之谜》（*The Riddle of the Universe*）中，海克尔将这种力量描述为“无限和永恒的宇宙机器”，维持着永恒且不间断的进化和运动。[26]

海克尔不仅创造了“生态学”一词，还提出了“人类起源学”（anthropogeny）、“门”（phylum，分类学中界与纲之间的等级）以及“系统发育学”（phylogeny，通过形态学数据研究生物间进化的亲缘关系），他无疑是那个时代的关键人物。然而，今天他被视为一个有争议的人物。他在1866年提出的人类物种起源树［图I.5］将种族从低（巴布亚人和霍屯督人）到高（高加索人，包括印欧-日耳曼族和闪米特族）进行层级排列，被批判为一种种族理论，在20世纪上半叶助长了纳粹生物学的兴起。[27] 达尔文也将人类群体按照从“野蛮”到“文明”的发展轨迹排列。因此，尽管树状结构作为设计隐喻在历史上反复出现，但是海克尔和达尔文的种族分类方案反映并确认了欧洲人在已知世界的优越性。[28] 这种欧洲文明优越性的信念为帝国主义征服和种族奴役提供了“正当”理由，并推动了基于大规模工业化及原材料开采的新经济体系的发展。

因此，分类系统的形式和设计显然构建、分配并利用了权力。分类学的可视化也显然受到更广泛的文化议程影响，这些议程涉及种族和生物政治问题。例如，海克尔利用艺术和设计作为媒介，延伸并扩展了对生命形态的记录。在1899年至1904年分十部出版的《自然的艺术形态》（*Kunstformen der Natur*）中，他为成千上万的生物赋予了惊人的形态。[29] 在这部科学与艺术交融的作品中，

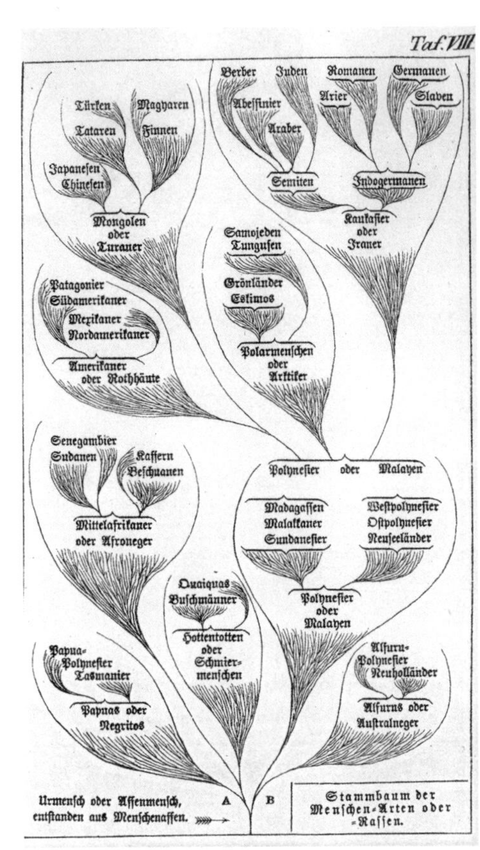

［图］ 5

［|］ 恩斯特·海克尔在《自然创造史》（*Natürliche SchöpfungsGeschichte*，1868年）中描绘了9个人类物种的谱系树。

海克尔与石版画家阿道夫·吉尔奇（Adolf Giltsch）共同描绘了个体生物，同时专注于被转化为完整形象的微观观赏实体，如放射虫、水母和棘皮动物。例如，海克尔绘制的放射虫草图大多不是整个生物体，而是它们各自的结构特点。[30]［图I.6］他描绘的生物来自世界上截然不同的地区，包括黑尔戈兰岛、澳大利亚、

图林根以及非洲的草原［图 I.7］。

海克尔为这些作品命名，以纪念他的同时代人和盟友。[31] 令人惊叹的是，他的插图表达了超越形式分类的愿望，暗示了通过发展中物种的形态学来理解进化的视角。这些插图展现了“自然的知识即自然的美学”。[32] 这些图像展示了各种形象，强调色调、阴影、质地、透明度和颜色，这些并不总是符合生物的本质，却揭示并强化了与生态思想发展密切相关的审美感受和形式词汇。

［图］ 7
［ | ］ 恩斯特・海克尔创作的插图“圆盘水母亚纲”（Discomedusae），载于《自然的艺术形态》，1904年，图008。

［图］ 6
［ | ］ 恩斯特・海克尔创作的插图“褐囊虫目”（Phaeodaria），详细展示了放射虫复杂的骨骼结构，载于《自然的艺术形态》，1904年，图61。

因此，海克尔的作品在进化生物学之外对艺术和建筑产生了直接影响。1896 年，当时相对不知名的建筑师勒内・比内（René Binet）被委托设计 1900 年巴黎万国博览会的宏伟大门时，他将当代生理学家研究的微观生物，特别是海克尔的插图转化为建筑形式［图 I.8］。不同于 1889 年万国博览会象征现代工程和工业进步的埃菲尔铁塔，比内的纪念性大门赞美了通过显微镜变得可见的无形自然世界。它还为跨洋航行中遇到的未知自然世界赋予了物理形态，如1872年至1876年英国皇家海军挑战者号（HMS Challenger）探险记录的四千多个新物种。[33] 比内在1899年给海克尔的信中写道：

> “近六年来，我一直在巴黎博物馆图书馆研究有关挑战者号航行的众多著作。多亏了您，我收集到了大量的显微镜作品：放射虫、浮游动物、水螅等。我仔细研究它们，以达到艺术目的：用于建筑或装饰。目前，我正在为1900年博览会建造纪念性入口，从总体构思到微小细节都受到了您研究的启发。如果您允许，我将向您发送大门的各种细节和启发其设计的自然形态，供您亲眼查看。”[34]

正如历史学家罗伯特·普罗克特（Robert Proctor）所言，与埃菲尔铁塔不同，比内的大门将进步的讨论从单纯的技术工业环境转变为对进步的更广泛的解释，这种解释基于19世纪对宇宙的基本发现，而这些发现促进了自然科学和生态学的发展。遵循德国浪漫主义的神秘思想（即生命力寓于自然之中），海克尔将电与生机论自然原理联系起来。普罗克特指出：“正是粒子间的电荷开始了自然中的转变过程，因为粒子相互吸引，凝结形成物质和能量。因此，电可视为生命的起源和延续力。”[35] 除了转录微生物的形态特征外，比内的纪念性大门通过融入多彩的电灯泡和照明作为建筑材料，邀请人们以生机论的视角进行阅读，这在当时是一种罕见的做法。到了夜晚，大门的物质元素似乎消失了，电流赋予了人造有机结构以生命。

总之，海克尔对生态学和分类的方式改变了集体的时间观念，并允许在系统树的结构上叠加多种组织系统。虽然分类学和系统发育学属于不同的逻辑体系，但它们至今仍相对来说共存，因为现代生物学结合了这两种方法来区分和分类。生命的分类不仅是记录现有生物作为已知拼图的一部分，还生产和重塑这些生物，以及它们的生命在空间和时间中展开的事件和环境。

[I]　i　[↘]

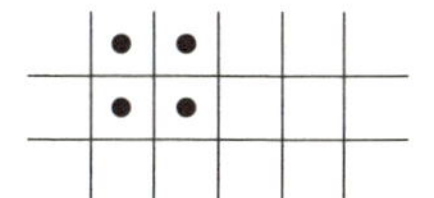

[•]　分类学家

[图]　8

[I]　巴黎1900年世界博览会的纪念性大门，由建筑师勒内·比内设计的。此明信片由巴黎的厄内斯特·勒·德莱（Ernest Le Deley）出版。

[*]　替代性阅读路径

[页]　110

[II]　i　[↘]

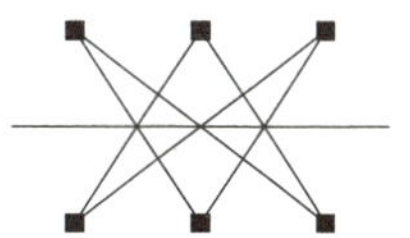

[▪]　世界规划师

[•] 进化论者

查尔斯·达尔文1859年[36]的《物种起源》（*Theory of Descent*）对20世纪初环境理论的发展产生了深远影响。这种影响不仅深刻地触动了自然学家和生物学家，还影响到建筑师、设计师和规划师，他们将生物进化的概念直接移植到形式原则和社会结构中。达西·温特沃思·汤普森（D'Arcy Wentworth Thompson）基于形态学研究，在1917年的著作《生长与形态》（*On Growth and Form*）[37]中特别指出，植物和动物的形态可以通过几何学进行精确分析［图I.9］。

关于生长和物理过程的视觉记录，即对形态演变的研究，对整个20世纪的艺术家和设计师都极为重要。值得一提的是，"生长与形态"成为伦敦当代艺术学院（Institute of Contemporary Arts, ICA）同名展览的灵感来源，该展览

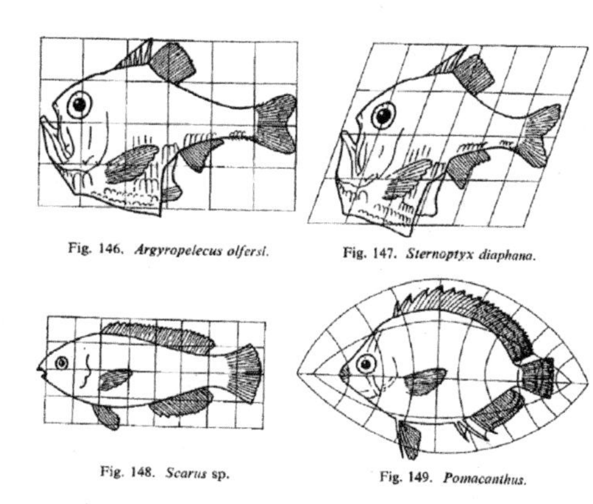

［图］ 9

［ I ］ 奥尔弗斯高体褶胸鱼（Argyropelecus olfersi）转变为透明褶胸鱼（Sternoptyx diaphana）。苏格兰生物学家达西·温特沃思·汤普森在其1917年的著作《生长与形态》中分析了动植物的形状、形态和比例，将数学测量和网格引入生物学研究。

旨在配合1951年的英国节（Festival of Britain）进行展出［图I.10］。

像许多人一样，“独立小组”（Independent Group）的艺术家及摄影师奈杰尔·亨德森（Nigel Henderson）对汤普森1942年出版的第二版《生长与形态》深感兴趣，并将其介绍给理查德·汉密尔顿（Richard Hamilton）。汉密尔顿被这本书迷住，策划了一场展览，在展览中他将书在空间中展开，希望借此来教育公众。最引人注目的是其教育形式——书中内容的大幅照片。正如伊莎贝尔·莫法特（Isabelle Moffat）所说，这种形式“揭示了关于视觉性的操作性假设”以及视觉感知的直接性和即时性，被认为是大众文化的纯粹工具。[38]

[图] 10
[|] 1951年伦敦当代艺术学院“成长与形态”展览照片。

另一个将“生长”作为视觉隐喻的突出例子是勒·柯布西耶和皮埃尔·让纳雷（Pierre Jeanneret）1931年提出的“无限生长博物馆”（Museum of Unlimited Growth）计划——一个能随时间演变和扩展的博物馆。在这里，空间被组织成类似软体动物外壳的螺旋状结构［图I.11］。螺旋、漩涡和各种对称性的表现形式贯穿勒·柯布西耶的整个职业生涯，其1950年的《模度》（*Le Modulor*）最具代表性。[39] 以外部参考线为测量基准，以展开的螺旋形为视觉形象，模度自此成为理想比例的象征，为现代建筑奠定了基础。最重要的是，模度将特定尺寸的男性形象普遍化，使其成为和谐的主体，成为建筑中首要的、身体健康的居住者，排除了所有其他体型的人。

汤普森的书同样影响了匈牙利艺术家和思想家拉斯洛·莫霍利-纳吉（László Moholy-Nagy）。莫霍利-纳吉在20世纪20年代对包豪斯的发展起到了重要作用。在他1947年的著作《运动中的视觉》（*Vision in Motion*）中，他引用了汤普森的话：“每一种工具、每一种媒介、每一种过程，无论是技术性的还是有机的，

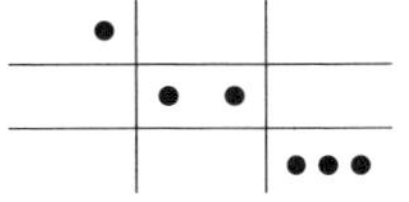

[图]　11
[|]　1931年，勒·柯布西耶和皮埃尔·让纳雷为日内瓦万国宫（Mundaneum）设计的“无限生长博物馆”的原型。

都有其内在的品质，理解和运用这些品质是设计师的主要职责之一。”[40] 就像勒·柯布西耶以软体动物为博物馆计划的基础模型，莫霍利 - 纳吉也在寻找可以指导他设计决策的无形的潜在力量和神秘的视觉领域。汤普森认为，这种对内在几何形态或“力的图解”的探索，是在物体和有机体形成时就被赋予的。[41] 这不是设计师的外部幻想，而是生命内在的既存机制。

汤普森可以说将几何学视为分析生命形态及其变化的主要工具。然而，生长和进化的原则可能因其服务的叙事而有不同的含义。海克尔最初在柏林大学师从理想主义形态学家亚历山大·布劳恩（Alexander Braun）和约翰内斯·穆勒（Johannes Muller）。对于海克尔而言，形态学不仅仅是对部分的分析；它还涉及形态的动态发展及其产生的因果关系。[42] 尽管《生物体的一般形态学》第一卷承认生理学的进步，但它本质上是试图改革形态学，寻找其恰当的本质。[43] 在 1866 年的生物发生律（也称为重演律）中，海克尔阐述了他对进化的看法，认为每个胚胎的发展阶段都代表了其进化祖先的成体形态。如果从这个角度看胚胎发育的阶段，进化可以被视为所有生命形态的历史和多样化过程。

然而，关于引导进化的内在力量的问题，既是生理适应的问题，也是哲学问题。几年后，海克尔写了一篇关于认知的生物学理论，通过反复引用启蒙时期哲学家伊曼努尔·康德（Immanuel Kant）的观点，质疑真实与虚构的界限。他同意康德的观点：“我们只能感知事物的现象，而非其内在本质”（康德称之为“物自体”）。但海克尔认为康德对外部世界现实性的怀疑和将其视为表象的观点是错误且具有误导性的。[44] 对海克尔来说，引导形态转化的潜在力量是具体的、因果的机制，这些机制塑造了生命及其所有变体。

内在几何逻辑潜藏在自然有机体中，这一逻辑可以直接转移到无机材料组成中。这一点在美国建筑师路易斯·沙利文的作品中表现得尤为明显，他在芝加

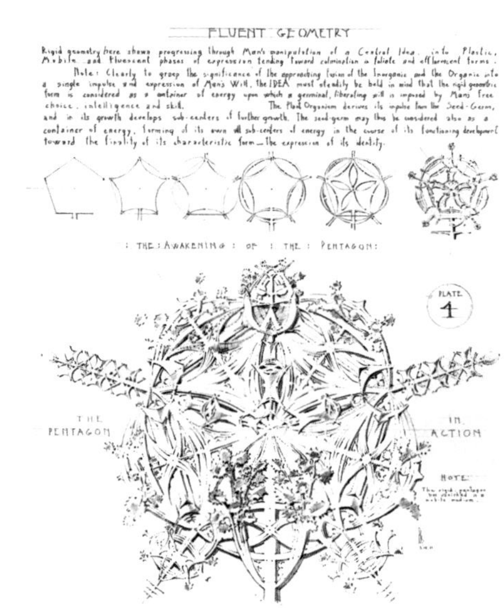

[图] 12

[|] 路易斯·沙利文，《建筑装饰体系》(*System of Architectural Ornament*)，图版4，流动几何学，五边形觉醒，1922年。

哥指导了弗兰克·劳埃德·赖特（Frank Lloyd Wright）。在20世纪之交，沙利文关注几何实体固有的转化力量，他认为这些几何实体是能量的容器，通过人的自由选择、智慧和技能，可以施加一种解放意志。尽管沙利文的著作通常与装饰史联系在一起，[45] 但他对“五边形觉醒”（Awakening of the Pentagon）的绘图［图I.12］证明了他对种子萌芽内在力量的执着探索，这使设计者能够赋予原本惰性的几何形态以生命。虽然这里讨论的作者没有一个被称为生态设计师，但他们对设计过程的扩展和对更大环境力量的认识都对生态设计的发展至关重要。

《生长与形态》在20世纪90年代重获关注，当时数字媒体被引入设计过程，最著名的是格雷格·林恩（Greg Lynn），他在其“胚胎学住宅”（Embryological House）研究中引用了汤普森的理论［图I.13］。林恩调查了房屋的变化，每种变化都源于一个由能量流动和数字种子生长阶段塑造的动态力量系统。与其他致力于数字媒体生成可能性的设计师一样，他将注意力从进化话语中的继承和起源问题转移到了变异和选择问题上。在《动态形态》（*Animate Form*）中[46]，林恩使用计算机软件来解释“成为”的虚拟框架（运动、变化和灵活性），作为胚胎学住宅的变体，直接与谱系树和具有相似特征的曲线形状家族相联系。他认为“动态”一词取决于一种形式演变及其塑造力。他超越了形态的几何维度，将形式变化视为生态系统的一部分，引用了生物学家林恩·玛古利斯（Lynn Margulis）的“融合组装”模型，玛古利斯认为，微生物通过将较简单的生物体并入可以作为单一体繁殖的多重体系中，从而增加复杂性。[47] 以此为前提，林恩认为身体是生态系统的融合组装体，由梯度影响环境中的分化、交换和组合逻辑来定义。[48]

值得注意的是，汤普森的遗产被大多数建筑师和设计师理解为一种视觉隐喻，使用几何学作为生成形式变化的主要工具。这种方法在21世纪初随着数字媒体的普及而变得特别普遍，数字技术使形式转换成为可能。然而，当涉及生命系统时，直接放大会导致系统规模上的一个主要问题。几何相似性概念（即一种形态可以放大或缩小，但保持其几何形状）并不适用于生物系统。在这些系统中，不同尺度的比例会导致崩溃。20世纪初，汤普森、奥托·斯内尔（Otto Snell）和朱利安·赫胥黎（Julian Huxley）在他们的异速生长（allometry）研究中考察了个体生物体的缩放问题。他们提出了一个主要通过形态理解的生命的机械或结构范式，证明了生物体各部分的生长速率不同。在建筑环境中，缩放涉及各种相互关联和相互依赖的生物、植物和系统的生长速率。系统的所有组件根据不同的时间线生长。随着建筑环境越来越多地融入生物再生系统，建筑材料不再是惰性的界面或可以随意放大的几何形状的被动接收器。可能需要新的度量标准，类似于建筑的面积和体积度量标准那样，来适应混合居住系统。这些度量标准将几何学与生命系统的脆弱波动联系起来。

汤普森将进化论直接应用于几何学和形态学，而其他进化论思想家和设计师则将进化论更广泛地应用于社会结构、环境、环境力量的物质构成，以及市民生活与建筑形式之间的复杂相互关系。在这群人中，最杰出的两位是苏格兰生物学家出身的城市规划师帕特里克·盖迪斯（Patrick Geddes）和奥地利裔美国建筑师、剧院设计师及雕塑家弗雷德里克·基斯勒（Frederick Kiesler）。尽管他们并未自称为生态设计师，但他们的工作对生态设计过程产生了深远影响，超越了简单的产品制造。盖迪斯和基斯勒在设计任何物体、空间或城市的过程中都会涉及更大的环境力量的探讨，更重要的是，他们将市民的生活和文化整合到一个与设计相关的更大的生态系统力量中。

盖迪斯在他的开创性著作《进化中的城市：城市规划运动与市政学研究导论》（*Cities in Evolution: An Introduction*

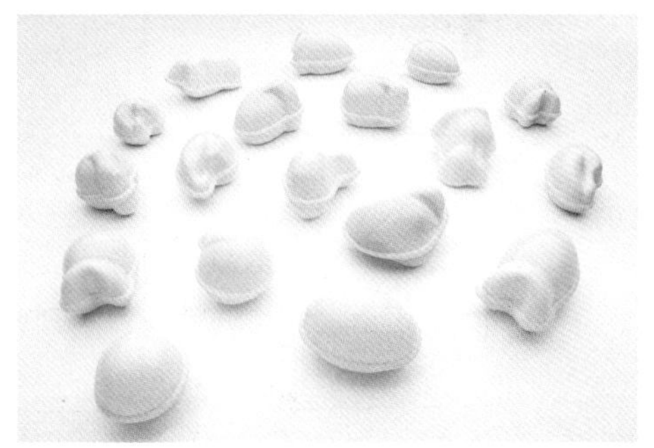

[图]　13
[|]　格雷格·林恩，胚胎学住宅：A号蛋，1999年。

to the Town Planning Movement and to the Study of Civics，1915 年）中，提出自然与城市之间存在同源性。[49] 他将城市和自然环境视为包含能量和物质流动以及人类和非人类有机体的生态系统。盖迪斯的观点受到达尔文的物种起源理论以及他在伦敦跟随托马斯·赫胥黎（Thomas Huxley）学习生物学的影响。他将城市视为一个拓展的生态系统，并将生物分类的方法应用于构成城市集体生活的所有元素的分类。这可以被视为社会生态学的早期研究，《进化中的城市》不仅分析了环境力量，还分析了人类活动、市民生活、他们的历史和记忆。盖迪斯的动态分类系统在他引人注目但异常复杂的城市图解中显而易见，他称之为“思考机器”。其中最值得注意的是“生命符号”（Notation of Life）［图 I.14］，这个图解可视化了个体、集体和自然之间的辩证关系，旨在构建一种反思性的城市组织模型，以适应人类作为一个动态物种的需求。

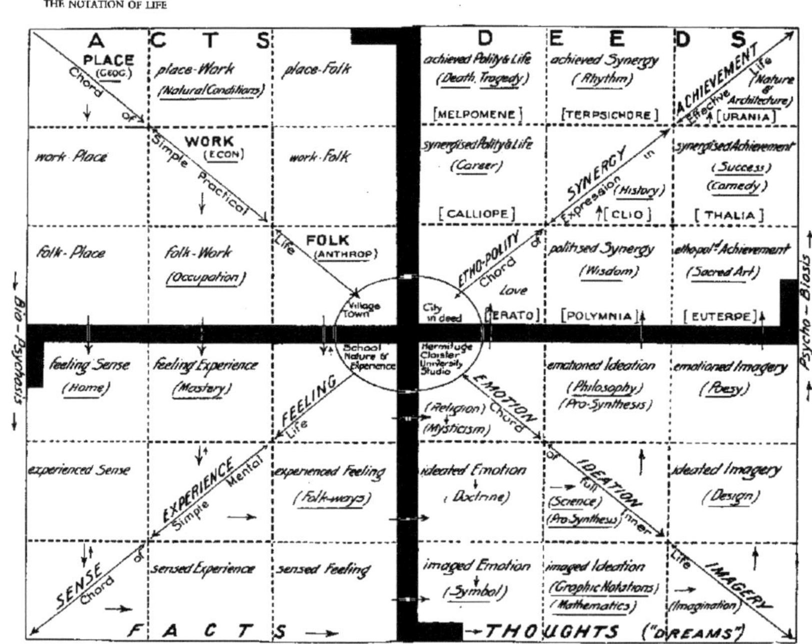

［图］ 14
［ | ］ 帕特里克·盖迪斯，“生命符号”，发表于1927年。

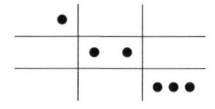

建筑历史学家沃尔克·韦尔特（Volker Welter）在其细致入微的著作《生物城市：帕特里克·盖迪斯与生命之城》（*Biopolis: Patrick Geddes and the City of Life*）中观察到，分类依赖于碎片化，即不断将世界切割成越来越小的可解决的问题。[50] 此外，对已知世界进行分类并将其作为一个整体进行理解的总体愿望不可避免地导致在刚刚达成的秩序之下出现新一层的混乱。[51] 在盖迪斯对城市构成的分类方法中，不同尺度间的转换过程至关重要，即将城市解构为组成部分，然后重新组合。放大来看，他从个体存在的角度构架城市发展，根据专业化和一般化的原则进一步分类。"因此，城市与个体之间的联系是一个尺度问题……在一个层面上对正义的洞察可以互相转移至另一个层面。"[52] 缩小视角来看，这些碎片被重新构建为多层面的图表——思考机器，通过这些图表，盖迪斯展示了分类的组织逻辑不需要专门针对知识的排序和人与地点的安排，而是可能从市民生活的波动和历史演变中发展而来。

在盖迪斯的工作中，城市既是长期稳定存在的结构，也是动态波动的环境。生物与城市的关系不是人工与自然的对立，而是通过动态流变的组织系统体现。这个系统中不存在"最优未来形态"的假设。盖迪斯的演化城市概念不追求平衡或预定的理想状态，而是承认环境的不稳定性和变化性，从而以类似于达尔文进化生物学的方式质疑了目的论。然而，与强调自然选择和生存斗争的达尔文不同，盖迪斯认为人类已经通过理想、伦理、感知和活动超越了其进化本性，反馈循环正推动社会进一步发展。因此，他主张一种基于协同和合作的共同进化，这种共同进化独立于自然选择，他提出的"工作－场所－民众"（Work-Place-Folk）三元关系体现了这种随时间演化的城市概念。

盖迪斯的共同进化概念与基斯勒的"关联主义"（correalism）理论有相似之处。基斯勒将关联主义定义为"人与其自然和技术环境之间持续互动的动力学"。[53]［图 I.15］基斯勒认为生命由三种环境中的互动力量组成：人类环境、自然环境和技术环境，这些环境都处于持续的变化中。因此，关联主义体现了这些环境之间的相互关系。然而，随着自然环境的不断变化，人类的需求也在变化，这反过来又对技术环境的输出工具产生多米诺骨牌效应。基斯勒将关联主义的理论转化为设计原则，他将其与"生物技术"（biotechnique）和"连续建造"（continuous construction）相提并论。他认为这些设计和建造方法否定了传统的组装和连接的概念，而是模仿

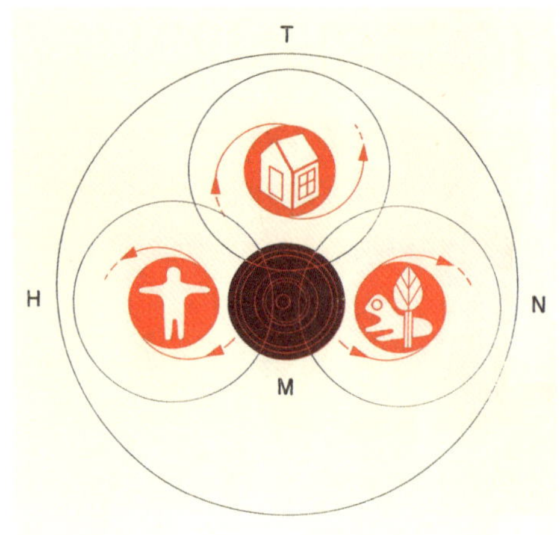

[图] 15
[｜] 图解："人＝遗传＋环境"。弗雷德里克·基斯勒1939年在《建筑实录》（*Architectural Record*）上发表的文章"论关联主义与生物技术"（On Correalism and Biotechnique）的插图。

自然的连续性，从而实现更高的抗压强度和刚度，更易维护且成本更低。[54] 在他的职业生涯中，基斯勒通过"生物技术"和"连续建造"来应对他所认为的建筑真实性危机。[55] 他的空间屋（Space House）、无尽之家（Endless House）和移动家图书馆（Mobile-Home-Library）等项目直接体现了他将理论付诸实践的尝试。

[I]　ii

[•]　进化论者

[↘]

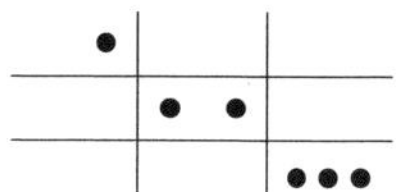

[*]　替代性阅读路径

[页]　232

[III]　vi

[↘]

[▸]　活体制造者

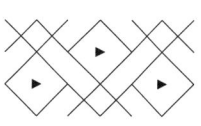

A NEW FREEDOM
AN ACRE OF GROUND MIN-
IMUM FOR THE INDIVIDUAL
BROADACRE CITY MAKES NO
CHANGE IN EXISTING SYS-
TEM OF LAND SURVEYS
HAS A SINGLE SEAT OF
GOVERNMENT FOR EACH
COUNTY ADMINISTRATION
BY RADIO AND AEROTOR

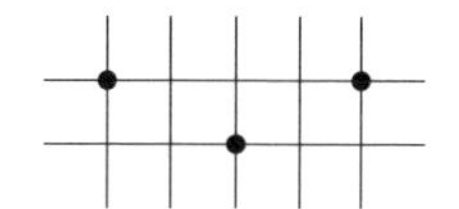

[•] 沉浸主义者

美国超验主义作家和哲学家，如亨利·戴维·梭罗、拉尔夫·沃尔多·爱默生（Ralph Waldo Emerson）和玛格丽特·富勒（Margaret Fuller）通过描述国家自然景观来阐述一种民族认同。这种认同随后被访问、记录和定居西部的旅行者对未受污染荒野的描述进一步强化。超验主义者们看到了神圣的精神信仰与令人敬畏的自然风景和奇观之间的直接联系，这些自然景观通过旅行者的传播在东部地区为人所知。除了激发对自然圣洁的敬畏之外，超验主义者还提醒美国公众注意人类活动对自然世界造成的持续伤害。梭罗特别强调，与自然亲近的体验能带来更深层的意义，当人类意识到荒野的价值时，无论是个人还是社会，都能拥有最好的生活。

这些超验主义者的作品为保护运动奠定了基础，播下了现代环保主义的种子。许多当代评论家认为，梭罗 1854 年[56] 出版的《瓦尔登湖》标志着生态意识的开端。这本书记录了他在瓦尔登湖畔近十年的超验田园主义实验和生活［图 I.16］。历史学家利奥·马克斯（Leo Marx）指出，梭罗认真践行了爱默生所谓的“自然的方法”，在著作中采用了坚定的经验主义者的语气，描述了生活的真实面貌。[57] 他的描述不仅包括田园风光，还有负面经历，这些经历据称使他与自然更加亲近。马克斯认为，这一概念是美国田园主义（无论真实还是虚构）的心理根源。这种原始强度的精神和对崇高自然环境的投入定义了美国文化。正如马克斯所言，“笼罩在我们城市化景观上的怀旧面纱，很大程度上是曾经占主导地位的未受玷污、绿色共和国形象的遗迹，这是一片宁静的森林、村庄和农场，致力于追求幸福。”[58]

认为自然具有神圣品质的信念既是精神性的也是政治性的。1836年在马萨诸塞州剑桥成立的超验俱乐部（Transcendental Club）成员相信，个人自由和个体主义能改善社会并推动民主。他们认为人们有个人和道德上的改革义务，这种改革必须通过净化自己，特别是与自然世界的内在运作建立真正联系来实现。拉尔夫·沃尔多·爱默生在1841年的著名论文《自力更生》（“Self-Reliance”）[59]中阐述了这种深入荒野的概念，深入具有备受尊崇的不确定品质的纯粹未开化和未触及的领域。他提倡一种基于自我与自然之间普遍联盟的政治和宗教世界观。

自然以其最纯粹的形式体现了信仰。[60]世界被感知为一个整体，表达了自然整体主义，这是一种理想状态，主体、环境及其周围的神圣力量和谐地融为一体。然而，政治理论家简·班纳特对这种美国超验主义观点提出疑问。她认为梭罗的世界比想象中更加混乱，受到了荒野中疏离感的驱动。班纳特指出，“荒野是任何事物中未被探索、出人意料和无法言说的外来维度。”[61]班纳特还指出，“梭罗之所以寻求它，是因为荒野的感官强度能抵抗传统、惯例和常规的强大诱惑。”[62]

这里需要强调的是，尽管班纳特将梭罗的自然视为一个“野生异质宇宙”（wild heteroverse），[63]由相互交叉影响的异质成分汇集和凝结而成，但她承认，这种自然是一个统一或自给自足的整体。对梭罗而言，正是科学工具和分类将自然分解成碎片的过程导致了“祛魅”（disenchantment）。从这个角度看，

[图] 16
[|] 亨利·戴维·梭罗的《瓦尔登湖》首版封面（1854年），由他的妹妹索菲亚·伊丽莎白·梭罗（Sophia Elizabeth Thoreau）绘制。

荒野是一种抗拒计算和表现的原始力量。这种观点奠定了一个二分法基础：一方面是对荒野进行理性化处理，这与启蒙时代开始的环境管理有着千丝万缕的联系；另一方面是将荒野神化为一个不间断的整体，以防止世界奇迹的消失，这就是梭罗说的“祛魅”的故事。[64]

继承了自然神圣属性理念的关键人物是美国建筑师弗兰克·劳埃德·赖特。他将“上帝”与“自然”[65]等同，认为建筑应服从于自然的宏伟。赖特的整体主义方法和“由材料本性、目的本性决定”[66]的形式概念在1935年建造的流水别墅（又称考夫曼住宅）中得到体现。这座位于宾夕法尼亚州米尔润市的建筑被誉为美国重要的建筑之一，1966年被列为国家历史地标。1939年，赖特访问伦敦并在英国皇家建筑师学会（Royal Institute of British Architects）发表了四场题为“有机建筑”的演讲，总结了他的建筑思想。在赖特看来，有机主义不仅是一种设计方法，更是一种独特的美国世界观和实现民主制度的手段，这种制度为社会投射了一种神话般的维度。这些演讲后来以《有机建筑：民主的建筑》（*An Organic Architecture: The Architecture of Democracy*）为题出版。正是在这里，他以典型的风格陈述道［图I.17］：

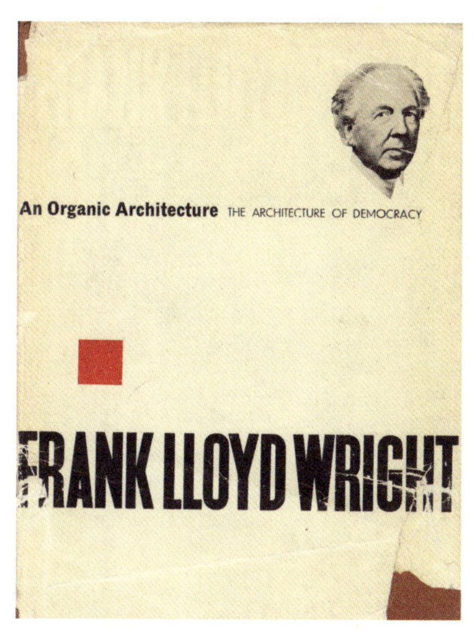

［图］ 17
［ I ］ 封面：弗兰克·劳埃德·赖特的《有机建筑：民主的建筑》，1939年出版。

> 我在此宣扬有机建筑：宣称有机建筑是现代理想，是我们迫切需要的教育，只有这样，我们才能看到生命的全貌，并为其服务，才能不拘泥于伟大传统中必不可少的“传统”。我们也不应被任何预设形式束缚于过去、现在或未来，而是赞颂常识的简单法则，或者说超常识的法则，通过材料的本性来决定其应用形式。”[67]

赖特关于人际关系、制度以及现代空间与自然和谐统一的想法，甚至在他提出“有机建筑”之前，就在他的最具远见的项目——“广亩城市”（Broadacre City）［图 I.18 和图 I.19］中得到充分体现，他一生都在致力于此。1935 年 4 月，他在纽约洛克菲勒中心举办的一次工业艺术展中首次展示了这个项目，体现了对托马斯·杰斐逊（Thomas Jefferson）“农民国家”梦想的实现。作为乡村自给自足的典范，该计划为每位公民提供一英亩土地，形成农场社区。赖特将乡村提升为一个培养自我、提供有尊严的生活方式的平等主义空间的核心，在 1932 年的宣言《消失的城市》（*The Disappearing City*）中，他将城市描述为一个恶性肿瘤，是对人类的威胁，吞噬着个性的存在，最终将导致自身毁灭。[68]

根据城市规划师亚瑟·尼尔森（Arthur Nelson）的说法，赖特认为人们必须回归自然的家园——土地，远离拥挤、有限的空间和密集的城市中心，[69] 才能充分享受机械时代的好处。城市的概念必须被个人主义的原则所取代，这一转变现在由汽车实现，而城市的去中心化将带来经济的自给自足。赖特对城市的激烈谴责和对美国个人主义的拥护，为 20 世纪后期市场扩张型治理和资本优先伦理的发展铺平了道路。值得注意的是，安·兰德（Ayn Rand）的小说《源泉》（*The Fountainhead*）中的争议性主角霍华德·洛

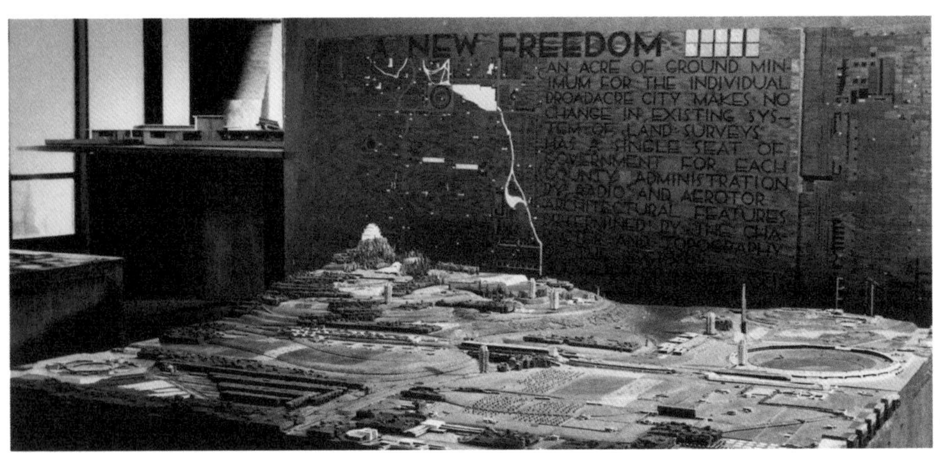

[图] 18
[|] 亚利桑那州（Arizona）在建的“广亩城市”模型，1934—1935年。资料来源：纽约哥伦比亚大学现代艺术博物馆 | 艾弗里建筑与美术图书馆的弗兰克·劳埃德·赖特基金会档案。

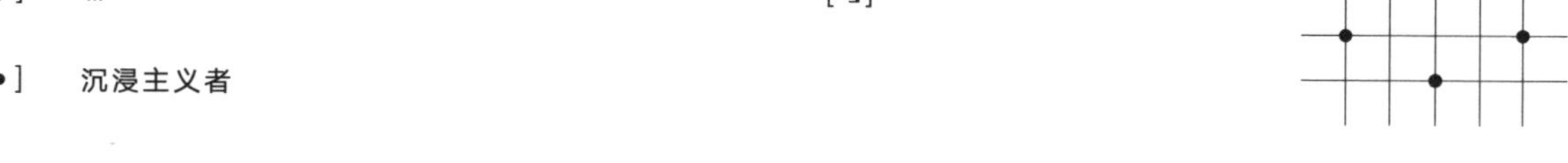

克（Howard Roark）被许多人认为是以弗兰克·劳埃德·赖特为原型，代表了20世纪现代建筑师的典型形象。[70] 洛克站在他设想的摩天大楼顶端的形象，无疑是市场决定论的强有力支持，被视为一种勇敢和道德的企业行为，同时揭示了建筑与资本主导型体制之间备受争议的关系。作为一个决心承受拒绝并执行其不变愿景的建筑师，洛克体现了个人主义的实证主义精神。这种精神最初与自然和去中心化政治联系在一起，最终为资本主导型治理范式奠定了基础——不仅作为一种经济体制，更是作为一种理解和运作世界的方式。

美国超验主义与资本化自然观的联系虽然复杂，但美国超验主义思想在20世纪60年代催生了一场保护运动，激发了人们对自然的敬畏。蕾切尔·卡森（Rachel Carson）的《寂静的春天》（*Silent Spring*）是这一运动的里程碑之作。[71] 卡森挑战了人类利用化学品、战争和太空旅行技术控制环境的权利，她认为人类对自然的统治和重新设计自然的欲望可能不是正确的行动路线。她敦促人们质疑那些采用专制设计并对自然施加控制的权威机构，为她所处时代新兴的环境事业带来了公众关注和社会紧迫感。《寂静的春天》的文化余波最终激发了环保

[图] 19
[|] 1958年，弗兰克·劳埃德·赖特的“生活城市”（The Living City）航拍图，这是广亩城市的演变。资料来源：纽约哥伦比亚大学现代艺术博物馆 | 艾弗里建筑与美术图书馆的弗兰克·劳埃德·赖特基金会档案。

运动，这一运动促成了美国国家环境保护局于 1970 年成立。

受卡森影响，挪威哲学家阿恩·内斯（Arne Næss）于 1973 年在文章《浅层与深层，长期生态运动概述》（“The Shallow and the Deep, Long-Range Ecology Movement: A Summary”）中提出了“深层生态学”（deep ecology）概念。[72] 在这篇文章中，他提出了一个整体的世界观，旨在纠正生态思想的浅层范式。与梭罗逃离到瓦尔登湖畔的小屋中思考生命和自然世界类似，内斯则前往斯堪的纳维亚的山区，长期居住在哈林斯卡维特（Hallingskarvet）的一间小屋中。对于内斯来说，深层生态学是一种生态哲学，他认为所有生物在价值上是平等的，并且认为任何人为干扰生态系统不仅对被干扰的生物有害，也会因为它在物种关系网中造成的裂痕对整个人类种族产生不利影响。

在哈林斯卡维特逗留期间，内斯提出了深层生态学的八个基本原则：固有价值、多样性、基本需求、人口、人类干预、政策变革、生活质量和行动的义务。这些原则构建了一种基于观察和与非人类自然共生的生态世界观，有助于人们理解所有生命形式的相互联系。内斯对生态学科学的整体方法强调在自然中体验生活的重要性，认识到人类与地球及其福祉的内在联系。深层生态学的哲学可视为美国超验主义思想的延续。然而，与梭罗在《瓦尔登湖》中强调个体和社会通过认识荒野价值获得更深层意义不同，内斯关注将人类作为自然世界的主要意识居民进行去中心化。他认为每种生命形式，无论人类还是非人类，都同等重要。这一观点为 20 世纪 80 年代后人类主义理论的兴起铺平了道路，这些理论在米歇尔·福柯、朱迪斯·巴特勒（Judith Butler）、格雷戈里·贝特森（Gregory Bateson）、布鲁诺·拉图尔（Bruno Latour）、凯瑞·沃尔夫（Cary Wolfe）和唐娜·哈拉维（Donna Haraway）的作品中得到了体现。

[I]　iii　[↘]

[●]　沉浸主义者

[*]　替代性阅读路径
[页]　118
[II]　ii　[↘]

[■]　# 局外人

或者

[*]　替代性阅读路径
[页]　222
[III]　v　[↘]

[▸]　# 土地叙述者

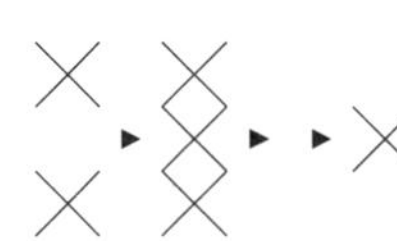

ARCHITECTURE OF 'DIE PFLANZE ALS ERFINDER'(1920)

INSPIRED BY ENRIC MIRALLES
ORIGINATED BY France, R. H.

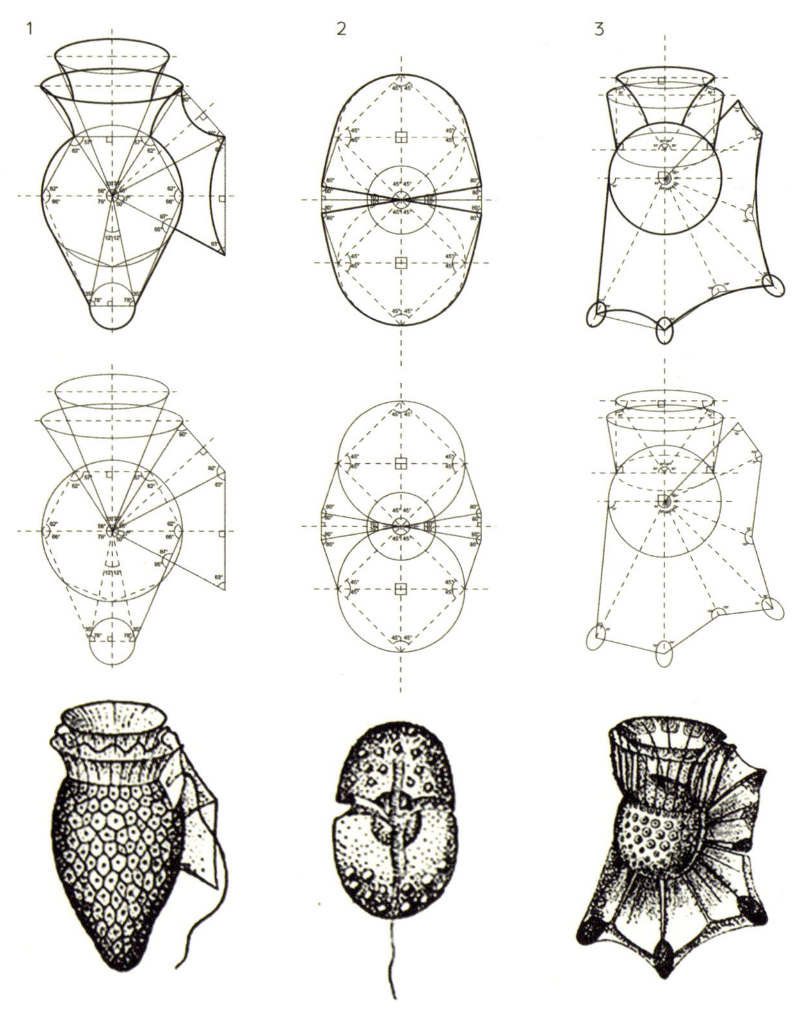

Perlömecn öcs ülccres, oIs natürliche mobcllc oon
CCurbincncinrtcfjtungen.

1 Dlnophysls acuta.
2 Ornlthocercus magnlflcus.
3 Qymnodinlura rhomboldes.

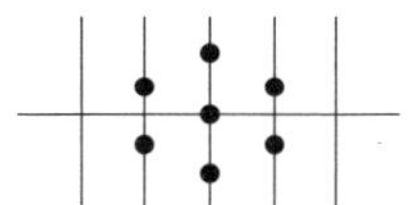

[•] 生物功能主义者

浪漫主义与现代科学的联系在德国魏玛国立包豪斯成立初期尤为明显，特别体现在其创始人瓦尔特·格罗皮乌斯（Walter Gropius）将艺术统一为一个不可分割的整体的愿景中。格罗皮乌斯在1919年包豪斯成立宣言中，以莱昂内尔·费宁格（Lyonel Feininger）的木刻作品《大教堂》（*Cathedral*）为背景，倡导建筑、绘画和雕塑的有机统一，其中交织的光线汇聚于一座山形的建筑物。[73]［图I.20］费宁格的木刻作品与布鲁诺·陶特（Bruno Taut）同年稍早些时候出版的《阿尔卑斯建筑》（*Alpine Architecture*）中的绘图惊人地相似。[74]［图I.21］可以说，第一次世界大战造成的破坏引发了人们对自然形态的共情，如大教堂中不断上升的山脉，也引发了对一元论精神的新的向往，这种渴望在建筑表现中得到体现。因此，大教堂形态象征着结晶过程或状态变化，代表建筑师构建的精神新时代，现如今建筑师成为社会精神性发展的领导者。建筑和山脉被视为活生生的有机体——这一观点根植于古斯塔夫·费希纳（Gustav Fechner）关于自然哲学的推测，以及所有无机物都是有生命的且相互连接的说法。

包豪斯宣扬的与自然统一的观念，与美国超验主义和弗兰克·劳埃德·赖特的有机体思想相近，但独特之处在于相信自然的统一可在人造建筑中得到真实的转移和重建，成为生物系统的复杂化身。历史学家佩德·安克尔（Peder

[图] 20
[|] 莱昂内尔·费宁格，《大教堂》，1919年。图为瓦尔特·格罗皮乌斯在1919年4月的《包豪斯宣言与计划》（Manifesto and Program of the State Bauhaus）中的插图。

Anker）和奥利弗·博塔（Oliver Botar）用“生物中心主义”（biocentrism）[75]和“生物功能主义”（biofunctionalism）[76]来描述包豪斯教师们宣扬的生物有机体和复杂系统的功能性利用。这些教师包括奥斯卡·施莱默（Oskar Schlemmer）、保罗·克利（Paul Klee）、约翰内斯·伊顿（Johannes Itten）、瓦西里·康定斯基（Wassily Kandinsky）、密斯·凡德罗（Mies van der Rohe），以及著名的匈牙利视觉艺术家拉斯洛·莫霍利-纳吉。包豪斯的领导者们实际上是在现代科学的基础上重新审视源自19世纪浪漫主义的前现代自然观念，旨在实现平衡、和谐和福祉，这种前现代的、浪漫的理解认为，在适当管理下，生物体与其环境可以恢复并保持和谐互动。[77]博塔特别指出，主张一元论、新生命论和生态世界观的生物中心主义是当今良性环保主义的先驱。[78]

莫霍利-纳吉将自然系统适应于技术制品，并将其作为环境改善手段的方式，源自匈牙利-奥地利土壤生物学家劳尔·弗兰采（Raoul Francé）在《植物作为发明家》（*Die Pflanze als Erfinder*）[79]中提出的“生物技术”（biotechnique）概念。弗兰采系统分析了植物及其解决技术问题的潜能，被视为现今“仿生学”

[图] 21
[|] 布鲁诺·陶特，大教堂之星（Cathedral Star），载于《阿尔卑斯建筑》（*Alpine Architektur*），1919年。

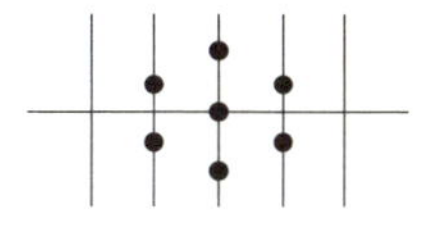

（Bionics）的先驱，尽管他创造的术语实为生物技术（Biotechnik）。弗兰采的著作对包豪斯领导者，特别是康定斯基和克利产生了深远影响。根据博塔的说法，他们是生机论有机主义者，将世界及其组成部分视为由一种无法形容的生命力驱动的嵌套的有机体层次结构。[80]［图 I.22］作为早期的复杂系统思想家，弗兰采将荚果、锥体和单细胞生物设计得如同人工制品，并赋予自然系统以功能主义特征，主张无机和有机的统一。他认为生态一体性（或“整体主义”）将改善所设计的环境的生活条件。弗兰采的一元论提出了一种单一实体，一个在所有生命形式中相互连接的统一体。

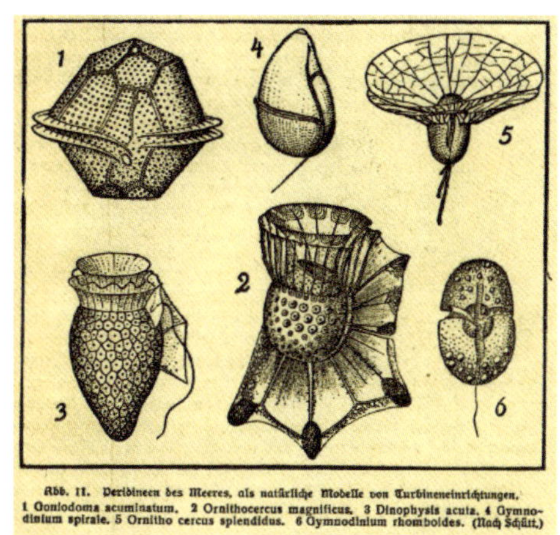

[图] 22
[I] 生物技术类型。奥匈帝国植物学家和微生物学家劳尔·弗兰采是率先系统分析植物形态和结构以解决人类技术问题的先驱之一，他在仿生设计领域的研究开展了初步的正式探索。载于《植物作为发明家》，1920年。

一元论的哲学也得到生物学家约翰·雅各布·冯·乌克斯库尔（Johann Jakob von Uexküll）的支持，体现在他提出的“环境”（Umwelt）概念上，该概念后来被符号学家托马斯·塞博克（Thomas Sebeok）和哲学家马丁·海德格尔（Martin Heidegger）采用。在冯·乌克斯库尔对动物行为的广泛研究中，他将环境定义为一个自我世界，生物体既在感知上也在物质上构建这个世界，以便在其中生活和作为主体行动。为了构建环境，生物体必须将生命的外部和内部力量统一为一个单一实体，或是一个存在于气泡中的新世界。他描述穿行于盛开的草地时写道：“一旦我们进入这样一个气泡，主体之前的周围环境被完全重新配置。许多草地的色彩特征完全消失，其他特征也失去了彼此的连贯性，新的联系被创造出来。”[81]［图 I.23］

冯·乌克斯库尔的“环境”概念与他的“建筑计划”（Bauplan）概念密切相关，“建筑计划”即建造蓝图或其（物理和功能）设计，换句话说，即有机体的建构。在其 1909 年的著作《动物的环境世界与内心世界》（*Umwelt and Innenwelt der Tiere*）中，他明确指出环境本质上是“建筑计划”的反映。[82] 每种生物以特定的方式体验世界，这种方式由

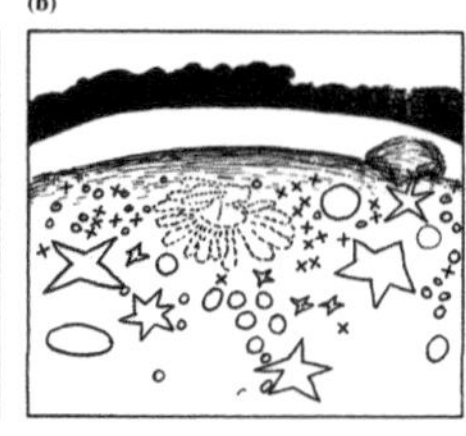

[图] 23
[|] 1934年，约翰·雅各布·冯·乌克斯库尔绘制的蜜蜂的生存环境图。左图展示了从外部观察者视角感知的蜜蜂环境。右图则展示了蜜蜂所看到的相同世界中特定方面，构成了其周围环境。

其自身感觉器官和运动能力的范围决定，而这种定制的、预设的认知由生物体的内部架构通过一系列因果互动决定。

值得注意的是，尽管冯·乌克斯库尔的理论对建筑师和艺术史学家产生了影响[83]，但他的工作现在被批判为具有歧视性和种族动机。他不仅传播并倡导种族思想家休斯顿·斯图尔特·张伯伦（Houston Stewart Chamberlain）的观点（张伯伦将雅利安神话引入德国社会），还是他的朋友和思想盟友。[84] 但即便抛开他的个人关联不谈，冯·乌克斯库尔也几乎毫无保留地将生物学应用于社会系统。正如马可·斯特拉（Marco Stella）和卡雷尔·克莱斯纳（Karel Kleisner）指出，冯·乌克斯库尔在《国家生物学》（*Staatsbiologie*）中将公司制国家描述为一个有机体。[85] 这种将自然秩序作为社会秩序基础的观点，在第三帝国的语言和实践中表现得尤为明显，特别是当它声称需要从健全的国家有机体的新陈代谢中把不健康、寄生虫和病变器官移除时。[86]

此外，冯·乌克斯库尔将环境理解为不相交的个体化的气泡集合，这种观点削弱了连接性的概念以及基于关怀、管理及社区联盟实践的生态理念中的社会化。相反，“环境”的概念为一个受控封闭空间和自治环境的世界奠定了基础，这个世界没有外部的可能性。可以说，冯·乌克斯库尔的感知气泡理论在建筑中表现为受控的穹顶结构，这在巴克敏斯特·富勒和佐藤荣司（Shoji Sadao）1960年的“曼哈顿穹顶”以及许多旨在防止污染、疾病、环境退化和危险的大规模透明封闭结构中得到了体现。这个时期另一个显著例子是1970年弗赖·奥托（Frei Otto）和丹下健三（Kenzo Tange）的“北极城市”（Arctic City），这是一个著名的直径达2千米的气动穹顶，它为人工生成的环境提供了一个封闭空间，在这个环境下可在极端极地气候中建造城市［图I.24］。这些扩大的气泡穹顶起源于特定有机体的感官和生物禀赋（正如冯·乌克斯库尔认为）[87]，作为使个体或集体从城市结构和社会领域中脱离的存在媒介。穹顶不仅是预防措施，还是校准周边范围内人力和物质资源的机器，是一个由控制和工程安全组成的组织，

[图] 24
[I] 弗赖·奥托展示了一个北极城市的模型。

为选定主体提供一个纯净、消毒、有序和安全的环境。从哲学角度看，气泡成为表达一元论的独特形式。它不同于模仿有机体解剖结构来改善建筑性能的方法，而是创造了一个独特的、高功能且受保护的环境，在层级上优于周围环境。然而，这种设计否定了物种和环境之间的联系，而这种联系对于以公平和生态的方式居住在地球上至关重要。

在另一个方向上，将自然系统转化为技术人工制品和生物功能主义的科学规律也体现在威尔士歌手兼科学家玛格丽特·瓦茨-休斯（Margaret Watts-Hughes）的早期视听实验中。她发明了名为“显音仪”（eidophone）的仪器，研究人声振动产生的色浆和粉末颜料的图案。她的“显音仪”由一个通向接收室的话筒组成，其上覆盖了一个橡胶膜，或称振膜。[88] 从1890年起，瓦茨-休斯在伦敦音乐协会（The Musical Association）、皇家学院（The Royal Institution）和皇家学会（The Royal Society）发表科学论文，并在1904年出版《显音仪声音图形》（*The Eidophone Voice Figures*）一书。[89] 她声称能唱出形似植物、花卉和微生物的奇特图案［图I.25和图I.26］。当她唱歌时，她声音的震动使玻璃表面上的惰性物质和彩色浆料移动，使她能够实时见证这些图案的形成，她认为这类似于大自然中美丽形态的形成过程。在书的开篇，她回忆起漂浮的颜料如何在振动下形成完美的几何图形。[90]

[图] 25
[I] 玛格丽特·瓦茨-休斯创作的声音图形。玻璃上的颜料。日期不详。图片来源：塞法斯法城堡博物馆与美术馆（Cyfarthfa Castle Museum and Art Gallery）。

[图] 26

[|] 单音调声音图形，由玛格丽特·瓦茨-休斯创作。玻璃上的颜料。日期不详。图片来源：塞法斯法城堡博物馆与美术馆。

瓦茨-休斯的声音图形实验首次发表于1891年[91]，突出展现了她自身声音的独特作用。这些实验成为探索声音、视觉形态、气流和彩色颜料等多种参数之间共振的有力工具。与专用于测量或环境改善的仪器不同，瓦茨-休斯的实验并非将自然系统简单转化为技术系统，而是揭示了系统对各种参数的敏感性。这种方法不仅开启了新的研究领域，还在她寻找形态特征的过程中增强了感官体验。瓦茨-休斯描述了实验过程中的感受："仿佛管子、接收器和膜上的空气以及周围的所有空气都在为歌手的目的而协同作用，占据了空间的每一个角落。"[92]她将所创造的图形称为"半液态"的原始形态［图I.27］，暗示这种由身体发明和创造的物质既非纯粹的液体也非固体。这是一种可以以多种方式重塑的物质形式，一种由形态发生而非形态学组合而成的物质。但这种图形不仅是一种物质类型，它还代表了自身转变的理念。

瓦茨-休斯的工作在生物功能主义谱系中独树一帜。它是边缘化的，因为它具有生成性和开放性。这与该思想流派大多数代表人物追求的直线因果关系形成鲜明对比。主流思想致力于将自然形式转化为技术形式以提升性能。对于包豪斯的某些领导而言，自然有机体的内在

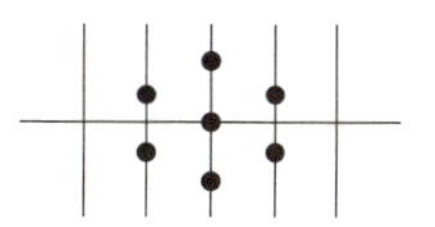

功能主义不仅涉及和谐与层次嵌套的构成问题，还揭示了通过生态设计改善人类及环境生活条件这种进化适应性的可能。[93] 这种信念认为环境设计可作为改善人类种族的途径，与主流生物功能主义话语略有不同，后者将生物学隐喻视为科学、社会和美学的典范。正如安克尔在《帝国生态学》（*Imperial Ecology*）[94] 中指出，生态思想和环境秩序的规范政策掩盖了英国生态学家亚瑟·乔治·坦斯利（Arthur George Tansley）和南非政治家扬·克里斯蒂安·斯穆茨（Jan Christian Smuts）的整体生态学中存在的优生学和民族主义倾向。世纪之交的生态设计话语融合了设计、技术、自然秩序和管理政治，被视为一种可与马克思主义和基督教比肩的新人文主义形式，是大众的下一个鸦片，正如斯拉沃热·齐泽克（Slavoj Žižek）的著名论点所指出的那样。[95]

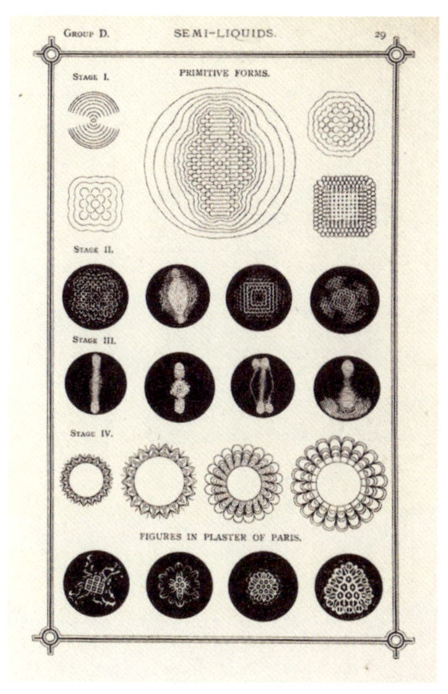

[图] 27

[|] 摘自玛格丽特·瓦茨-休斯于1904年出版的《显音仪声音图形：人声振动产生的几何与自然形态》（*The Eidophone Voice Figures: Geometrical and Natural Forms Produced by Vibrations of the Human Voice*）。

[*] 替代性阅读路径

[页] 182

[Ⅲ] i

[↘]

[▸] 次自然主义者

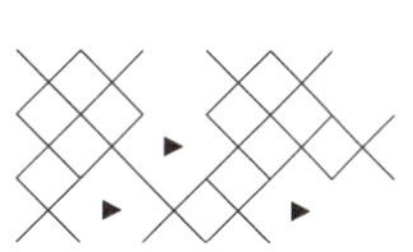

Mechanization Takes Command
DISH
DRAINER
FLOUR
BARREL
DOOR
RYE
CORN
MEAL
COARSE
FLOUR
SCOURING
SUGAR
SUGAR

[•] 家庭经济学家

在恩斯特·海克尔1866年的《生物体的一般形态学》中首次提出“生态学”一词26年后，[96]卫生化学家艾伦·斯沃洛·理查兹——也是麻省理工学院录取的第一位女性——联系海克尔请求他允许她以修改后的含义使用这一术语。虽然该词源自希腊语οίκος（oikos，意为“房屋”），海克尔将其比喻性地用来表示自然的家园，这一概念源自德语“Naturhaushalt”。[97]海克尔所关注的并非字面上的房屋或家庭环境，而是动物（包括人类）与其无机或有机环境之间的关系。相比之下，斯沃洛·理查兹则专注于房屋的健康，并将这一概念扩展到整个世界的健康。

倾向于自然科学的斯沃洛·理查兹专注于研究卫生和污水系统、清洁水源、营养食品以及高效的厨房设计，如她在1893年世界哥伦比亚博览会（World's Columbian Exposition）上展出的伦福德厨房（Rumford Kitchen）［图I.28］。她提议用“生态学”替代“家政学”，这一术语在1899年普莱西德湖会议（Lake Placid Conferences）和美国家政学会（American Home Economics Association）中获得正式认可，她曾担任该学会成立前两年的主席。对斯沃洛·理查兹而言，“生态学”应当从字面上理解，作为一种基于环境科学和家庭管理原则来对抗疾病的工具。她认为世界“应当像任何家庭主妇维持家庭一样得到维护”。[98]她将“家政学”推广纳入环境科学的合法分支，这一举措也是对女性接受高等教育的一种认可方式。[99]

1892年11月30日，斯沃洛·理查兹在波士顿旺多姆酒店（Vendome Hotel）的一次大型聚会上向美国公众介绍了"生态学"这一概念。次日，《波士顿日报环球报》（*Boston Daily Globe*）宣布了这门新科学的诞生。[100] 在斯沃洛·理查兹看来，生态学是人类生态学的卫生分支，旨在改善供给系统及家庭和城市（包括其自然资源）的环境条件。她认为，清理家庭和环境是改善社会本身的一种方式。然而，她对生态学的期望很快就被打破了。1893年，《英国医学杂志》（*British Medical Journal*）将生态学明确定义为源自形态学和生理学的知识，"主要基于动植物生命在自然条件下表现出的无穷现象的开发"。[101]

这场文学辩论清楚地表明，海克尔和斯沃洛·理查兹对"oikos"一词的理解有所不同。对海克尔而言，它表明了一个"外部"，即自然之家，以及居住世界的概念，这要求记录、分类和可视化生命的各个分支和相互关系。相比之下，对斯沃洛·理查兹而言，家是一个"内部"，它指的是与居民健康相关的家庭管理生活。因此，她将生态学视为将内部投射到外部世界的一种市政家政形式。这种内外二分法直接源自19世纪确立的性别分工，即约翰·拉斯金（John Ruskin）宣称为了维持平衡的社会，有

[图] 28
[|] 1893年，艾伦·斯沃洛·理查兹在世界哥伦比亚博览会展出的伦福德厨房内部。图片来源：马萨诸塞州剑桥市麻省理工学院科学博物馆。

[图] 29

[I] 一位被描绘为身体一半是男性、另一半是女性的“男性助产士”。这是1793年艾萨克·克鲁克尚克（Isaac Cruikshank）的彩色蚀刻画。图片来源：英国伦敦威康收藏馆（Wellcome Collection）。

必要建立独立领域的意识形态或家庭与公共之间的二分法。1864 年，拉斯金在伦敦的演讲“女王的花园”（Of Queens' Gardens）中坚持认为，男性的角色是进入公共领域并谋生，而女性的角色则是维护家庭，使之成为一个男性可以回归的避难所和宁静之地。拉斯金认为，这种明确且（在他看来）平等的角色分配能确保两性的幸福和完美[102]［图 I.29］

拉斯金认为，正是这种独特且（在他看来）平等的角色分配确保了两性都能获得幸福和完美。这种限制使得参与环境活动的中上层女性不仅将自己的活动视为妻子和母亲角色的延伸，还从家庭出发，向外延展为对环境的关注。正如历史学家苏珊·A. 曼（Susan A. Mann）所指出的，大量女性被吸引到与家庭相关的问题中，这些问题被归于“市政家政”的范畴，例如确保家庭的空气、食物和水安全，或保护自然以美化生活、增强娱乐活动，以及更好地教育孩子。[103]

对于斯沃洛·理查兹而言，生态学超越了家庭生物学的范畴，更是一门起源于家庭并为社会改革奠定基础的正确生活的科学。在对生态学的修订感到失望后，她创造了“优境学”（Euthenics）这个术语，并在1910年出版的《优境学：可控环境科学》（*Euthenics, the Science of Controllable Environment*）一书中详细阐述了这一概念。[104] 从词源学角度来看，这个术语源自古希腊语εὐθηνέω（eutheneo），指的是德摩斯梯尼（Demosthenes）所描述的繁荣生活，或者说通过有意识地改善周围“生活条件”而带来的兴盛状态。[105]

然而，优境学的目标不仅仅是改善卫生条件，它进一步发展为“高效人类”的工程学。[106] 在她的著作中，斯沃洛·理查兹提出，幸福感可以基于遗传和卫生这两个条件来构建，这两个条件分别由优生学和优境学来协调。用她的话说：

> 优生学通过遗传改善种族。
> 优境学通过环境改善种族。
> 优生学是针对未来几代人的卫生学。
> 优境学是针对当代人的卫生学。
> ……
> 优境学的发展应通过以下途径：
> 1. 卫生科学；
> 2. 教育；
> 3. 将科学、教育与生活联系起来。[107]

艾伦·斯沃洛·理查兹积极通过多种渠道推广优境学，包括成人教育（如学托扩运动）、社区中心、政治及社会改革活动和女性阅读俱乐部。[108] 1870年至1920年，女性俱乐部成为重要的社交场所，为女性提供了言论自由的平台，并让她们有机会在家庭之外发展领导才能。随着这些俱乐部的数量和规模的不断扩大，它们成为日益兴起的进步运动的一部分，使女性能够在国家和地方层面产生影响，并为政策制定作出贡献。斯沃洛·理查兹作为环保委员会主席，协助创建了六个国家公园，并倡导建立国家公园系统。[109]

作为环保活动的先驱，艾伦·斯沃洛·理查兹被许多历史学家视为市政家务运动的创始人和“生态女性主义之母”。然而，这一评价存在广泛争议。[110] 一方面，她从未积极支持妇女权利或选举权。另一方面，她公开支持优境学作为优生学的延伸，这使得环境倡议与一些有争议的政治目标相关联，这些目标暗中支持种族偏见和对少数群体的边缘化。艺术与建筑历史学家法比奥拉·洛佩斯-杜兰指出，20 世纪初的土地改革和城市规划环境倡议实际上源于优生学思想，[111] 这一点在拉丁美洲城市的实施中尤为明显。在与尼基·摩尔（Nikki Moore）合著的早期文章中，洛佩斯 - 杜兰将拉马克式优生学描述为“20 世纪初一种通过环境改造来改善人类种族的运动，这一运动逐渐演变成一种被称为可持续性的新型人文主义，它通过建筑将生态学、技术和政治管理融为一体。”[112]

斯沃洛·理查兹并非唯一坚持传统性别分工的人物。这种分工将女性的关注点集中在家庭上，而理查兹本人也未曾支持妇女投票权。在这一点上，她的先驱是凯瑟琳·比彻（Catharine Beecher），一位热心的活动家，致力于围绕家庭构建女性教育体系。1821 年，比彻在康涅狄格州创办了哈特福德女子学院（Hartford Female Seminary），这是美国第二所为女性提供高等教育的机构，仅次于艾玛·威拉德（Emma Willard）于 1819 年在纽约州沃特福德（Waterford）开设的学校。比彻主张，教育女性维持高效和健康的家庭将成为社会进一步民主化的基础。尽管公开反对政治女权主义和选举权运动，但比彻仍然积极推动女性平等。她认同拉斯金的观点，即男性和女性是不同的，女性应当专注于家庭和市政领域。在她看来，道德女性“不是顺从丈夫，留在家中，对家庭事务以外的社会问题视而不见。相反，她的新道德是将自我奉献给公众利益。”[113]

虽然比彻将女性在社会中的角色限定在家庭领域（作为母亲和妻子），但她同时也是一位活跃的废奴主义者。她和妹妹哈里特·比彻·斯托（Harriet Beecher Stowe）——后者是开创性反奴隶制小说《汤姆叔叔的小屋》（*Uncle Tom's Cabin*）（又译作《黑奴吁天录》（*Life Among the Lowly*））[114] 的作者——共同设想家庭作为一个独立的自治单元，由家庭主妇独立运营和管理，不依赖外部帮助。比彻姐妹都不赞同以家务劳动的形式服务，她们认为这源于封建制度和邻近州奴隶制的负面文化影响。[115] 她们倡导创建独立的家庭单元，将其视为民主社会的基石，并鼓励女性在所有家庭管理事务上自我教育，特别是在卫生、适当通风和一般健康方面，以及了解人体及其器官的医学知识和解剖结构。

在《美国女性之家》（*The American Woman's Home*，1869 年）[图 I.30] 中，凯瑟琳·比彻对其早期著作《家庭经济学》（*Domestic Economy*，1841 年）进行了全面修订。[116] 在这本书中，比彻姐妹提供了一份详尽的手册，为组织、建设、装饰及维护郊区家庭提供了详细指南。她们将这份手册视为一本教科书，旨在

[图]　30
[|]　凯瑟琳·比彻和哈里特·比彻·斯托合著的《美国女性之家》封面内页，由J. B. 福特公司（J.B. Ford & Co.）于1869年出版。

教育女性履行家庭责任以及管理整个家庭的经济和卫生——从建设和装饰到日常维护。此外，她们还对理想家庭布局进行了深入分析，特别强调了健康以及她们所倡导的道德的重要性。

19 世纪末至 20 世纪初，医学手册在家庭中相当普及，但比彻是首位将其视为女性专业领域的人。换言之，居住者与房屋的脆弱联系，即住所作为一个封闭环境空间的象征，反映了她们对居住生理学的深切关注，这种关注可以追溯到早期的前现代医学世界观。这些手册提供了详细的家政建议，不仅为了治疗疾病，还可以纠正不良行为。这些建议涵盖了从清洁瓷质浴缸、黄铜烛台、灯罩和有污渍的桌布，清扫地毯[117]，洗碗，擦拭炉子，用浸泡在煮熟的亚麻籽油中的棉布擦拭家具，到创造愉悦氛围的抽象技巧，如启发性的视觉布置和照明等方方面面。这些手册的书名包括：《家庭医生》（*The Doctor at Home*）、《日常使用食谱》（*Recipes for Everyday Use*）、《家庭小贴士与帮助》（*Household Hints and Helps*）、《家庭护理：关于照顾病人的实用信息书》（*Home Nursing: A Book of Practical Information on the Care of the Sick*）等。[118] 在这些书中，家政的精神和方法与居住者健康之间的切实联系清晰可见——这是精神状态与物质化之间的联系。在一位艺术家对美国家庭的想象中，推动房屋的力量被比作大脑，或居住者的精神力量；居住者的神经系统产生足够的能量来维持机器运转，就如同人体内部的运作一样。[119] 因此，家政可以被视为一个治愈家庭居住者的过程。

比彻对清洁卫生的关注不仅仅是为了提供一系列建议。她渴望优化环境条件，因此致力于分析和重新设计住宅类型及其基础设施布局［图 I.31］。事实上，她批评建筑师和男性普遍对这些主题的无知，并提出了自己的通风模型，称之为“科学的家庭通风”，并得出结论：“一位明智的女性对于建造房屋是不可或缺的”。[120] 在《美国人民挨饿和中毒》（“The American People Starved and Poisoned，1866 年）一文中，她指出了在忽视或完全不考虑供暖、通风、管道和储存问题时可能出现的与健康相关的危险。为了改善通风（已被认定为健康生活的一个主要参数），比彻绘制了横向剖面图，展示了如何建造壁炉以促进空气流通。[121]

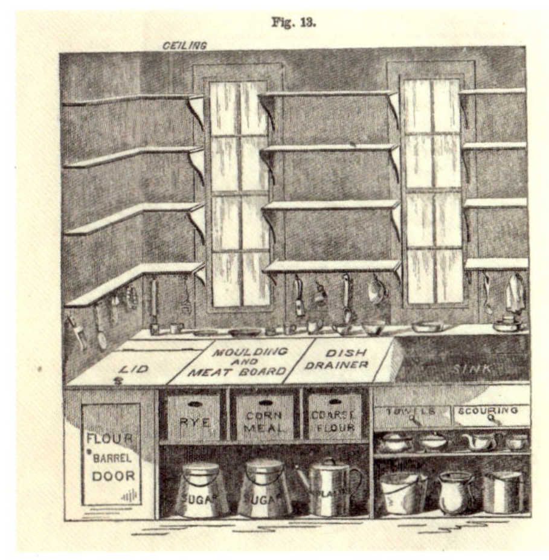

［图］ 31

［ I ］ 凯瑟琳·比彻和哈里特·比彻·斯托的《美国女性之家》（1869年）中的图13。该图绘制了水槽和烹饪区的放大平面图。正如作者们所论述的，“两个‘窗户’一个开在顶部，另一个开在底部，在炎热天气中可以更好地促进空气流通。”

希格弗莱德·吉迪恩（Siegfried Giedion）是最早承认凯瑟琳·比彻是一位革命性的家庭工程师的建筑历史学家之一。在撰写《机械化掌控一切》（*Mechanization Takes Command*）时，他将驱使她将家庭空间合理化和工程化的精神动机归功于比彻的宗教背景（比彻是一位福音派基督教牧师的女儿）。[122] 对吉迪恩而言，比彻所描述的家庭科学管理可比作流水线，象征着后来被称为“家政学”（home economics）的家庭工程科学，其实质是“利用现代科学资源来改善家庭生活”。[123]

雷纳·班纳姆（Reyner Banham）在其 1969 年著名的《环境调控建筑学》（*The Architecture of the Well-Tempered Environment*）中，也像其在伦敦考陶尔德艺术学院（Courtauld Institute of Art）的导师希格弗莱德·吉迪恩一样，将比彻描述为一位杰出的 19 世纪家庭改革者。[124] 他的配偶玛丽·班纳姆（Mary Banham）在《美国家庭》（*American Home*）中通过插图展示了比彻的想法，突出了她关于“统一的中央服务核心”的激进概念，即围绕这个核心布置的房屋楼层与其说是房间的聚集，不如说是自由空间，布局开放，但通过专门的内置家具和设备在功能上进行区分。[125]［图 I.32］

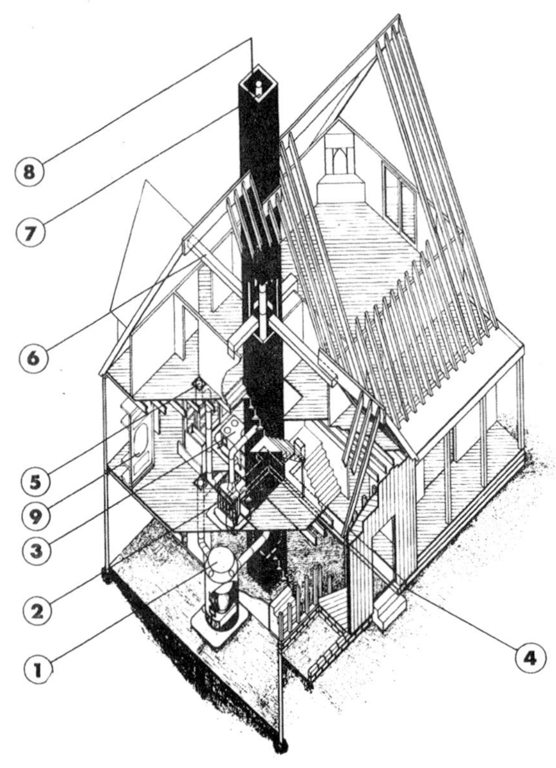

American Woman's Home: cut-away showing the complete house as an environmental system.

1. Hot air stove
2. Franklin stove
3. Cooking range
4. Fresh air intake
5. Hot air outlet
6. Foul air extracts
7. Central flue
8. Foul air chimney
9. Movable wardrobe

[图] 32

[|] 玛丽·班纳姆为凯瑟琳·比彻在《美国女性之家》(1869年)中的模型房屋所作的插图。该插图发表于雷纳·班纳姆的《环境调控建筑学》，芝加哥：芝加哥大学出版社（The University of Chicago Press），1969年。

对班纳姆来说，将所有设备集中在一个有组织的中央装置中是建筑技术的一项重大创新。这一创新后来促进了开放式规划的发展，并预示了巴克敏斯特·富勒1927年设计的戴马克松房屋（Dymaxion House）的功能组织。实际上，班纳姆认为比彻的中心核心是真正的居住机器的前身。[126] 通过将所有的空气管道、水管和供暖管道集中在一个中央的“环境树”（用班纳姆的话说）中，使建筑外壳从其传统上所执行的环境功能中解放出来。因此，美国常用的轻质木结构外壳在热性能方面表现不佳，尤其是与传统欧洲房屋的厚重石墙相比。这种新形成的外壳的独立性，从根本上改变了内部经济和布局与结构外观之间的关系，使得房屋“容易受到不受约束的风格多样化的影响”。[127] 从室内气候工程中解放出来的外壳的所体现意义，在班纳姆和弗朗索瓦·达勒格雷特（Francois Dallegret）为“环境气泡”（Environmental Bubble）所作的图纸中得到了充分体现[128]，这一概念正是基于比彻试图在一个核心垂直树结构中统一家庭机器的努力。

20 世纪初，家庭空间的组织和管理与居住者的健康（包括生理和道德层面）之间的关系被普遍认为是正在发展的现代运动的一个方面。正如勒·柯布西耶在 1923 年所写的，“要教导你的孩子，只有在光线充足的情况下，房子才是适宜居住的。”[129] 现代房屋就像一个促进健康的工具一样，必须是开放的，整个房屋应空气流通，其形态应由阳光精心塑造。

理查德·诺伊特拉（Richard Neutra）进一步发展了这一理念。在他看来，空间不是一个抽象虚无的概念；相反，它充满了生理、心理和环境力量，通过恰当的设计，这些力量可以被管理和利用，以增进居住者的福祉。正是这一目标主导了诺伊特拉从 20 世纪 20 年代到 50 年代在加利福尼亚的工作，在此期间他主张“将审美愉悦转变为一种治疗形式，家庭环境让位于愉悦之家。”[130] 这就是为什么西尔维亚·拉文将诺伊特拉视为后来（在 20 世纪四五十年代）所称的环境设计的创始人，并关注居住的生理学和性能标准，这些最终成为专业词汇的一部分。[131]

诺伊特拉深受西格蒙德·弗洛伊德精神分析理论的影响，特别是受到他的学生威廉·赖希（Wilhelm Reich）的工作以及当时在加利福尼亚盛行的伪科学医疗方法的启发。诺伊特拉认为，住宅建筑和整体环境设计能够影响居住者，并作为治疗和预防神经症及其他心理障碍的手段。比阿特丽兹·科洛米娜指出，诺伊特拉基于神经学发展了一整套设计理论，类似于弗里德里希·基斯勒关于材料和建筑的心理功能影响的观点。[132] 正如科洛米娜敏锐地观察到的：

> 仿佛神经系统本身才是现代建筑的真正客户。现代建筑不仅仅是一种医疗设备或健身器械，它还是一个茧，用于庇护那些因战争的创伤、稳定边界的丧失以及现代工业化技术带来的新节奏和速度而受到冲击的脆弱心理。每个房间都变成了康复室，每座建筑都变成了创伤中心。建筑成了一种心理工艺。[133]

诺伊特拉首先在著名的加利福尼亚自然疗法医生、素食主义和裸晒倡导者菲利普·洛维尔博士（Dr. Philip Lovell）委托建造的健康之家（Health House，1927—1929 年）中实践了他关于人类栖息地神经学的观点。这座房屋采用钢架、预制构件和喷射混凝土建造，特别注重通风和自然光的引入，通过巨大的带状窗户和玻璃板实现室内外空间的统一。它还配备了高科技的水疗设备，以及每间卧室外的独立阳台，使得户外睡眠成为可能。科洛米娜指出，这些特点是诺伊特拉将建筑定位为“预防医学分支”的核心部分。[134] 诺伊特拉借鉴了他年轻时在维也纳西格蒙德·弗洛伊德家中遇到的威廉·赖希的工作，设计的房屋成为调节环境的系统，能够控制居住者的能量和福祉，改善他们的健康、性生活和总体幸福感，从而提升他所谓的“心理和生理的全面健康”，同时迎合加利福尼亚人对身体外观和表现日益增长的迷恋。[135]

诺伊特拉对管理家庭能量作为治愈疾病手段的迷恋，后来在为美国家庭设计舒适环境的想法中得到了规范化。正如工业设计师乔治·纳尔逊（George Nelson）在 20 世纪 40 年代与亨利·赖特（Henry Wright）合著的《明日之家》（*Tomorrow's House*）中所述，现代家居变得类似于在完美气候中、豪华条件下永久露营，“与自然独处，但在一个受控、舒适的空间内，并通过技术融入当代社会。”[136] 在这里，房屋被理解为一个保护性环境和调节气泡，利用技术来设计幸福和福祉。

纳尔逊不仅关注环境性能问题，他还预见到房屋作为城市生活替代机制的潜力——一个内部的、孤立的舒适岛屿，与城市生活的结构分离。现代生活可以通过一种保证延长家中休闲时间的方式重新定义。1966 年，《美国家庭》杂志宣传这种自愿的自我封闭是一种由技术赋能的特权：“在你的客厅，一切都是宁静舒适的。有了太空时代的隔热和隔音设备，你简直就像身处遥远的加勒比岛屿。你的贴合身形的椅子——其设计源自为宇航员制造的座椅——让你放松。最好的还在后面。”[137] 在家里，墙面可以模拟加勒比风光或宇宙尘埃，很像在太空飞行中观看地球荒野的虚拟现实体验。这些想法不仅展现了一个锚定在自我封闭外壳内的身体，还推广了这种封闭对环境目的的益处。

[I] v

[•] 家庭经济学家

[↘]

[*] 替代性阅读路径

[页] 134

[II] iv

[↘]

[▸] 自治主义者

BOUNTY

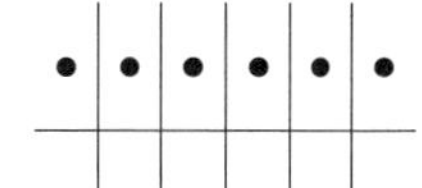

[•] 适应主义者

西方殖民主义的历史作为对原住民领土和身体的暴力与统治的进程，已经被广泛研究。[138] 本节将探讨西方世界在控制和改造新发现环境中所表现出的一种施加暴力的手段。西方与未知的植物、动物物种以及孕育它们的肥沃土地的相遇，催生了诸多关于剥削的理论，使这些领土成为开采和改造的目标。正是在这一时期，“适应”（acclimatization）的概念成为欧洲帝国主义及其殖民事业的核心。法国植物学家、阿尔及尔植物园（Botanical Garden in Algiers）主任奥古斯特·哈迪（Auguste Hardy）在 1869 年甚至宣称，“整个殖民化是一场巨大的适应行动。”[139]

从根本上说，适应过程被定义为一种应对进入新环境所引发的问题的调节机制。在截然不同的生物群落和文化中，适应过程涉及土地改造、物种繁衍，以及西方植物、动物和种子的全球传播，都旨在驯化未知气候，并避免外来人口可能面临的退化威胁。使物种适应新环境的努力也改变了这些环境本身，使它们更好地适应新传入的物种，这可以说是地球工程和环境设计的首次系统性尝试。因此，适应过程成为有意识地“策划”环境的重要力量，这被视为通过增强经济生产和资本交换来改善人类社会的一种方式。正如人类学家亨里卡·库克利克（Henrika Kuklick）所指出的，“殖民主义的功利目标使得适应成为它提出的基本科学问题”，[140] 这导致了从 19 世纪初到20世纪初之间，对适应问题的“痴迷”。[141]

在殖民地，欧洲人基于气候与人类健康和文化行为相关这一前提，建立了设计实践和社会政策。[142] 正如环境历史学家理查德·格罗夫（Richard Groove）在《绿色帝国主义》（*Green Imperialism*）一书中指出，这种主张可以追溯到克里斯托弗·哥伦布（Cristopher Columbus）和15世纪。[143] 但甚至更早之前，[144] 希波克拉底（Hippocrates）在公元前4世纪撰写的关于《论空气、水和地方》（On Airs, Waters and Places）就已确立了气候与卫生之间的因果关系，并提出了旨在改善人类健康的城市设计的具体原则。这部作品可以说是生物气候学领域的开创性著作，该领域重在研究生物圈与气候之间的相互作用。结合让-巴蒂斯特·拉马克提出的“获得性遗传”理论——认为环境引起的变化在生物学上是可遗传的——气候成为理解、分析和改变文化行为的重要解释工具。19世纪到20世纪初，气候与人类健康及道德卫生之间的关联更加紧密。根据地理学家大卫·N. 利文斯通（David N. Livingstone）的说法，它们被维多利亚帝国所工具化。[145] 气候影响健康和生长的观念导致了一系列驯服、操控和改变气候多样性的政策和设计实践，这些做法都打着改善物种和社会的旗号，尽管实际动机是将土地开发最大化、转化为经济资本。正如马丁·马奥尼（Martin Mahony）和乔治娜·恩德菲尔德（Georgina Endfield）所说，“对周期性气象的探索不仅仅是为了预测多变的殖民地气候。这也是为了理解由欧洲帝国主义塑造的新兴全球经济，并了解像澳大利亚和印度这样的新国家经济是如何融入新全球贸易和利润模式的框架中。”[146]

殖民地领土往往在被发现后不久就变成了生物工程实验室，成为社会政治、经济和生态实验的试验场，以及实践关于健康、适应、气候改善和空间设计新理念的场所。这些测试有时对原住民土地极为不敬，基于荒谬且无根据的假设，认为抹去固有的环境特性将使气候更适宜殖民者居住。清除“野蛮”的原始土地的生物工程尝试有多种形式。正如科学史学家詹姆斯·弗莱明（James Fleming）所记述的，1662年，英国皇家学会的议员约翰·伊夫林（John Evelyn）建议清除北美的密集森林将减少降雨和湿度，从而对殖民者的健康产生积极作用。[147] 另一个虽未实现但试图操纵天气和改造气候的尝试是阿特兰托罗帕（Atlantropa）。这是巴伐利亚建筑师赫尔曼·索尔格尔（Herman Sörgel）在1928年提出的计划，旨在建造大坝，以排干地中海，并在撒

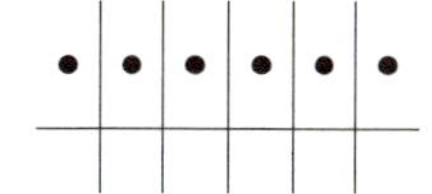

哈拉沙漠中创造人造湖泊，从而改造（调节/改善）非洲的气候，并为欧洲的开发创造新土地，同时产生水电能。[148] 在热带地区砍伐森林以控制湿度和降雨，或在地中海建造大坝将雨水带到撒哈拉，这些做法不仅仅是适应过程带来的设计实践，它们还边缘化并改变了本土的生态系统和人民，同时切断了他们与本土土地的遗产和联系。[149] 因此，将土地视为实验室在许多方面实际上是强制切断了土著人民与其环境之间的联系。这种天生的、深刻的、有感知的联系未被殖民者理解，因此也未被重视［图 I.33］。

适应性调节除了在地球工程中的作用外，还是一种通过重新设计环境来改善人类种族的社会工程形式。其背后的动机是相信卫生既影响身体也影响灵魂。因此，清理“野蛮”领土的任何努力同样被视为改善道德卫生的举措，这是一项针对不属于现代世界事物的纠正性项目。殖民者的环境改革基于优生学理论和改善人类种族的愿望，试图阻止殖民者和土著人口之间任何类型的不稳定交融。后来被艾伦·理查兹·斯瓦洛重新命名为优境学，影响了直至 20 世纪中叶的众多社会政策和设计方法。[150] 法比奥拉·洛佩兹-杜兰（Fabiola López-Duran）在《花园中的优生学》（*Eugenics in the Garden*）一书中生动地概述了社会政策以及热带殖民地的设计和维护，这些后来成为现代建筑环境构建的核心。[151] 欧洲建筑师如勒·柯布西耶设计的拉丁美洲现代主义城市就是这种情况。推动社会工程的前提是环境在个人的发展、

［图］ 33
［ I ］ 美国西部夏季降雨图，载于洛林·布洛杰特（Lorin Blodget）的《美国气候学》（*Climatology of the United States*, 1855年）。

健康和文化行为中扮演了关键角色。因此，暴露和适应不同的环境（新的或设计的）将塑造出更好的个体。

在同一时期，帝国和殖民地领土基于气候进行了去同质化。某些地区被宣传为疗养地，为患病的欧洲人提供“气候疗法”，而大多数地区，尤其是热带地区，则引发了对气候可能引起退化的恐惧。[152]这种假设基于种族理论，该理论传播了人们对欧洲人可能因环境因素（如过度的阳光或不良饮食）而退化成其他种族的担忧。当时，关于不同种族起源的主导解释围绕着社会退化理论，这是一种单源论理论。根据生理学家和有争议的种族理论家约翰·弗里德里希·布卢门巴赫（Johann Friedrich Blumenbach）的观点，所有种族都是通过环境因素引起的退化，从高加索人种演变而来。这种普遍存在的恐惧促使了一种旨在防止这种退化的建筑的产生。

正如曾若晖（Jiat-Hwee Chang）和安东尼·金（Anthony King）所指出的，19世纪见证了一种新的以大都会为导向的建筑风格的兴起。这种建筑旨在区分殖民者与土著人民及其生活方式，突出前者声称的文化优越性，同时保护他们免受瘴气疾病和潜在的“文化”与“种族”退化的影响。[153]

与对建成环境的精心策划类似的是对有机世界的批判性和决策性的规划。自然环境的构建得到了大规模经济投资的支持，这些投资用于执行海军任务，将生物、植物和动物完整地运送到殖民地。所有输入的动植物都以极其谨慎的方式在其原生栖息地内活着送达，以确保它们能在殖民地繁衍生息。重新设计生命的范围，无论是在建筑还是在景观中都得到了证明，最为明显的是在最佳温度下运输植物的封闭且密封的微环境中，这些环境不仅防止了细菌侵入，还抵御了其他外部感染威胁。1986年，历史学家阿尔弗雷德·科斯比（Alfred Cosby）创造了“行李箱生物群”（portmanteau biota）[154]或“活体行李箱”（living suitcase）这一术语，用于描述欧洲人带到殖民地的家畜、植物、病原体、害兽和杂草，这些生命体构成了一个完整的生态系统，可以被携带和移植，以在新的生物群落中重建他们的生物圈。这些被迁移的生物很快在殖民地领土上广泛传播，不可逆转地改变了当地的生态系统，并压制了本土植被和动物。这种系统性的移植不仅促进了科学研究，还实现了重大的实用开发——医疗或农业的开发，这是帝国和资本主义扩张的关键。

随着时间的推移，从殖民地到欧洲的逆向移植也开始实施，本土生态系统得以传播。最终，这导致了生态系统的殖民地普遍化。转移植物所需的复杂网络促进了与植物资本直接相关的经济部门的发展。新的职业也随之出现——植物猎人、船长、植物学家、园艺师和医生，其中许多与皇家花园、园艺协会和大学等机构性组织结盟。

然而，最值得注意的是，植物探索和转移的努力主要由个体企业家和商业苗圃赞助，这些苗圃向中产阶级销售异国植物。特别是在英国，植物学和园艺成为中产阶级的主要兴趣，并滋养了他们对装饰性异国植物的痴迷。[155] 女性尤其培养了一种对蕨类植物的狂热，当时被称为“蕨类植物狂热”（fern craze）。[156] 用异国植物装饰家居的时尚增强了洲际植物运输的商业重要性[157]，并加强了从遥远地区获取异国植物装饰品的愿望。正如科学史学家迈克尔·奥斯本（Michael Osborne）观察到的：

> 殖民地官员、地主、动物园管理员和自然学家组成了适应协会，以促进美观和“有用”的动植物的合理交换。但欧洲殖民化过程中意外引入的植物、动物和疾病也给后来的农民带来了灾难。然而在 19 世纪，适应通常指的是有意且“科学”引导的有机体移植。[158]

其中最著名的植物苗圃是位于大不列颠的哈克尼植物苗圃花园（Hackney Botanic Nursery Garden），由洛迪吉斯（Loddiges）家族经营。他们不仅供应异国植物给当地的植物园和希望装饰自家的个人，还出版了《洛迪吉斯植物文库》（*Loddiges' Botanical Cabinet*）。这是一份类似于柯蒂斯（Curtis）著名的《柯蒂斯植物学杂志》（*Curtis's Botanical Magazine*）和爱德华兹（Edwards）的《植物学登记册》（*Botanical Register*）的植物期刊，该期刊出版了 20 卷，包含 2000 幅异国植物的手绘插图及说明文字（1817—1833 年）。[159] 洛迪吉斯家族也深度投资于技术创新。他们与以水晶宫闻名的建筑师约瑟夫·帕克斯顿爵士（Sir Joseph Paxton）以及著名的沃德箱（Wardian case）发明者、19 世纪植物运输革命的先驱纳撒尼尔·沃德博士（Dr. Nathaniel Ward）进行了广泛的合作。

洛迪吉斯父子苗圃在 1800 年左右崛起，成为英国最大最盈利的苗圃。1818 年，比皇家植物园邱园的棕榈温室建造早 30 年，洛迪吉斯建造了“大棕榈屋”（Grand Palm House），这是第一个由玻璃和钢材建造的蒸汽加热温室结构。该结构配备了一种突破性的蒸汽加热系统，能在内部生成人工雨，从而为棕榈和其他异国植物的栽培提供了独特的微环境。[160] 这种精心管理的景观不仅促进了植物的生长，而且为游客提供了一种在原始的未被破坏的环境中充满趣味的沉浸式体验。因此，该苗圃的重要性不仅在于其基础设施能力，还在于它是首个利用感官沉浸体验原始植物世界来盈利的设施［图 I.34］。

由技术革新支持的人工生物群落的精心策划，随着 1851 年为世界博览会而建造的传奇性建筑——水晶宫的落成得到进一步发展。水晶宫是由皇家委员会设计和建造的当时世界上最大的建筑。它是一个占地 7.7 公顷的玻璃房（相比之下，生物圈二号只有 1.28 公顷），这个项目不仅因其巨大规模而引人注目，还因使用预制构件而极具创新性。这一庞大的工程不仅旨在追求宏伟，还试图在一个巨大的内部空间中重建整个自然世界，让游客在体验和感官上仿佛穿越到其他大陆。帕克斯顿曾在 19 世纪 30 年代与洛迪吉斯合作设计他们的棕榈温室[161]，他购买了洛迪吉斯收藏的 300 棵棕榈树，其中包括一棵由 32 匹马从哈克尼拉到水晶宫的 15 吨大棕榈树。

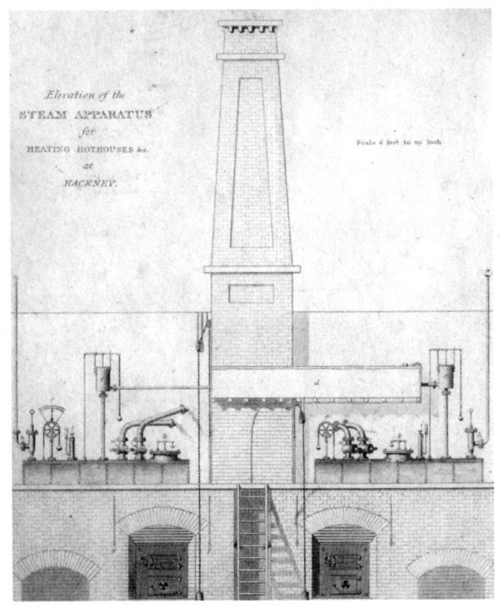

［图］ 34

［ | ］ 约瑟夫·帕克斯顿爵士为洛迪吉斯植物苗圃设计的加热温室，图片来源：哈克尼档案馆和麻省理工学院科学博物馆。

运输如此重且脆弱的植物绝非易事。虽然马车可能加快了棕榈树在伦敦附近的移动，但不稳定的海洋使得植物的航行更具挑战性。长途海上航行的极端气候条件严重限制了这种转移的成功率；实际上，只有不到 5% 的植物能够存活下来。1788 年，英国委托“邦蒂号”（HMS Bounty）从一个殖民地运送 1015 棵面包树到另一个殖民地，在那里可以靠种植面包树来养活奴隶。这次著名的任务因船员叛变而被永久铭记，并成为《叛舰喋血记》（*Mutiny on the Bounty*）的主题［图 I.35］。在约瑟夫·班克斯（Joseph Banks）、詹姆斯·库克（James Cook）等人的船上进行的类似的海上活植物转移，被 19 世纪的行话描述为“漂浮花园”或“漂浮森林”。[162]

沃德箱的发明成为革命性的技术媒

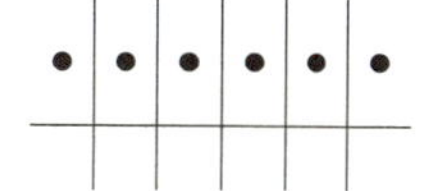

[图] 35
[|] 罗伯特·多德（Robert Dodd），《弗莱彻·克里斯蒂安和叛变者将威廉·布莱和其他18人放逐于海上》（*Fletcher Christian and the Mutineers Set Lieutenant William Bligh and 18 Others Adrift*），1790年。

介，它是一种封闭的、可移动小型温室，没有外部空气循环，彻底改变了植物转移方式。这种早期的玻璃容器促进了热带植物从一个殖民地到另一个殖民地以及返回欧洲的传播和适应。部分资金由洛迪吉斯提供，沃德箱加强了植物园的收藏，并在帝国经济的发展和全球生态系统的根本变革中发挥了关键作用。咖啡、茶、香蕉、甘蔗和橡胶进入日常使用，它们从英国传播到不同的殖民地，反之亦然。

尽管沃德箱的发明被归功于纳撒尼尔·沃德，但实际上是苏格兰植物学家艾伦·亚历山大·麦康诺奇（Allan Alexander Maconochie）在1825年首次提出了这一原型，只是直到很久以后才公开。[163] 沃德对玻璃容器的灵感来自1829年，当时他观察并记录了一个玻璃盒内偶然生长的蕨类植物。随后，他开始了使用不同盒子的一系列实验，其中最大的一个是边长2.4米的立方体，内含50种植物，因为包含了廷特恩修道院

（Tintern Abbey）西窗的模型而被称为廷特恩修道院盒。沃德的发明既是技术性的，也是概念性的；他专注于密封盒子，并为植物提供一个密封的环境。虽然这是一个相对简单的过程，但其有效性基于一个重大的意识形态飞跃。正如斯图尔特·麦库克（Stuart McCook）所指出的，“密封盒子对约翰·埃利斯（John Ellis）和早期一代园艺家来说是不可想象的，他们不断强调植物在船上必须有新鲜空气。”[164] 这里需要强调的是19世纪对通风的重视。适当的建筑通风被认为对改善公共卫生至关重要，医疗从业者在制定建筑环境的通风方案中发挥了基本作用。无论是人类还是非人类的呼吸通常都被认为是恶臭的，或者用当时的语言来说，是“不洁的”。[165] 这种逻辑直接从建筑转移到植物盒子上，无论是涉及人还是植物［图 I.36］。

尽管关于气流原理存在分歧，沃德的密封箱一直是在波动的海上运送植物的唯一媒介［图 I.37］。沃德还向洛迪吉斯家族寻求支持，建造符合他规格的小型温室，以便进行进一步实验。1833年，他和洛迪吉斯家族将两箱植物从英国运往澳大利亚。一年后，这个箱子带着澳大利亚植物返回英国，用于苗圃。[166] 这次成功的运输仅有不到5%的植物损失，这促使洛迪吉斯系统化地使用这种箱子进行所有植物的转移，这一决定很快得到了皇家植物园的推广。不久，沃德箱完全取代了以前所有的植物箱和植物旅行方法，成为将近一个世纪的主导运输模式。[167] 在向英国协会展示了他的研究后，皇家学会主席迈克尔·法拉第（Michael Faraday）于1838年4月在其机构就沃德箱发表了一次演讲。随后，

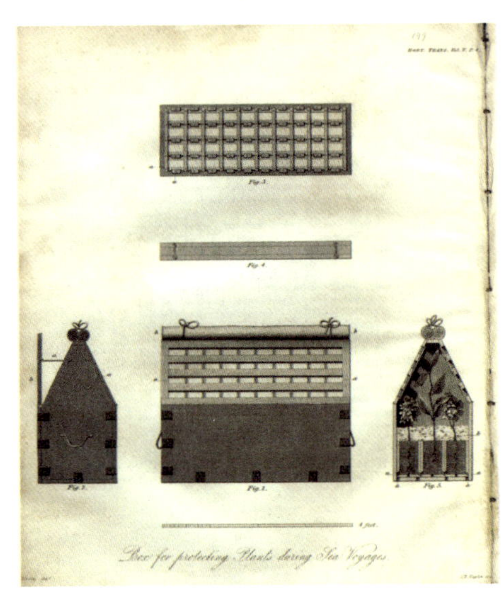

［图］ 36

［ | ］ 1824年罗伯特·法夸尔爵士（Sir Robert Farquhar）用来从毛里求斯运输植物到伦敦的箱子。这个箱子与19世纪广泛使用的普通沃德箱极为相似。见约翰·林德利（John Lindley），“关于在热带国家包装活植物的指南，以及在运往欧洲途中的处理方法”（Instructions for Packing Living Plants in Foreign Countries, Especially within the Tropics; and Directions for Their Treatment during the Voyage to Europe），《伦敦园艺学会学报》（*Transactions of the Horticultural Society of London*），1824年，第5卷。

沃德在他的著作《论植物在密封玻璃箱中的生长》（*On the Growth of Plants in Closely Glazed Cases*）的书中公布了他的发明。在第二版的序言中，他写道：

> “这种纯净且适度湿润的空气，有利于在最拥挤的城市中心培养最娇嫩的植物，这对许多疾病的治疗也有无法估量的优势。”1851年，约瑟夫·帕克斯顿爵士和其他人在提到水晶宫的保护和为肺结核医院建造疗养院时，使用了同样的论点。[168]

沃德的早期描述明确表明，他对这种密封媒介用于植物生长的抱负可以扩展并跨越到不同的领域。沃德意图保护的不仅是植物，还有生命本身，使其免受外部威胁、污染和不可预测性的影响。这种密封提供了一种建筑类型，以确保封闭对象的舒适和繁荣。沃德显然认为，他关于微气候的原则，能够使植物茁壮成长，适用于大型室内空间的规模，如洛迪吉斯的温室或甚至水晶宫。因此，与土地改造和早期地球工程计划并行的是，适应过程已经超越了19世纪的意义，而是指在各种压力条件下，如水下或太空中，人类在封闭和气候受控的环境中的适应［图I.38］。20世纪初，由于植物疾病的全球传播，以及当地物种因此受到感染，使用沃德箱进行植物转移的情况有所下降。显而易见，这些箱子不仅转移了活植物，还转移了整个生态系统，包括病原体，并在打开后将它们引入目的地。[169] 简而言之，确保生态系统全球化的繁荣经济贸易也使疾病在全球范围内传播。如同太空舱或潜水器的舱室，沃德箱及其封闭环境意外成为特定生物因子增长的培养皿。这里，引人注目的是，无论是沃德箱还是最终将人类主体封闭其中的舱室，都是适应过程的建筑学：一个密封、万无一失且受监控的内部结构，不仅用于测试，也是改变其封闭对象的工具。

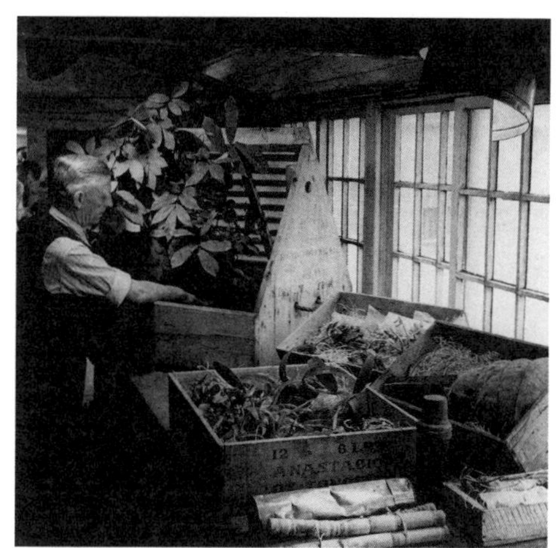

［图］ 37
［ | ］ 1890年左右，在皇家植物园邱园解封沃德箱。图片来源：邱园。

[图] 38
[|] 适应性花园（Jardin d'Acclimatation），1861年2月开幕。资料来源：《插图世界》（*Le Monde Illustré*），1861年3月2日。

如今，适应性调节舱是常见的帮助运动员适应与他们的本土训练生物群落不同的气候条件的体育设施。约翰·沃德尔建筑师事务所（John Wardle Architects）的合伙人梅甘·德怀尔（Meaghan Dwyer）在2006年受委托设计和建造澳大利亚墨尔本维多利亚大学的“运动科学研究中心”（Exercise Sport and Science Building）时，描述了两种气候控制环境。她和她的团队首先设计了能够完全控制空间环境条件的运动生理学实验室，包括温度、湿度和氧气水平。然后，他们设计了一个过夜设施，用于使运动员的身体适应低氧条件。正如德怀尔所指出的，当血液中的氧气减少时，身体会产生更多的血液。因此，当运动员离开调节舱时，他们将获得竞争优势。[170]

构建一个经过校准、气候可控的室内环境，以使主体适应特定气候的设施，如今已不再是与探险壮举密切相关的挑战；相反，它已成为大型室内空间中日常生活的普遍组成部分。大多数建筑物中环境控制的普及化表明，我们已经成为全球性适应性实验的参与者。根据美国环境保护署（Environmental Protection Agency, EPA）2018年的室内空气质量报告，即使在疫情暴发和“居家令”发布之前，美国人90%的时间就已经是在室内度过的。[171] 然而，提供诱人的舒适度和室内气候控制并不是一种无害的服务，实际上，它创造了一个充满政治色彩的环境，反映了社会理想，并确立了特定文化背景下的理想天气标准及在其中茁壮成长的特权群体。

[I]　vi

[•]　适应主义者

[↘]

[*]　替代性阅读路径

[页]　144

[II]　v

[↘]

[▸]　# 气候学家

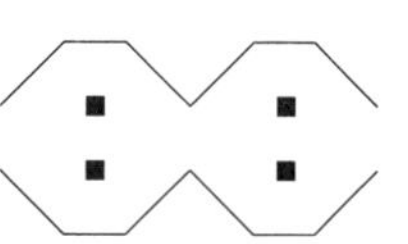

[\]　**生态设计史**

[→]　一部未完成的百科全书

[|]　**自然主义**
约1866年至第二次世界大战

[○]　**寻找根源**

[ ] 导 论

[1] 恩斯特·海克尔，《生物体的一般形态学：有机形态学基本原理；基于查尔斯·达尔文改革的进化论的机械基础》，柏林：乔治·赖默印刷与出版，1866年。

[2] 赫伯特·安德鲁阿萨和路易斯·查尔斯·伯奇，《动物的分布与丰度》（*The Distribution and Abundance of Animals*），芝加哥：芝加哥大学出版社，1954年。

赫伯特·安德鲁阿萨和路易斯·查尔斯·伯奇，《生态网络：关于动物分布与丰度的进一步研究》（*The Ecological Web: More on the Distribution and Abundance of Animals*），芝加哥：芝加哥大学出版社，1986年。

[3] “艾伦·斯沃洛·理查兹：倡导生态学、优境学及女性在利用科学控制环境方面的领导力”，《密歇根社会学评论》（*Michigan Sociological Review*），2000年，秋季刊，第14期，第94-114页。

[4] 参见约翰·沃尔夫冈·歌德、查尔斯·马丁（Charles Martin）和皮埃尔·让·弗朗索瓦·图尔平，《歌德的自然历史著作：包含比较解剖学、植物学和地质学的各种论文》（*Oeuvres d'histoire naturelle de Goethe: Comprenant divers memoires d'anatomie comparee de botanique et de geologie*），巴黎：Ab. Cherbuliez 出版社，1837年。

[5] 伊娃·阿克瑟（Eva Axer）和罗斯·希尔兹（Ross Shields），“思想的种子，种子的思想：21世纪的歌德原始植物”（The Seed of an Idea, the Idea of a Seed: Goethe's Urpflanze in the 21st Century），载于《植物的哲学生活》（*The Philosophical Life of Plants*）。详见 https://www.plantphilosophy.org.uk/plants-and-philosophy-in-the-present/the-seed-of-an-idea-the-idea-of-a-seed-goethes-urpflanze-in-the-21st-century/（访问日期：2023年1月31日）。

[6] T. J. 德莫斯，《自然的去殖民化》（*Decolonizing Nature*），柏林：斯特恩伯格出版社，2016年，第14页。

[7] 利比·罗宾，“生态学：帝国的科学？”（Ecology: A Science of Empire?），载于汤姆·格里菲思（Tom Griffiths）和利比·罗宾编，《生态与帝国：定居社会的环境历史》（*Ecology and Empire: Environmental History of Settler Societies*），英国，爱丁堡：爱丁堡大学出版社（Edinburgh University Press），1997年，第63-75页。

[8] 本·伍达德（Ben Woodard），“流行病学模型的生物哲学”（The Biophilosophy of Epidemiological Models），《斯特雷尔卡杂志》（*Strelka Magazine*），2020年5月28日。详见 https://strelkamag.com/en/article/biophilosophy-of-epidemiological-models（访问日期：2021年2月19日）。

[9] 罗伯特·P. 麦金托什，《生态学的背景：概念与理论》，英国，剑桥：剑桥大学出版社（Cambridge University Press），1985年。

[10] 恩斯特·海克尔，“浮游生物研究”（Plankton Studien），载于《耶拿自然科学杂志》（*Jena Zeitschrift für Naturwissenschaft*），1891年，第25卷，第232-336页。英文版载于《美国渔业和渔政委员会报告》（*Report of United States Commissioner of Fish and Fisheries*），1889—1891年，由G. W. 菲尔德（G. W. Field）翻译，第565-641页。

[11] 丹尼尔·W. 沃尔希斯（Daniel W. Voorhees），《美国科学简明词典》（*Concise Dictionary of American Science*），纽约：斯克里布纳出版社（Scribner），1983年。

[12] 同注释9。

[13] 威廉·科尔曼，《19世纪的生物学：形态、功能与转变问题》（*Biology in the Nineteenth Century: Problems of Form, Function, and Transformation*），纽约：威利出版社（Wiley），197年。

[I.i.] 分类学家

[14] 希莱尔·施瓦茨，《复制的文化：惊人的相似，不合理的仿制品》（*The Culture of the Copy: Striking Likenesses, Unreasonable Facsimiles*），纽约：区域图书出版社（Zone Books），1996年，第211页。

[15] 玛丽·普维（Mary Poovey），《现代事实的历史：财富与社会科学知识问题》（*A History of the Modern Fact: Problems of Knowledge in the Sciences of Wealth and Society*），芝加哥：芝加哥大学出版社，1998年，第xv页。

[16] 亚历山大·冯·洪堡和艾梅·邦普朗（Aimé Bonpland），《植物地理学随笔：附赤道地区自然景观图表，基于1799、1800、1801、1802和1803年间从北纬10度至南纬10度所进行的测量》（*Essai sur la géographie des plantes: Accompagné d'un tableau physique des régions équinoxiales, fondé sur des mesures exécutées, depuis le dixième degré de latitude boréale jusqu'au dixième degré de latitude australe, pendant les années 1799, 1800, 1801, 1802, et 1803*），巴黎：勒沃尔特、肖尔与合伙人书店出版社（Chez Levrault, Schoell et Companie Libraires），1805年。

[17] 桑福德·奎因特，“易燃景观”（Combustible Landscape），载于克里斯·里德和妮娜-玛丽·利斯特编，《投射生态学》，马萨诸塞州，剑桥：阿克塔出版社与哈佛大学设计研究生院，2020年，第341页。另见安德烈亚·伍尔夫，《自然的发明：亚历山大·冯·洪堡的新世界》（*The Invention of Nature. Alexander von Humboldt's New World*），纽约：复古出版社（Vintage），2016年。

[18] 彼得·史蒂文斯，《生物系统学的发展；安托万-洛朗·德·朱西厄，自然与自然系统》（*The Development of Biological Systematics; Antoine Laurent de Jussieu, Nature and the Natural System*），哥伦比亚大学出版社（Columbia University Press），1994年。

[19] 卡尔·林奈，《自然系统；或者，自然的三个王国：按类别、序、属和种系统地提出》（*Systema naturae; sive, Regna tria naturae: Systematice proposita per classes, ordines, genera, & species*），莱顿：莱顿出版社（Lugduni Batavorum），1735年。

[20] 米歇尔·福柯，《话语的秩序》，巴黎：伽利玛出版社（Éditions Gallimard），1966年，第133页。

[21] 祖莱卡·阿尤布（Zulaikha Ayub），《生态学中的分类：从林奈时代开始》（*Classifications in ecology: From Linnaeus onward*）。这是一篇研究论文，为2011年春季在纽约库珀联盟欧文·S. 查宁建筑学院（Irwin S. Chanin School of Architecture）由莉迪亚·卡利波利提教授的“生态再设计”（EcoRedux）课程撰写。

[22] 玛丽·P. 温索尔（Mary P. Winsor），“分类学是达尔文进化论的基础”（Taxonomy Was the Foundation of Darwin's Evolution），《分类学杂志》（*Taxon*），2009年，第58卷，第1期，第43-49页。

[23] 斯塔凡·穆勒-维勒（Staffan Müller-Wille），“哈德逊湾的核桃，哥特兰的珊瑚礁：林奈植物学的殖民主义”（Walnuts at Hudson Bay, Coral Reefs in Gotland; The Colonialism of Linnaean Botany），载于隆达·谢宾格（Londa Schiebinger）与克劳迪娅·斯旺（Claudia Swan）编，《殖民植物

学：早期现代世界的科学、商业与政治》（*Colonial Botany. Science, Commerce and Politics in the Early Modern World*），宾夕法尼亚大学出版社（University of Pennsylvania Press），2005年，第67-94页。

[24] 罗斯·格雷（Ros Gray）和谢拉·谢赫（Shela Sheikh），“种植的殖民性：植物学实践中的种族主义与奴隶制遗产”（The Coloniality of Planting: Legacies of Racism and Slavery in the Practice of Botany），《建筑评论》（*The Architectural Review*），2021年1月27日。详见 https://www.architectural-review.com/essays/the-coloniality-of-planting（访问日期：2022年11月16日）。

[25] 乌贝托·埃科，《从树到迷宫：符号与解释的历史研究》（*From the Tree to the Labyrinth; Historical Studies on the Sign and Interpretation*），马萨诸塞州，剑桥：哈佛大学出版社（Harvard University Press），2014年。

[26] 恩斯特·海克尔，《宇宙之谜》，由约瑟夫·麦卡布（Joseph McCabe）翻译，伦敦：哈珀兄弟出版社（Harper & Brothers），1900年，第245-246页。

[27] 罗伯特·J. 理查兹（Robert J. Richards），“恩斯特·海克尔被指控的反犹太主义及其对纳粹生物学的贡献”（Ernst Haeckel's Alleged Anti-Semitism and Contributions to Nazi Biology），《生物理论》（*Biological Theory*），2007年，第2卷第1期，第97-103页。

[28] 同上，第98页。

[29] 恩斯特·海克尔，《自然的艺术形态》，德国莱比锡和维也纳：书目学会出版社（Bibliographisches Institut），1904年。

[30] 奥拉夫·布赖德巴赫（Olaf Breidbach），“观看海克尔图片的简要指南”（Brief Instructions to Viewing Haeckel's Pictures），载于《恩斯特·海克尔：自然的艺术形式》（*Ernst Haeckel: Art Forms in Nature*），慕尼黑：普雷斯特出版社（Prestel），1998年，第11页。

[31] 同上，第12页。

[32] 同上，第 14 页。

[33] 勒内·比内和古斯塔夫·杰弗罗伊（Gustave Geffroy），《装饰草图》（*Esquisses décoratives*），中央美术书店出版社（Librairie centrale des beaux-arts），1900年。

[34] 1899年3月12日勒内·比内致恩斯特·海克尔的信件，收录于比内通信档案（Binet correspondence），恩斯特·海克尔档案馆（Ernst Haeckel Archive），弗里德里希·席勒大学（Friedrich-Schiller-Universität）医学与自然科学历史研究所（Institut für Geschichte der Medizin und der Naturwissenschaften），耶拿（Jena）。

[35] 罗伯特·普罗克特，“涌现与成长中的世界：勒内·比内在1900年巴黎博览会上的纪念性大门”（A World of Things in Emergence and Growth: René Binet's Porte Monumentale at the 1900 Paris Exposition），载于《象征主义物件：世纪末的物质性与主观性》（*Symbolist Objects: Materiality and Subjectivity at the Fin-de-Siècle*），海威科姆（High Wycombe）：里文戴尔出版社（Rivendale Press），2009年，第242页。

[I.ii.] 进化论者

[36] 查尔斯·达尔文，《物种起源：通过自然选择或在生存斗争中保存优势种族》（*The Origin of Species by Means of Natural Selection of the Preservation of Favored Races in the Struggle for Life*），伦敦：约翰·穆雷出版社（John Murray），1859年。

[•] **注　释**

[37] 达西・温特沃思・汤普森，《生长与形态》，英国，剑桥：剑桥大学出版社，1917年。

[38] 伊莎贝尔・莫法特，"对抽象思想的恐惧：战后英国和汉密尔顿的1951年生长与形态展览"（A Horror of Abstract Thought: Postwar Britain and Hamilton's 1951 Growth and Form Exhibition），《十月》（*October*），2000年，秋季刊，第94卷，第91页。

[39] 勒・柯布西耶，《模度：关于普遍适用于建筑和机械的人体和谐尺度的研究》（*Le Modulor: Essai sur une mesure harmonique à l'échelle humaine applicable universellement à l'architecture et à la mécanique*），布洛涅（Boulogne）：今日建筑出版社（Editions de l'Architecture d'Aujourd'hui），1950年。

[40] 拉斯洛・莫霍利-纳吉，《运动中的视觉》，伊利诺伊州，芝加哥：保罗・西奥巴尔德公司（Paul Theobald & Co），1947年，第36页。

[41] 同注释37，第16页。

[42] 鲁斯・G. 里纳德（Ruth G. Rinard），"有机个体的问题：恩斯特・海克尔与生物发生律的发展"（The Problem of the Organic Individual: Ernst Haeckel and the Development of the Biogenetic Law），《生物历史杂志》（*Journal of the History of Biology*），1981年，秋季刊，第14卷，第2期，第267页。

[43] 恩斯特・海克尔，《生物体的一般形态学：有机形态学基本原理；基于查尔斯・达尔文改革的进化论的机械基础》，柏林：乔治・赖默印刷与出版，1866年，第244页。

[44] 恩斯特・海克尔，《生命的奇迹：生物哲学的大众研究》（*The Wonders of Life: A Popular Study of Biological Philosophy*），纽约与伦敦：哈珀兄弟出版社，1905年，第437页。

[45] 路易斯・沙利文，《基于人类力量哲学的建筑装饰体系》（*A System of Architectural Ornament According with a Philosophy of Man's Powers*），纽约：美国建筑师学会出版社（Press of the American Institute of Architects），1924年。

[46] 格雷格・林恩，《动态形态》，纽约：普林斯顿建筑出版社，1999年。

[47] 林恩・玛古利斯和多里安・萨根（Dorian Sagan），《微观宇宙：四十亿年的进化》（*Microcosmos: Four Billion Years of Evolution*），伯克利：加利福尼亚大学出版社（University of California Press），1997年。

[48] 同注释46，第33页。

[49] 帕特里克・盖迪斯，《进化中的城市：城市规划运动与市政学研究导论》，伦敦：威廉斯与诺盖特出版社（Williams & Norgate），1915年。

[50] 沃尔克・韦尔特，《生物城市：帕特里克・盖迪斯与生命之城》，剑桥，马萨诸塞州：麻省理工学院出版社，2002年，第13页。

[51] 同上，第14页。

[52] 同上，第31页。

[53] 弗雷德里克・基斯勒，"论关联主义与生物技术：建筑设计新方法的定义与测试"（On Correalism and Biotechnique: A Definition and Test of a New Approach to Building Design），《建筑实录》，1939年9月，86卷，第61页。

[54] 同上，第 67 页。

[55] 弗雷德里克・基斯勒，"建筑笔记：空间住宅。随机注解"（*Notes on Architecture: The

Space-House. Annotations at Random.*），《猎犬与号角》（*Hound and Horn*）1934年，第7卷，第2期。

[I.iii.] 沉浸主义者

[56] 亨利·戴维·梭罗，《瓦尔登湖》，波士顿：蒂克诺与菲尔兹出版社，1854年。

[57] 利奥·马克斯，《花园中的机器：美国的技术与田园理想》（*The Machine in the Garden: Technology and the Pastoral Ideal in America*），纽约：牛津大学出版社（Oxford University Press），1964年，第243页。

[58] 同上，第6页。

[59] 拉尔夫·沃尔多·爱默生，"自力更生"，最初发表于1841年，纽约州，怀特普莱恩斯：彼得·鲍伯出版社（Peter Pauper Press），1967年。

[60] 莫顿·斯科尔曼（Morton Schoolman），"引言"，载于简·班纳特，《梭罗的自然：伦理、政治与荒野》，纽约：塞奇出版社，1994年，第xvi页。

[61] 简·班纳特，《梭罗的自然：伦理、政治与荒野》，纽约：塞奇出版社，1994年，第19页。

[62] 同上，2000年新版序言，第xxiii页。

[63] 同上，第xxvi页。

[64] 同上，第xxiii页。

[65] 弗兰克·劳埃德·赖特，《迈克·华莱士访谈》（*The Mike Wallace Interview*），采访者：迈克·华莱士，纽约：哈利·兰瑟姆中心（Harry Ransom Center），1957年。2022年1月6日检索自 https://youtu.be/Y0Yo2e-kRWM。

[66] 弗兰克·劳埃德·赖特，《有机建筑：民主的建筑》，伦敦：伦德·亨弗莱斯出版社（Lund Humphries），1939年。另见亨利-罗素·希区柯克（Henry-Russell Hitchcock），《材料的本质：弗兰克·劳埃德·赖特的建筑 1887—1941》（*In the Nature of Materials: The Buildings of Frank Lloyd Wright 1887-1941*），马萨诸塞州，剑桥：达卡普出版社（Da Capo Press），1975年。

[67] 弗兰克·劳埃德·赖特在1939年伦敦皇家建筑师学会讲座中关于有机建筑的宣言。

[68] 弗兰克·劳埃德·赖特，《消失的城市》，纽约：威廉·法夸尔出版社（William Farquhar），1932年，第21页。

[69] 亚瑟·尼尔森，"美国远郊规划的教训：从弗兰克·劳埃德·赖特的广亩城市学到的"，《建筑与规划研究杂志》（*Journal of Architectural and Planning Research*），1995年，冬季刊，第12卷，第4期，337-356页。

[70] 参见安·兰德，《源泉》，印第安纳州印第安纳波利斯：鲍布斯·梅里尔出版社（Bobbs Merrill），1943年。另见罗伯特·梅修（Robert Mayhew）编，《安·兰德问答录：她的问答精选》（*Ayn Rand Answers, the Best of Her Q&A*），纽约：新美国图书馆（New American Library），2005年。

[71] 蕾切尔·卡森，《寂静的春天》，波士顿：霍顿·米夫林公司（Houghton Mifflin Company），1962年。

[72] 阿恩·内斯，"浅层与深层，长期生态运动概述"，《探究》（*Inquiry*）1973年，第16卷，95-100页。

[I.iv.] 生物功能主义者

[73] 瓦尔特·格罗皮乌斯，"包豪斯宣言与计划"（Bauhaus Manifesto and Program），

1919年4月，载于赫伯特·拜耶（Herbert Bayer）、瓦尔特·格罗皮乌斯、伊泽·格罗皮乌斯（Ise Gropius）编，《包豪斯，1919—1928》（*Bauhaus, 1919-1928*），纽约：现代艺术博物馆（The Museum of Modern Art），纽约图形协会（New York Graphic Society），1938年，18-19页。

[74] 布鲁诺·陶特，《城市之冠》（*Die Städtkrone*），耶拿：尤金·迪德里希斯出版社（Verlegt bei Eugen Diederichs），1919年。

[75] 奥利弗·博塔与伊莎贝尔·文舍（Isabel Wünsche）编，《生物中心主义与现代主义》（*Biocentrism and Modernism*），英国，萨里：阿什盖特出版社（Ashgate），2011年。另见奥利弗·博塔，"拉兹洛·莫霍利-纳吉：一个生物中心主义的艺术家？"（László Moholy-Nagy: A Biocentric Artist?），《匈牙利研究评论》（*Hungarian Studies Review*），2010年，第37卷，第1-2期，47-59页。

[76] 佩德·安克尔，《从包豪斯到生态之家：生态设计的历史》（*From Bauhaus to Ecohouse: A History of Ecological Design*），巴吞鲁日：路易斯安那州立大学出版社（Louisiana State University Press），2010年。

[77] 法比奥拉·洛佩斯-杜兰与尼基·摩尔，"乌托邦：重新思考自然"（Utopiates: Rethinking Nature），《建筑设计》（*Architectural Design*），2010年，第80卷，第6期，44-49页。

[78] 奥利弗·博塔，"生物中心主义与包豪斯"（Biocentrism and the Bauhaus），载于C. N. 特拉诺瓦（C. N. Terranova）与M. 特龙布尔（M. Tromble）编，《劳特利奇艺术与建筑生物学导论》（*Routledge Companion to Biology in Art and Architecture*），纽约：劳特利奇出版社（Routledge），2017年，54-61页。

[79] 劳尔·弗兰采，《植物作为发明家》，德国，斯图加特：宇宙出版社（Kosmos），1920年。

[80] 奥利弗·博塔，"生物中心主义与包豪斯"，载于C. N. 特拉诺瓦与M. 特龙布尔编，《劳特利奇艺术与建筑生物学导论》，纽约：劳特利奇出版社，2017年。

[81] 约翰·雅各布·冯·乌克斯库尔，为《动物与人类世界的探险以及意义理论》（*A Foray into the Worlds of Animals and Humans with a Theory of Meaning*）所作的序言，由约瑟夫·D. 奥尼尔（Joseph D. O'Neil）翻译，明尼阿波利斯/伦敦：明尼苏达大学出版社，2010年出版（原始德文版于1934年出版），第43页。

[82] 约翰·雅各布·冯·乌克斯库尔，《动物的环境世界与内心世界》，柏林：斯普林格出版社（Springer），1909年，第5页。

[83] 参见迈克尔·奥斯曼（Michael Osman），"风险何在？"（What's at Risk?），载于珍妮特·金（Janette Kim）和埃里克·卡弗（Erik Carver）编，《能源改革指南》（*The Underdome Guide to Energy Reform*），纽约：普林斯顿建筑出版社，2015年，第144-150页。另见奥利弗·博塔，"雅各布·冯·乌克斯库尔在20世纪早期艺术与建筑圈中接受的初步研究"（Notes towards a Study of Jakob von Uexküll's Reception in Early Twentieth-Century Artistic and Architectural Circles），《符号学》（*Semiotica*），2001年，134期，第593-597页。

[84] 马可·斯特拉和卡雷尔·克莱斯纳，"乌克斯库尔环境概念的科学与意识形态面：一个概念的光明与黑暗面"（Uexküllian Umwelt as Science and as Ideology: The Light and the Dark Side of a Concept），《生物科学理论》（*Theory in Biosciences*），2010年6月，第129卷，第1期，第39-51页。

[85] 约翰·雅各布·冯·乌克斯库尔，《国家生物学》，柏林：盖布勒德·帕特尔出版社（Gebrüder Paetel），1920年，第59页。

[86] 同注释85，第41页。

[87] 约翰·雅各布·冯·乌克斯库尔，“环境导论”（An Introduction to Umwelt），《符号学》，2001年，第134期，第107-110页。

[88] 罗布·穆伦德-罗斯（Rob Mullender-Ross），“描绘声音：玛格丽特·瓦茨-休斯与显音仪”（Picturing a Voice: Margaret Watts Hughes and the Eidophone），载于《公共领域评论》（*The Public Domain Review*），2019年11月27日。详见 https://publicdomainreview.org/essay/picturing-a-voice-margaret-watts-hughes-and-the-eidophone（访问日期：2023年1月24日）。

[89] 玛格丽特·瓦茨-休斯，《显音仪声音图形：人声振动产生的几何与自然形态》，伦敦：基督教先锋报公司出版有限公司（London: Christian Herald Co. Ltd），1904年。

[90] 同上，第2页。

[91] 玛格丽特·瓦茨-休斯，“可见声音”（Visible Sound），《世纪插图月刊》（*Century Illustrated Monthly Magazine*），第42卷，纽约：斯克里布纳出版社，1819年，第37页。

[92] 同上。

[93] 同注释76。

[94] 佩德·安克尔，《帝国生态学：1895—1945年英国的环境秩序》（*Imperial Ecology: Environmental Order in the British Empire, 1895–1945*），马萨诸塞州，剑桥：哈佛大学出版社，2001年。

[95] 斯拉沃热·齐泽克，“当今审查制度：暴力，或生态作为新的大众鸦片”（Censorship Today: Violence, or Ecology as a New Opium for the Masses），《拉康网》（*Lacan.com*），2008年，第18期，第42-43页。

[I.v.] 家庭经济学家

[96] 同注释1。

[97] 罗德里克·J. 劳伦斯（Roderick J. Lawrence），“人类生态学”（Human Ecology），载于穆斯塔法·K. 托尔巴（M. K. Tolba）编，《我们脆弱的世界：可持续发展的挑战与机遇》（*Our Fragile World: Challenges and Opportunities for Sustainable Development*），英国，牛津：生命支持系统百科全书出版社（EOLS - Encyclopedia of Life Support Systems），2001年，第675页。

[98] 蕾安·莉莲·斯旺森（RaeAnn Lillian Swanson），《清理我们的家园：艾伦·斯沃洛·理查兹的人类生态学与新兴环境意识形态，1890—1915》（*Clean up our home: Ellen Swallow Richards' human ecology and emerging environmental ideologies, 1890-1915*），北爱荷华大学（University of Northern Iowa）荣誉项目论文，2013年，第3页。

[99] 芭芭拉·理查德森（Barbara Richardson），“艾伦·斯沃洛·理查兹：倡导生态学、优境学及女性在利用科学控制环境方面的领导力，《密歇根社会学评论》，2000年，秋季刊，第14卷，第94-114页。

[100] 帕梅拉·柯蒂斯·斯沃洛（Pamela Curtis Swallow），《艾伦·斯沃洛·理查兹的非凡生涯与职业：科学与技术的先驱》（*The Remarkable Life and Career of Ellen Swallow Richards: Pioneer in Science and Technology*），伦敦：威利出版社，2014年，第93页。

[101] 罗伯特·克拉克（Robert Clarke），《艾伦·斯沃洛：创立生态学的女性》（*Ellen Swallow: The Woman Who Founded Ecology*），芝加哥：福莱特出版公司（Chicago: Follett Publishing Company），1973年，第55页。另参见注释99。

[102] 约翰·拉斯金，《芝麻与百合》（*Sesame and Lilies*）中的“女王的花园”，纽约：威利出版社，1865年。

[103] 苏珊·A. 曼，“美国生态女性主义与环境正义的先驱”（Pioneers of U.S. Ecofeminism and Environmental Justice），《女性主义形态》（*Feminist Formations*），2011年，第23卷，第2期，第7页。

[104] 艾伦·斯沃洛·理查兹，《优境学，可控环境科学；改善生活条件作为提高人类效能的第一步的呼吁》（*Euthenics, the Science of Controllable Environment; A plea for Better Living Conditions as a First Step toward Higher Human Efficiency*），波士顿：惠特科姆与巴罗斯出版公司（Whitcomb & Barrows），1910年。

[105] 同上，第vii页。

[106] 同上。

[107] 同上，第viii页。

[108] 同注释99，第97页。

[109] 参见2017年发表于国家妇女历史博物馆（National Women's History Museum）的文章“园艺俱乐部：妇女活动主义的肥沃土壤”（Gardening Clubs: Fertile Ground for Women's Activism"），https://www.womenshistory.org/articles/gardening-clubs（访问日期：2021年10月5日）。

[110] 同注释103，第8-9页。

[111] 参见法比奥拉·洛佩斯-杜兰，《花园中的优生学：跨大西洋建筑与现代性的塑造》（*Eugenics in the Garden: Transatlantic Architecture and the Crafting of Modernity*），奥斯汀（Austin）：德克萨斯大学出版社（University of Texas Press），2018年。

[112] 同注释77，第45页。

[113] 同注释98，第6页。

[114] 哈里特·比彻·斯托，《汤姆叔叔的小屋》，波士顿：约翰·P. 朱厄特公司（John P. Jewett and Company），经《国家时代》（*The National Era*）连载后于1851年出版。

[115] 凯瑟琳·比彻和哈里特·比彻·斯托，《美国女性之家》，纽约：J. B. 福特公司，1869年，第318页。

[116] 凯瑟琳·比彻，《家庭经济学：供家中及学校的年轻女士使用》（*A Treatise on Domestic Economy: For the Use of Young Ladies at Home, and at School*），纽约：哈珀兄弟出版社，1841年。

[117] 多本医学年鉴特别建议，在扫地毯前先撒上湿报纸碎片，以防扬尘。此方法能够在不扬起灰尘的情况下清扫地毯。参见B. J. 肯德尔医生（Dr. B. J. Kendall）的《家庭医生》，弗吉尼亚州，伊诺斯堡瀑布（Enosburgh Falls, VT）：B. J. 肯德尔公司，1884年。资料来源：加拿大蒙特利尔麦吉尔大学（McGill University）奥斯勒医学图书馆特藏室（Osler Medical Library Special Collections）的医学年鉴。

[118] 参见卡塔霍宗公司（Catarrhozone Co.）的《日常使用食谱》，加拿大，蒙特利尔：卡塔霍宗公司，1934年；诺斯洛普与莱曼公司（Northrop & Lyman Co. Ltd.）的《诺斯洛普与莱曼家庭食谱》（*Northrop & Lyman Co.'s Family Recipe Book*），加拿大，多伦多：诺

斯洛普与莱曼公司，未注明日期；威廉姆斯医生药品公司（Dr. Williams Medicine Co.）的《家庭小贴士与帮助》，加拿大，安大略省，布罗克维尔（Brockville）：威廉姆斯医生药品公司，1910年。资料来源同上。

[119] 参见A. W. 蔡斯博士(Dr. A. W. Chase)著，K. E. 吉拉德(K. E. Girard)注解，《A. W. 蔡斯博士日历年鉴》(*Dr. A. W. Chase Calendar Almanac*)，加拿大，多伦多：A. W. 蔡斯医药公司(The Dr. A. W. Chase Medicine Co. Ltd.)，1959年。资料来源同上。

[120] 同注释115，第61-62页。

[121] 夏洛特·伊丽莎白·比斯特（Charlotte Elizabeth Biester），《凯瑟琳·比彻及其对家政学的贡献》（*Catharine Beecher and her Contributions to Home Economics*），科罗拉多州教育学院（Colorado State College of Education），1950年，博士学位论文，第108页。

[122] 希格弗莱德·吉迪恩，《机械化掌控一切：对无名历史的贡献》（*Mechanization Takes Command: A Contribution to Anonymous History*），牛津：牛津大学出版社，1948年，第511-519页。

[123] 同上，第522页。

[124] 雷纳·班纳姆，《环境调控建筑学》，芝加哥：芝加哥大学出版社，1969年，第95-96页。

[125] 同上，第96-97页。

[126] 同上。

[127] 同上，第100页。

[128] "环境气泡"首次出现在雷纳·班纳姆的文章"家不是房子"（A Home is not a House）中，由弗朗索瓦·达勒格雷绘图。参见雷纳·班纳姆（插图作者：弗朗索瓦·达勒格雷），"家不是房子"，《美国艺术》（*Art in America*），1965年4月，第53卷，第70-79页。

[129] 勒·柯布西耶，《走向新建筑》（*Towards a New Architecture*），1923年初版；重印于1963年，纽约：弗雷德里克·A. 普雷格出版社（Frederick A. Praeger）。

[130] 西尔维亚·拉文，《形式追随欲望：精神分析文化中的建筑与理查德·诺伊特拉》（*Form Follows Libido: Architecture and Richard Neutra in a Psychoanalytic Culture*），马萨诸塞州，剑桥：麻省理工学院出版社，2004年，第72页。

[131] 同上，第3页。

[132] 比阿特丽兹·科洛米娜，《X射线建筑》（*X-Ray Architecture*），苏黎世：拉斯·穆勒出版社（Lars Müller Publishers），2019年，第37页。

[133] 同上，第36-37页。

[134] 同上，第49页。

[135] 同上，第86和51页。

[136] 乔治·纳尔逊和亨利·赖特，《明日之家：房屋建造者完全指南》（*Tomorrow's House: A Complete Guide for the Home-Builder*），纽约：西蒙与舒斯特出版社（Simon and Schuster），1945年，。

[137] "你会住在太空舱房子里吗？"（Will you live in a Space Capsule House?），《美国家庭》，1966年9月，第82页。

[I.vi] 适应主义者

[138] 参见阿基勒·姆贝姆比（Achille

Mbembe），“去殖民化知识与档案问题”（Decolonizing Knowledge and the Question of the Archive），《实验性协作地理平台》（*Platform for Experimental Collaborative Geography*），2015年。详见https://worldpece.org/content/mbembe-achille-2015%E2%80%9Cdecolonizing-knowledge-and-question-archive%E2%80%9D-africa-country](https://worldpece.org/content/mbembe-achille-2015%E2%80%9Cdecolonizing-knowledge-and-question-archive%E2%80%9D-africa-country)（访问日期：2021年11月16日）；西尔维亚·里维拉·库西坎基（Silvia Rivera Cusicanqui），《奇契纳卡苏奇瓦：去殖民化的实践与论述反思》（*Ch'ixinakaxutxiwa: A Reflection on the Practices and Discourses of Decolonization*），《南大西洋季刊》（*South Atlantic Quarterly*），2011年，第111卷，第1期，第95-109页；伊夫·塔克（Eve Tuck）和杨·K. 韦恩（Yang K. Wayne），2012年，“去解民化不是隐喻”（Decolonization is Not a Metaphor），《去解民化：土著、教育、社会》（*Decolonization: Indigeneity, Education, Society*），第1卷，第1期：第1-40页；詹姆斯·C. 斯科特（James C. Scott），《统治与抵抗的艺术：隐秘的话语》（*Domination and the Arts of Resistance: Hidden Transcripts*），1991年，纽黑文：耶鲁大学出版社（Yale University Press）；盖亚特里·查克拉沃蒂·斯皮瓦克（Gayatri Chakravorty Spivak），“次级群体能发声吗？”（Can the Subaltern Speak?），凯里·尼尔森（Cary Nelson）与劳伦斯·格罗斯伯格（Lawrence Grossberg）《马克思主义与文化解读》（*Marxism and the Interpretation of Culture*），1988年，伊利诺伊大学出版社（University of Illinois Press）；J. M. 布劳特（J. M Blaut），《殖民者的世界模型：地理扩散主义与欧洲中心的历史》（*The Colonizer's Model of the World: Geographical Diffusionism and Eurocentric History*），1993年，纽约：吉尔福德出版社（Guilford Press）；霍米·巴巴（Homi Bhabha），《文化的位置》（*Location of Culture*），1992年，纽约：劳特利奇出版社。

[139] 奥古斯特·哈迪，“阿尔及利亚作为适应站的重要性”（Importance de l'Algérie comme station d'acclimatation），《阿尔及利亚的农业、商业、工业》（*L'Algérie agricole, commerciale, industrielle*），巴黎，1860年，第7页。引自迈克尔·奥斯本，“世界的适应化：典型殖民科学的历史”（Acclimatizing the World: A History of the Paradigmatic Colonial Science），《奥西里斯》（*Osiris*），2000年，第15期，第136页。

[140] 亨里卡·库克利克，“太平洋上的岛屿：达尔文生物地理学与英国人类学”（Islands in the Pacific: Darwinian Biogeography and British Anthropology），《美国民族学家》（*American Ethnologist*），1996 年，第23卷，第3期，第628页。

[141] 同上，第628页。

[142] 迈克尔·奥斯本，“世界的适应化：典型殖民科学的历史”，《奥西里斯》，2000年，第15期，第139页。

[143] 理查德·格罗夫，《绿色帝国主义：殖民扩张、热带岛屿伊甸园及环境主义的起源，1600—1860》（*Green Imperialism: Colonial Expansion, Tropical Island Edens and the Origins of Environmentalism, 1600-1860*），英国，剑桥：剑桥大学出版社，1995年，第154页。

[144] 希波克拉底，“论空气、水和地方”《伊帕库斯、阿拉托斯及欧多克索斯现象解释三书》（*'Ipparchou Ton 'Aratou Kai Eu'doxou Phainoménon 'exegéseos Biblia Tria*），伦敦：怀曼父子出版社（Wyman & Sons），1881年。

[145] 大卫·N. 利文斯通，《热带气候与道德卫

生：维多利亚时期辩论解剖》（*Tropical Climate and Moral Hygiene: The Anatomy of a Victorian Debate*），《英国科学史杂志》（*The British Journal for the History of Science*），1999年，第32卷，第1期，第93-100页。

[146] 马丁·马奥尼和乔治娜·恩德菲尔德，“气候与殖民主义”（Climate and Colonialism），《威利跨学科评论：气候变化》（*WIREs Climate Change*），2018年，第9卷，第2期，第2页。

[147] 詹姆斯·弗莱明，《固定天空：天气与气候控制的多变历史》（*Fixing The Sky; The Checkered History of Weather and Climate Control*），纽约：哥伦比亚大学出版社，2010年，第27-28页。约翰·伊夫林在其1662年所著的《森林论；或关于林木及木材繁衍的论述》（*Sylva; or a Discourse of Forest-Trees and the Propagation of Timber*）中提出了清理森林的建议。

[148] 同上，第205-206页。

[149] 同注释142，第135页。

[150] 同注释104。

[151] 同注释111，第5页。

[152] 同注释146，第7页。

[153] 曾若晖和安东尼·金，“热带建筑的谱系探索：英国殖民地领土中的权力——知识、建筑环境与气候历史片段”，《新加坡热带地理学杂志》（*Singapore Journal of Tropical Geography*），2011年，第32卷，第3期，第283-300页。

[154] 阿尔弗雷德·科斯比，《生态帝国主义：欧洲的生物扩张 900—1900》（*Ecological Imperialism: The Biological Expansion of Europe 900-1900*），英国，剑桥：剑桥大学出版社，1986年，第270页。

[155] 莎拉·伊斯特比-史密斯（Sarah Easterby-Smith），“18世纪伦敦的植物采集”，《柯蒂斯植物学杂志》，2017年12月，第34卷，第4号，第282页。

[156] 大卫·E. 艾伦（David E. Allen），《维多利亚时代的狂热：蕨类植物热的历史》（*The Victorian Craze: A History of Pteridomania*），伦敦：哈钦森出版社（Hutchinson），1969年。

[157] 斯图尔特·麦库克，“热带夏季的方格：沃德箱、维多利亚时代的园艺及全球植物转移的物流，1770—1910”，载于帕特里克·曼宁（Patrick Manning）和丹尼尔·鲁德（Daniel Rood），《全球科学实践的革命时代，1750—1850》（*Global Scientific Practice in an Age of Revolutions, 1750-1850*），宾夕法尼亚州，匹兹堡：匹兹堡大学出版社（University of Pittsburgh Press），2016年，第199-215页。

[158] 同注释142，第135页。

[159] 詹妮·鲁道夫（Jenny Rudolf），“植物柜”（The Botanical Cabinet），《兰克斯特国际期刊》（*Lankesteriana International Journal*），2008年8月，第8卷，第2期，第43-52页。

[160] 大卫·索尔曼（David Solman），《哈克尼的洛迪吉斯：世界上最大的温室》（*Loddiges of Hackney: The Largest Hothouse in the World*），伦敦：哈克尼社会出版社（Hackney Society），1995年，第34-37页。

[161] 同注释157，第204页。

[162] 朱利安娜·布劳恩（Juliane Braun），“生物勘探面包果”（Bioprospecting Breadfruit），

《早期美国文学》(*Early American Literature*)(特刊:新自然史(The New Natural History)),2019年,第54卷,第3期,第643-672页。

[163] 大卫·R. 赫尔希(David R. Hershey),“沃德博士的意外制造的玻璃瓶生态系统”(Dr. Ward’s Accidental Terrarium),《美国生物教师》(*The American Biology Teacher*),1996年5月,第58卷,第5期,第276-281页。

[164] 同注释157,第205页。

[165] 参见刘易斯·利兹(Lewis Leeds),《通风论:费城富兰克林学院七讲,1866—1868年》(*A Treatise on Ventilation: Comprising Seven Lectures Delivered Before the Franklin Institute, Philadelphia, 1866-1868*),纽约:威利出版社,1871年。

[166] 同注释157,第205页。

[167] 莫莉·K. 埃克尔(Molly K. Eckel),《世界中的小世界:维多利亚时代家庭中的热带蕨类植物沃德箱》(*A Little World within a World': The Wardian Case of Tropical Ferns in the Victorian Home*),《即时性》(*Immediations*),2017年,第4卷,第2期。详见 https://courtauld.ac.uk/research/research-resources/publications/immeditations-postgraduate-journal/immediations-online/2017-2/molly-k-eckel-a-little-world-within-a-world-the-wardian-case-of-tropical-ferns-in-the-victorian-home/(访问日期:2021年12月9日)。

[168] 纳撒尼尔·沃德,《论植物在密封玻璃箱中的生长》,第二版序言,伦敦:约翰·范·福斯特出版社(J. Van Voorst),1852年,第viii-ix页。

[169] 同注释157,第212-215页。

[170] 作者通过Zoom于2021年3月16日对澳大利亚墨尔本约翰·沃德尔建筑师事务所的合伙人梅根·德怀尔进行了采访。

[171] 美国环境保护署,国会室内空气质量报告:第二卷(Report to Congress on Indoor Air Quality: Volume 2),EPA/400/1-89/001C(华盛顿特区,1989年)。

[Ⅱ]

合成自

[Ⅱ]

[□] 约1966年至2000年

[Ⅱ] 寻找

[□] 系统

然主义

原　点

1966年的地球全貌

[▪] 导 论

第二时期大约从第二次世界大战结束一直持续到世纪之交，暂且称这一时期为“系统时期”。这里的“系统”一词与生态设计作为全球资源的计划性再分配相关联。第二次世界大战后的几十年，现代环保主义随之兴起，这与19世纪及20世纪初倡导保护自然荒野精神的运动截然不同。在20世纪六七十年代，生态学家采用了当时盛行的社会和政治话语，这些话语描绘了一个封闭且管理不善的星球，这个星球正朝向彻底崩溃的方向迈进，同时他们认为现代科学为文明价值观提供了最忠实的诠释。随着全球污染警报频传、城市功能衰退以及经济增长带来的物质弊端（如过量废物的产生），环保主义展现出一种社会行动主义精神，呼吁警惕性地重新部署地球的环境资本。巴克敏斯特·富勒、约翰·麦克黑尔和伊恩·麦克哈格在推广这种思想方面发挥了关键作用，他们通过将地球与人类过程进行类比来解释生态系统。[1]

这个时代始于广为人知的地球全景图像。这一图像自20世纪60年代以来一直备受期待，并最终在1968年阿波罗8号任务期间拍摄的著名的“地球升起”系列照片中被捕捉到［图II.1］。这种全人类在地球有限空间内的集体映射，凸显了生态学与控制论的交汇。地球的物质现实要求使用跨学科工具，以实现全球信息和系统控制的目标。

以往将自然视为应与城市环境完全隔离并完美保存的观念，催生了所谓的

[图] 1
[II] 1968年12月24日，阿波罗8号宇航员威廉·安德斯（William Anders）拍摄的“地球升起”。

“合成自然主义”或“人造生态”。在这些新概念中，自然的功能和运作被精确地复制并应用于人造系统中。这一转变标志着自然作为自主领域的终结，以及生态设计作为通过技术媒介来复制自组织循环系统的兴起。

20世纪六七十年代的生态设计倡导者们修改了勒·柯布西耶在20世纪20年代的“居住机器”的比喻，将建筑宣称为一种“表演性机器”（performative machine），一种应对和利用因污染加剧和环境恶化所造成的地球资源扰动的工具。这种在第二次世界大战后广泛流行的生态设计理念，预示了一种新的现代主义精神，其中“功能”已被“环境性能”（environmental performance）所替代。然而，这一新方向既缺乏构造表达，也缺少形式生成策略，这与世纪之交早期现代主义独特的形式语言背道而驰。

这种范式转变与生态学家对战后控制论专家所使用的高度专业化科学语言和分类工具的借用紧密相关。控制论专家通过将自然界中的能量流动以输入和输出的形式——类似于控制论生态系统中的电路——进行图示，为生态学家提供新的研究技术，并引入了一个新的、融合了生物学与计算理论的视角，将世界解读为由子系统构成的系统。尤金·奥杜姆（Eugene Odum）和霍华德·奥杜姆（Howard Odum）兄弟在这一领域作出了显著贡献，他们的众多出版物表明他们更关注的是系统而非单一的环境因素或生物体。特别是，他们首次将生态系统视为一种可以被分解为各个组件、部分及其相互反馈的语言，这一点与电路图非常相似。正如历史学家佩德·安克尔所述，霍华德·奥杜姆“将所有生物生命（包括人类行为）的方法论还原为能量电路图，这成为他提出科学管理人类社会的理由。[2] 在20世纪50年代，霍华德·奥杜姆在美国原子能委员会资助的热带森林研究中发明了“能量系统语言”，这种语言将生态系统和人类行为用输入和输出的方式工具化。这种从电子电路衍生并用于模拟生态模型的表征语言，已经成为建筑师利用反馈箭头直观显示性能和能量流动的主要工具。

尽管对数据和系统的科学管理以及将资源分解成流程图非常重要，但是我们也必须认识到，地球作为一个整体是一种意识形态的载体，这种意识形态源自反主流文化和几代地下建筑师及设计师对互联世界的构想。这种反主流文化的思想基础，在斯特凡·斯泽尔昆（Stefan Szczelkun）最后一本《生存剪贴簿》的封底中得到了生动的展示，该书致力于替代能源的生成。[3] 书的封底有一幅图像，展示了围绕代表地球的几何图形排列的工具、社会组织、能源、人员和实物的图表［图 II.2］。这展示了一个愿景：在这个星球上，自然与技术相汇聚，所有可想象的实物、能源和人力资源都在一个复杂的全球计划中相互联系。到了那时，“整个地球”的概念已经无处不在，它不仅激发了《全球概览》（*Whole Earth Catalog*）的创作，还推动了绿色运动的兴起，并提出了可以实施的政治议程。到 20 世纪 60 年代末，一些激进团体开始根据地球是一个近乎神圣的整体这一信念采取行动。这在他们广为流传的环境改革集会号召中表现得尤为明显，《全球概览》的封底上就有这一号召：“我们不能把它拼凑起来，它本来就是一体的。”地球被看作一个完整的系统，其中一切都是拼图的一部分，这种观点源于古典哲学。

非常重要的一点是，“整个地球”的论述并非起源于地球的照片。相反，这张图片提供了一种公正的表现形式，满足了已深植于集体意识和想象中的统一愿望。不是地球本身的图像，而是将其视为统一蓝图的愿望促成了生态设计的创立。这一图像被反主流文化重新绘制，由斯图尔特·布兰德（Stewart Brand）强化，查尔斯·伊姆斯（Charles Eames）

［图］ 2
［Ⅱ］ 1974年，斯特凡·斯泽尔昆编辑的《生存剪贴簿》第 5 卷（能源）的封底。

和雷·伊姆斯（Ray Eames）拍摄，并由巴克敏斯特·富勒叙述，以便为一个在不同尺度嵌套相同组织和信息模式的计划提供视觉形式。通过这种方式，一个关于互连和统一的观念性方案被投射到了宇宙中。不同尺度的组成部分将在宇宙秩序的复杂网络中找到自己的位置。

为此，控制论与生态学的汇聚，以及用以表征和再现自然的系统化编码语言的引入，在战后时期产生了巨大影响。正如一些学者所论述的，“控制论生态系统的概念在构建一种话语中发挥了关键作用，在该话语中，自然和某些技术被视为普遍法则的并行实例，这些法则支配着所有复杂的、自组织的、自调节的整体系统。”[4] 作为相互融合的认识论领域，生态学和控制论提供了通用模型，这些模型既可以作为社会的类比，也是集体信仰和想象的强大叙事和表征。这两个领域将自然、人类和技术组织分割为各种元素或单位的集合，其中任何一个元素或单位都可能存在于不同状态中，以至于状态的选择受到系统中其他组件状态的影响。[5] 正如杰夫·鲍克尔（Geof Bowker）所预见性地论述的，与传统科学学科的从业者不同，控制论者可以在不同程度上声称他们正在创造一门新的普遍科学。[6] 生态设计师也可以这么做。“这种新普遍性的历史特定性由控制论者频繁宣布一个新时代的来临这一事实所说明，”[7] 正如生态学家在《新闻周刊》1971 年的一期中宣布的“生态学时代的到来”一样。

在 20 世纪六七十年代，生态意识的兴起表现为改变和拯救世界的宏大主张。在许多方面，地球作为设计的新舞台，以及那些带来可测量、可计算性能的意识形态的人造环境，宣告了一种新的实证主义精神。然而，不稳定的是宇宙那无限且难以把握的空间，尽管它被描绘为在不同宇宙尺度上发现的相似模式的构成，但它反映了人类在精神上或身体上难以应对其浩瀚的空间无力感。这种不稳定性以及征服这片浩瀚空间的不可能性，对建筑话语的发展不仅具有深远意义，也对人类思想产生了重要影响。

[■]　导　论

17000 mph
1500 mph
AD 400
AD 700
AD 1000
AD 1300
AD 1600

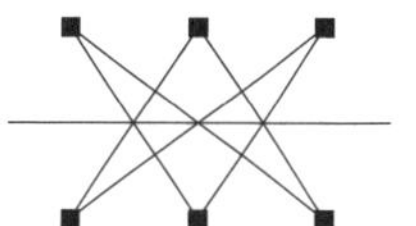

[▪] 世界规划师

在20世纪60年代生态概览中，社会学家及未来学家约翰·麦克黑尔注意到设计过程性质的根本转变：在密集型工业化的新时代，设计涉及对整个行星（即生命繁衍的整个地球表面）的设计。在《未来的未来》（*The Future of the Future*）一书中，麦克黑尔提出，人类已将其生态领域扩大至整个地球。[8] 书中的插图清晰地将世界描绘为一个设计舞台布景。这些插图展示了地球的垂直剖面，麦克黑尔称之为“垂直移动的超大规模调查图”，这些剖面从地球核心发源并延伸至外太空，即外逸层［图 II.3］。尽管设计在实际上仅发生在大气层的一个极小部分（相对于这种超大规模），其生态足迹却影响了生物圈的所有其他层

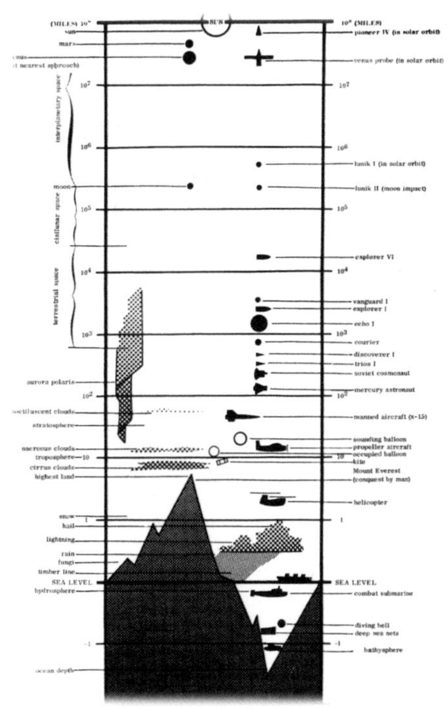

［图］ 3

［II］ 约翰·麦克黑尔在1969年出版的《未来的未来》一书中发布了垂直移动的超大规模调查图。

面。此外，垂直剖面不仅展示了生态层间的生物物理互连性，还在不同维度上展现了领土主权；它将地图的水平表示转化为纵向表示，象征着征服那些不适合人类生理机能的地区。

麦克黑尔的超大规模图并非没有先例。在太空竞赛期间，在美国国家航空航天局（NASA）和通用动力公司（General Dynamics）创建并流传的图像中可以看到，殖民扩张被想象为垂直于地球［图II.4］。同时，宇航员被视为人类的使者（正如1966年联合国《外层空间条约》所述）[9]，他们是克服生理限制以征服不适宜居住土地的英雄式探险者。在许多方面，宇航员的形象投射出了一种新的普遍人类主体［图II.5］。

《未来的未来》出版一年后，麦克黑尔出版了《生态背景》（*The Ecological Context*）[10]，在该书中，他讨论了行星资源的再分配问题。书中几张

［图］ 4
［Ⅱ］ 1960年，通用动力公司的艺术总监埃里克·尼奇（Erik Nitsche）绘制的推进系统应用图。资料来源：《动态美国：通用动力公司及其前身公司的历史》（*Dynamic America: A History of General Dynamics Corporation and Its Predecessor Companies*），约翰·尼文（John Niven）著，科特兰特·坎比（Courtlandt Canby）编，埃里克·尼奇设计，1960年，纽约：通用动力公司。

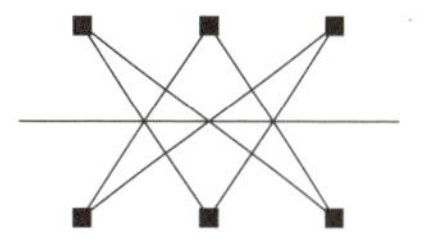

行星资源的流程图明确地表明，麦克黑尔将人体和地球视为同一种问题：一种需要分析和重建的人工生态系统。他还确信，只有美国国家航空航天局太空计划中使用的先进后勤操作系统才能帮助我们应对地球的环境复杂性。控制论似乎提供了解决这一重大任务的精细方案，即利用宇宙储备。广义上来说，这为建筑师——全球规划者——提供了多功能的工具，使他们能有效地将不明确的数据分段和系统化，以利于设计。[11] 正如麦克黑尔所写：

> 控制论使我们的全球生产、分配和后勤支持服务能够迅速扩展，从而满足仍处于生存边缘的人类的紧迫物质需求……当人类活动的规模达到可能破坏全球生态系统的程度时，人类恰好发明了那些概念和物理技术，这些技术可能使我们能够应对复杂的行星社会的巨大挑战。[12]

这项全面重新分配资源的努力不仅体现在麦克黑尔的《生态背景》中，还以认知分析的形式体现在伊恩·麦克哈格的《设计结合自然》（*Design with Nature*）中。[13] 1962 年，麦克黑尔移居美国，与巴克敏斯特·富勒合作研究生态

[图] 5
[Ⅱ] 1967年2月，由约翰·麦克黑尔客座编辑的《建筑设计》杂志“2000+”特刊封面。该图像最初作为威斯康星州密尔沃基市的电气产品制造商卡特勒-哈默公司（Cuttler-Hammer Co.）的广告出现。麦克黑尔征集了这幅图像，并将其以红色背景重新制作。

问题和环境可持续性。他与妻子、艺术家玛格达·科代尔（Magda Cordell）一起，创立了他们自己的未来研究机构——综合研究中心（Center for Integrative Studies, CIS），其目标是处理科技发展对环境及人类未来的长远影响。与富勒共同指导了“世界设计科学十年”（World Design Science Decade），这是一个庞大的诊断性绘图工具和行星资源的生理流程

图，旨在协助资源的再分配。1961 年 7 月，富勒在伦敦举行的国际建筑师协会（UIA）第七届大会上提议了“世界设计科学十年”计划，在人均金属资源正在减少的情况下，鼓励全球的建筑学学院在未来十年内投入如何让世界的总资源通过合理设计为 100% 的人类服务的持续问题中。那一年，全世界的资源仅服务了 40% 的人类［图 II.6］。这一计划需要汇编一个包括气候、地理和社会学数据的世界资源清单，所有这些数据都将被设计并叠加在一个互动地图上，以在行星乃至宇宙尺度上提升环境意识。

富勒和麦克黑尔的“地球观测仪”（Geoscope）为构建全面数据模型的努力提供了一个具体形式。这个模拟全球连通性的工具在 20 世纪 60 年代期间经过多次迭代，先后在普林斯顿大学、康奈尔大学以及其他几个测试地点建造。地球观测仪巧妙地将利用信息学理论获取的统计信息与球面穹顶的有形界面相结合，从而实现了在行星尺度上投影“动手”思维。富勒的这一努力可以说是为培养更具技术素养的全球公民所做的初步尝试。该设备利用电灯泡显示技术，并借助互联计算机展示数据，旨在呈现过去、现在和未来的状况，从而作出明智的决策［图 II.7］。

这里需要指出的是，在 20 世纪 60 年代地球成为设计的舞台之前，“生物圈”

［图］ 6
［II］ 巴克敏斯特·富勒的戴马克松地图（Dymaxion map），由世界游戏研究所（World Game Institute）在20世纪80年代和90年代使用，图片摄于1982年世界未来协会（World Future Society）大会。站在中间的是巴克敏斯特·富勒；右边是梅达德·加贝尔（Medard Gabel）。

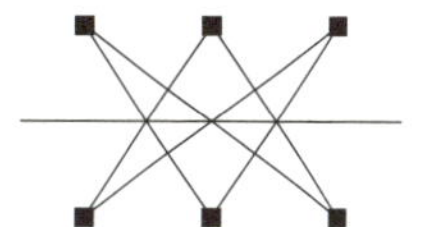

这一术语以及将地球及其大气层视为一个统一整体的观念已经被 1922 年在巴黎会面的三位杰出科学家所采纳：皮埃尔·泰亚尔·德·夏丹（Pierre Teilhard de Chardin）、爱德华·勒鲁瓦（Edouard Le Roy）和俄罗斯生物地球化学家兼矿物学家弗拉基米尔·维尔纳茨基。虽然泰亚尔·德·夏丹认为生物圈代表了“以人类为中心的生命观”，但维尔纳茨基则发展了一种“以生物为中心的自然经济观”。[14] 这种观点在 20 世纪 80 年代得到科学界的认可，并一直延续至今。[15] 泰亚尔·德·夏丹的生物圈概念与经典的“大生命链”观念相关，这是一种从上帝开始，然后向人类、动物、植物和无生命物质依次递减的层级分类法。相比之下，维尔纳茨基的生物圈概念是一个生命及其支持基质的综合体——包括使生命成为可能的地质力、生物力和人为力量——支持“一种动态的能量－物质组织，一个类似于热力学引擎的系统”[16]，这使得生命物质和无生命物质在行星系统中能够共同演化。

富勒和麦克黑尔采纳了维尔纳茨基的能量－物质组织理论，以及将地球视为一个由生命力量构成的复杂交互网络的观念。然而，地球观测仪和“世界设计科学十年”所倡导的对这些力量的设计和重组，实际上是一个人类凌驾于其他所有作用力之上的项目。尽管这些作者真诚地将设计作为系统管理工具，用以解决社会公平问题和全球食物及资源的公平分配，但他们对地球整体性的设想预示了一个新的帝国，并在逻辑上回归到了殖民和实证主义的模式。

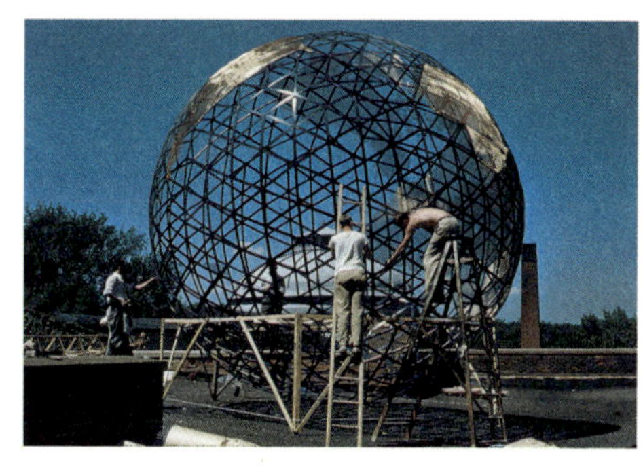

[图] 7
[Ⅱ] 1952年，康奈尔大学（Cornell University）的学生正在建造地球观测仪原型。图片来源：巴克敏斯特·富勒遗产管理机构。

在许多方面，富勒、麦克哈格和麦克黑尔的工作设想了一个理想化的宇宙系统分析，在这个分析中，所有模式都被想象为相互关联，并作为子系统嵌入一个自然秩序的总体规划中。每个元素都可以在不同尺度上重现，嵌套在另一个元素之中。正如马丁·莱因霍尔德（Martin Reinhold）所观察到的，“这本质上与查尔斯·伊姆斯和雷·伊姆斯在 1977 年的短片《十的次方》（*Powers of Ten*）中表达的组织统一性概念相同——从星系际到亚原子级别。”[17] 这种对世界的整体性视角，强调了所有物理力量都具有潜在的相互联系，体现在19世纪亚历山大·冯·洪堡的巨著《宇宙：自然界的描述》（*Cosmos: A Sketch of a Physical Description of the Universe*）[18]中。事实上，冯·洪堡的工作为20世纪50年代路德维希·冯·贝塔朗菲（Ludwig von Bertalanffy）的“一般系统理论”奠定了基础，因为它预设了宇宙——现在是一个系统的系统——不仅是理论生物学和硬科学的模型，也是社会本身的模型。[19]

20世纪60年代关于宇宙和外太空的理论猜测让位于在当时难以想象的物理证据。心理图像与其物理实体的重叠从根本上动摇了早期的宇宙理论。文化制作人迈克尔·沙姆伯格（Michael Shamberg）曾预言，美国国家航空航天局1966年向公众发布的第一张地球图像将通过呈现一幅不再区分国界的物质和能量流动交织的图景来扼杀爱国主义。[20]这张图像的揭示导致了人类想象力的深刻断裂，渗透到了设计话语的多个脉络中。柏拉图哲学中所概述的宇宙秩序的哲学结构，现在需要在地球色彩斑斓、持续流动的模式中找到自己的位置。因此，关于组织统一性的幻想被投射到了宇宙中。在这个方案中，微观行为的影响会作用于地球的宏观动力学，倡导宇宙中所有物质的再循环和连通性。

世界规划得到了地缘政治统计数据的支持，这些数据充斥在富勒和麦克黑尔的著作中，体现了他们的信念：只有通过先进的系统管理，社会才能开始应对地球令人生畏的环境复杂性。为此，奥杜姆兄弟推广了描述生态系统的控制论方法，并将生态系统方法（尤金·奥杜姆称之为“整体先于部分”的方法）转化为城市规划，以及分析地球系统与人类生命代际关系的方法。他们倡导生态学（主要是生态系统研究），认为它是理解和管理地球系统以造福人类和所有生命形式的关键。尤金·奥杜姆明确扩展了规划作为人类生态学的概念，这一概念最初由帕特里克·盖迪斯在其1915年的著作《进化中的城市》中提出。[21]这种土地利用活动的区域规划与他在《生态学与我们濒危的生命支持系统》（*Ecology and Our Endangered Life-Support Systems*）一书中实现环境和地球资源明智管理的战略一样全面和综合。[22]奥杜姆兄弟提出了整体系统生态学的原则，并为将规划视为应用人类生态学的一部分提供了科学基础。

随着20世纪60年代整个地球图像作为集体信仰和想象的理想化表征出现，自然通过技术媒介被取样、系统化和复制。这一再现过程标志着控制论和生态学的汇合，这对后来可持续性和计算机

[Ⅱ] i

[■] 世界规划师

[↘]

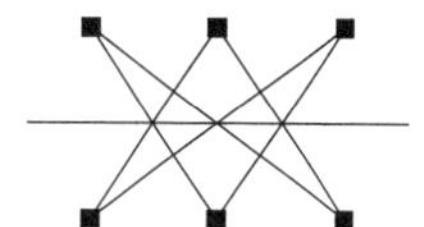

科学的发展具有开创性意义。这两个主要领域虽然处于建筑学科的边缘，却几乎总是被视为不相关或脱节的。然而，它们源于相同的认识论追求，并在“宇宙学想象”和“设计地球”的理念成为学科核心关注点的时期汇聚在一起。

[＊] 替代性阅读路径
[页] 192

[Ⅱ] ii

[↘]

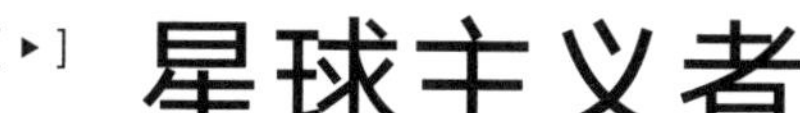

[▸] 星球主义者

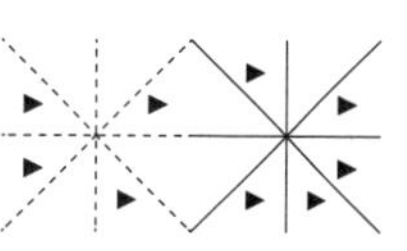

局外人

测地几何学
切割支撑杆
1
Production time
5 mins per frame
2
钻孔加工
3
切割胶合板
30
small
58 1/8"
75
large
58 1/8"
4
切割夹具
2 sheets plywood
stop
spacing stop
5
搭建
STRUT
STRAP
BUCKLE
6
为穹顶覆盖表皮

[▪] 局外人

在20世纪60年代，在越南战争的背景下，以及全球污染水平上升造成的不安氛围中，“逃离城市”成为美国成千上万年轻知识分子的一种生存机制，他们遵循蒂莫西·利里（Timothy Leary）的建议：“开启、调谐、退出”（turn on, tune in and drop out）。许多人将利里的建议铭记于心，拒绝了当时的政治环境，并相当直接地将他离开城市生活的号召付诸实践，在偏远地区建立了另类生活社区。正如巴克敏斯特·富勒所观察到的，一种文化的创造力需要法外之地[23]，也就是说，在地理边缘地区建立聚居地，那里土地便宜且充足，可以提供新的经济和政治范式。这种远离城市的趋势，部分源于20世纪60年代美国的婴儿潮，并因复杂的社会政治困境而加剧，这些困境使城市呈现为一种限制个人想象力和自由的灾难性环境。

“逃离城市”是著名的另类生活社区之一，它于1965年在科罗拉多州的特立尼达（Trinidad）成立，由用汽车零件制成的球形穹顶构成［图II.8］。它是美国西南部建立的几个自给自足的社区之一，这些社区脱离了城市网络，旨在循环利用废物，生产和分配能源，并在恢复与自然平衡的同时实现一定程度的自治。像其他社区一样，“逃离城市”是“一种生活实验”[24]，它作为一个实验室，在那里人们尽一切努力重新发明居住方式以及个人与周围环境之间的复杂相互关系。正如斯图尔特·布兰德所观察到的，

[图] 8
[II] 逃离城市，综合体，科罗拉多州，特立尼达，1965年。克拉克·里希特（Clark Richert）摄影。

每一个社区都试图以自己的方式重新建立文明。[25] 这些实验室还记录了他们在实验性穹顶建造过程中的发现，并在广大年轻公众中传播。通过这种方式，他们发展了自己的“反文化建筑语言”，这是一份广泛的启发式“如何做”建议清单。

这些生活社区网络中的“自己动手”（DIY）文化得到了《全球概览》的推广，其创始人斯图尔特·布兰德将其设想为一个发布免费信息的行星系统。布兰德声称，《全球概览》的开源性质提供了“获取工具的途径”，并作为“一种评估和访问设备”。[26] 从这个意义上说，《全球概览》是第一本致力于作为整个地球系统运作的出版物。因此，2005 年苹果计算机企业家史蒂夫·乔布斯（Steve Jobs）在斯坦福大学的毕业演讲中将其称为网络搜索引擎的概念先驱，这并不令人惊讶。[27] 布兰德的长期合作者杰伊·鲍德温（Jay Baldwin）是一位平面设计师、发明家、创意建造者，曾是巴克敏斯特·富勒的学生，也是将太阳能、风能和其他可再生能源纳入栖息地设计的领军人物。他后来回忆说，在《全球概览》社区的背景下，“工具”一词的实用性已经被剥离。相反，“工具”不仅被视为有用的教育工具，还被视为任何人都有权拥有的不可或缺的身体延伸。最终，它们将以拓展思维为目标，使个人能够赋予思想以物理形式。[28]

总的来说，《全球概览》启发了几个社区编写 DIY 的说明手册。其中包括史蒂夫·贝尔（Steve Baer）的《穹顶烹饪书》（*Dome Cookbook*）和《Zome 入门》（*Zome Primer*），劳埃德·卡恩（Lloyd Kahn）的《穹顶书 1&2》（*Domebook 1&2*）和《庇护所》（*Shelter*），蚁群实验室（Antfarm）的《充气烹饪书》（*Inflatocookbook*），以及西姆·范德赖恩和彼得·卡尔索普（Peter Calthorpe）的《法拉隆群岛剪贴簿》（*Farallones Scrapbook*）。可以说，生态设计的出现与一种特定的建筑语言相伴，这种语言被构建为一种开源的生活代码。编写如何创建庇护所的开源设计代码绝不是一个预先确定并随后执行的建筑过程中的中性代理；这些手册本身成为一种积极的生态设计形式，实际上，它们是 20 世纪 60 年代最激进的环境活动主义形式。

《穹顶烹饪书》[29] 的作者史蒂夫·贝尔还创造了“zome”一词，用来描述一种可以适应不同地点条件的灵活的穹顶类型。贝尔可以说是最熟练和最有见识的穹顶建造者，他曾前往美国西南部的许多社区分享他的专业知识。在那里，他承担了各种工作，从复杂的计算到基本的动手制作。后来，他在新墨西哥州的阿尔伯克基（Albuquerque）创立了“Zomeworks”公司，该公司利用太阳能为建筑物供暖。基于他 1971 年至 1972 年在新墨西哥州科拉莱斯（Corrales）的住所进行的鼓墙（Drum Walls）实验工作，贝尔被视为太阳能设计领域的领军人物。在该设计中，55 加仑（约 208 升）的水桶被安装在一个支撑框架上，作为住所的主要供暖和制冷元件。[30] ［图 II.9］

与此同时，前旧金山保险经纪人、后来的工匠建筑师劳埃德·卡恩受到贝尔的《穹顶烹饪书》的启发，与《全球概览》的“庇护所”和“土地使用”部分的设计师和编辑布兰德保持着密切的关系。卡恩在旧金山湾区博利纳斯（Bolinas）的太平洋高中（Pacific High School）——一个实验性的穹顶社区——制作了他的《穹顶书》［图 II.10］。彼得·卡尔索普曾是太平洋社区的成员，也是《穹顶书》出版的助手，后来与西姆·范德赖恩一起成为可持续设计和技术的先驱。在 20 世纪 70 年代，他们出版了自己的手册《法

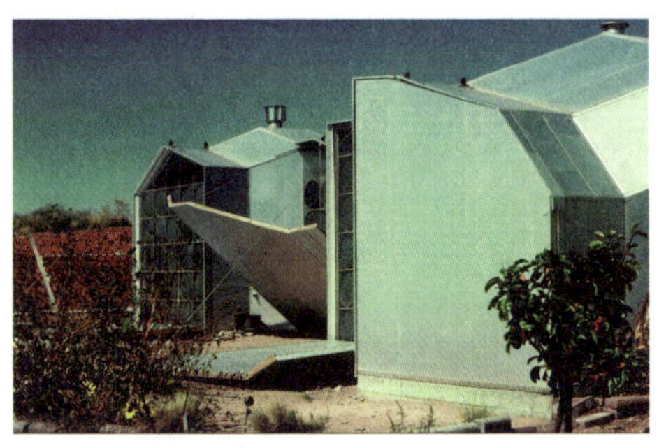

［图］ 9
［Ⅱ］ 史蒂夫·贝尔设计的Zome房屋，新墨西哥州，科拉莱斯，1971—1972年；展示了不同位置装有反射板的鼓墙。

［图］ 10
［Ⅱ］ 《穹顶书2》封面，劳埃德·卡恩编，加利福尼亚州，博利纳斯：庇护所出版社（Shelter Publications），一家非营利教育机构，1971年。

拉隆群岛剪贴簿》，目的是将他们在法拉隆研究所进行的实验外包出去，该研究所是他们与桑福德·赫尔申（Sanford Hirshen）在20世纪60年代末在加利福尼亚州奥克西塔尔（Occidental）创立的。

穹顶社区并不一定是解决手头问题的实用方案，但对于成千上万的年轻知识分子来说，逃离城市是一个意义重大的时刻。这些人在寻找家园的过程中，随时准备居住在截断的菱形二十面体中。对他们而言，这些复杂的多面体结构比起无情的标准化的城市单元，更能恰当地代表家的概念。西奥多·罗扎克在他关于20世纪60年代青年反主流文化的书中也提出了类似的观点："可以发现一种激进的不满和创新，它可能将我们这种迷失方向的文明转变为人类可以视为家的东西。"[31]

建筑史学家费利西蒂·斯科特（Felicity Scott）在《建筑或技术乌托邦》（*Architecture or Techno-Utopia*）[32]和《法外领域》（*Outlaw Territories*）[33]中详细讨论了战后时期美国反主流文化的建筑实验。斯科特的深刻叙事不仅揭示了未被讲述的边缘历史，还通过追踪乌托邦和反乌托邦的晚期历史及其消逝点，质疑了当前建筑辩论的政治性。

然而，"逃离"不仅仅是美国DIY文化背景下的一场简单的倒退性草根运动。尽管这些"局外人"热衷于应用低技术系统，但他们经常提及太空计划，使用美国国家航空航天局的数据表格作为穹顶板材的尺寸，并借助数学方程而非图纸来开发穹顶设计。他们对晶体学、矿物学以及生长和代谢的生物学过程有着浓厚的兴趣，同时阅读诺伯特·维纳（Norbert Wiener）、马歇尔·麦克卢汉（Marshall McLuhan）和巴克敏斯特·富勒的控制论理论。正如文化理论家弗雷德·特纳（Fred Turner）所指出的，这些局外人渴望统一的全球愿景，在这种愿景中，物质现实可以被想象为一个信息系统。在《从反主流文化到赛博文化》（*From Counterculture to Cyberculture*）一书中，特纳将这种愿景描述为"赛博-反主流文化的"（cyber-counter-cultural），并提出"将地球视为单一、相互联系的信息模式的控制论概念深具安慰性：许多人认为，在信息的无形运作中，他们看到了全球和谐的可能性"。[34]从这个角度来看，我们或许有必要问：设计领域的数字化演进是否仅仅是技术进步的直接结果，还是早已被整整一代颠覆性的思想家所预见？这些思想家虽然与实际机器相去甚远，却与机器所承诺的系统化思维有着独特的共鸣。

这种对地球的控制论式感知也反映在穹顶的形式中，穹顶本身就是地球的一种表现。然而，这个微型版的地球是由废弃物品构成的，这些物品被强行拼凑成一个半球形。在“逃离城市”及类似社区的穹顶中，这种对材料制品的强烈改造文化表现得尤为明显。在这里，从废弃汽车上切割下来的弧形车顶板被安装在完美的、由数学推导出的多面体上。正如史蒂夫·贝尔在《穹顶烹饪书》中回忆的那样，“在‘逃离城市’建造穹顶群的过程也很有启发性，因为它们是逐步变得坚固的。”[35] 每一块新添加的部件都要适应之前部件所施加的力。贝尔将这种建造过程描述为一种“生长”过程，仿佛在讲述一种不稳定的、进化式的装配模式。不稳定性和生长性，这两个与自然相关的比喻，是这种建造方式必不可少的方面。它们预示着一种不可避免的对废弃物品的实验，这种实验既是对消费主义文化的批判，也是对线性生产力的政治立场表态。

用废弃材料进行建造作为政治意识形态，在奥地利裔美国设计师和教育家维克多·帕帕奈克（Victor Papanek）的工作中变得极具争议性。帕帕奈克称设计是不道德的。在他著名的著作《为真实的世界设计》（*Design for the Real World*）[36] 中，帕帕奈克认为，很少有职业比工业设计对人类更有害。[37] 在激烈探寻设计对人类的真正价值的过程中，他对经济体系为设计对象赋予市场价值的方式感到愤怒，这使得这些对象对于弱势群体来说变得难以获得。从这个意义上说，他对设计价值的理解本质上是政治性的；将“技术知识”和价值分配给那些无力负担的人，被他视为一种叛逆的民主和社会生态学。

这一理念在回收利用、修补和替代生产渠道中得到体现，同时也表现在对标准化和工业化的谴责中。作为支持这一工作路线的案例研究，帕帕奈克分析了一个新型通信设备项目。他与一名毕业班的学生乔治·西格斯（George Seegers）合作开展这个项目，西格斯负责电子方面的工作，并帮助制造了第一个原型。两人专门为没有电池或电流的国家创造了一个晶体管收音机［图Ⅱ.11］。这个设备是由一个废弃的锡罐制成的，罐中填充了蜡。加热时，蜡产生热量，然后通过热电偶转换成能量，为耳塞式扬声器供电。这台收音机是非定向的，其生产成本略低于9美分（1966年的货币）。后来，它被捐赠给联合国，在印度尼西亚的村庄中使用。

在帕帕奈克的书出版后的第二年，查尔斯·詹克斯（Charles Jencks）和内森·西尔弗（Nathan Silver）发表了《即兴主义：即兴创作的案例》（*Adhocism: The Case for Improvisation*）[38]，这是一份

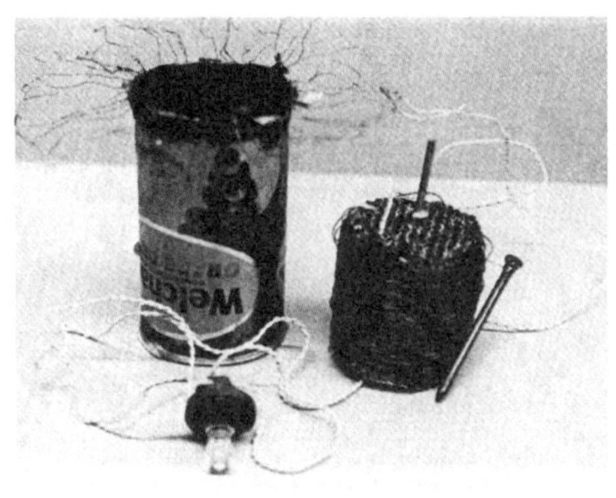

[图] 11
[II] 维克多·帕帕奈克和他的学生乔治·西格斯设计的“第三世界收音机”，载于帕帕奈克1971年出版的著作《为真实的世界设计》中。

将当地现有物品重新组合成奇思妙想的设计宣言。他们写道：“即兴意味着‘满足’这个特定的需求或目的；立即实现目的是即兴主义的理想。”[39] 詹克斯还谈到了“直接行动”以及不考虑物品来源和先前失去的身份，用不同的物品即兴创作组合。更具体地说，作者们将即兴主义与“修补匠”（bricoleur）的传统联系起来，与“工程师”相对立，他们表示：

> “拼凑与工程或科学的区别，与其说是种类或质量的不同，不如说是程度和意图的差异……这种区别主要体现在适当性和紧迫性上。科学家致力于使用最适合工作的工具和假设，而修补匠或即兴主义者则倾向于立即利用手头一切可用资源完成任务。在一般意义上两者都是目标导向的。事实上，如果要将即兴主义与其他理念和理论进行比较，核心差异在于其目的性。”[40] [图II.12]

在詹克斯和西尔弗创造“即兴主义”一词之前，彼得·库克（Peter Cook）在他的《实验建筑》（*Experimental Architecture*）一书中就已经定义了“机

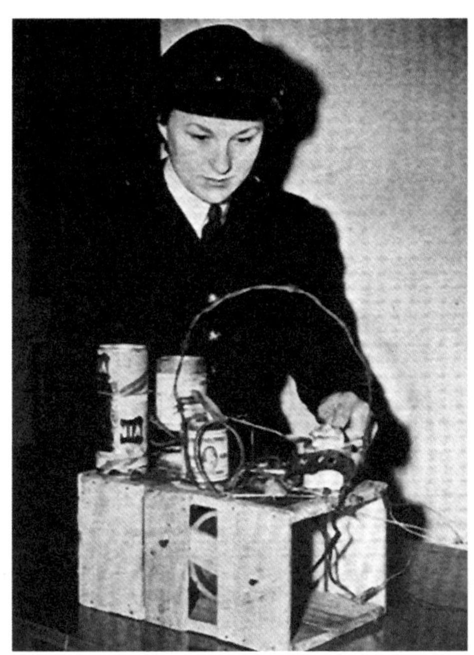

[图] 12
[II] 由“日常组件”（everyday components）制成的“荒岛应急无线电装置”，于1954年的英国无线电展览会上展出，载于查尔斯·詹克斯和内森·西尔弗1972年出版的《即兴主义：即兴创作的案例》一书中。

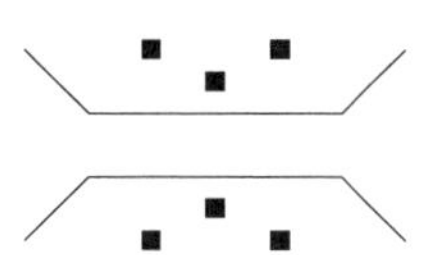

会主义”（opportunism）。他将其列为20世纪60年代设计正统的六个循环之一，这些循环能够“通过其当前逻辑、道德或实际效益的吸引力来吸引观众”。[41]除了重复利用消费品副产品外，即兴主义、机会主义以及帕帕奈克的再利用设计，还超越了对那些先前身份已被取代的过时材料进行单一的重新功能化。如果这样的话，回收利用就会沦为“降级循环”（downcycling），只是对不受欢迎的构造物进行修复，最终并不能解决任何问题。这些作者创造或倡导的一些神秘物品引发了美学上的思考，并将重复使用物品的形式和质地特性作为升级循环（upcycling）的策略。在许多情况下，废弃物品作为整体被保留下来，但当与周围的部件组合时，它们会产生新的语义和形式关系。

对这些实验性谱系的研究——“即兴主义”“机会主义”“垃圾建筑”（garbage architecture）和“反工业化”（anti-industrialization）——可能会为我们理解当前的生态设计实践提供新的视角。这些研究描绘了自20世纪60年代就已经开始的一个转变：从关注对象转向关注方法。具体来说，这种转变是指从关注诸如光伏电池、太阳能板、回收设备等具体物品，转向关注方法论以及对材料和全球资源再循环的过程性理解。

[*] 替代性阅读路径
[页] 192
[III] ii
[↘]

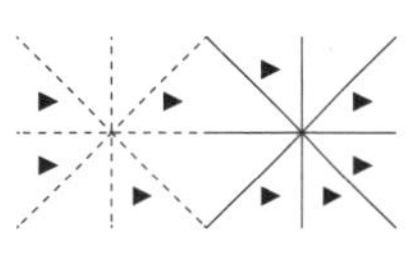

[▸] 星球主义者

或者

[*] 替代性阅读路径
[页] 222
[III] v
[↘]

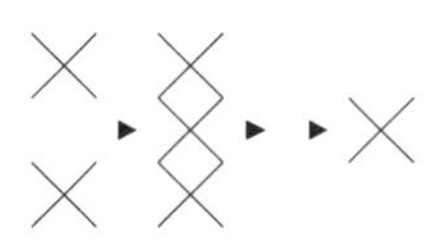

[▸] 土地叙述者

[▪] 垃圾建筑师

“垃圾房屋”（Garbage Housing）是 20 世纪 70 年代一场教育性、实验性的设计运动。它旨在通过将全球消费剩余的材料重新用作建筑材料，将自然界的运作方式转移到技术系统中。这场运动主要由英国“垃圾建筑”先驱马丁·波利（Martin Pawley）发起。他对自然法则和新陈代谢的转译更多是从物流和操作的角度出发，而非展示材料过程中形式化的生长模拟。波利将建筑视为全球资源的接口，他提出将消费副产品作为新的建筑材料重新纳入生产循环。通过关于“垃圾建筑”的各种著作[42]，波利将当时的两个困境——住房危机和过度废物流——合二为一，希望通过将一个危机转化为另一个来挽救两个危机。这种愿景是，就像自然系统会循环利用其废物一样，城市环境的副产品也可以被循环利用。这一想法初听起来似乎可信且值得追求，因为物质废弃物可能获得新的功能性生命。

波利是一位特立独行、极具煽动性和多产的建筑评论家。他在各种著作中经常自相矛盾，而据他的同事透露，他与许多同时代人（包括彼得·库克）都保持着一种“爱恨交织”的关系。[43] 建筑电讯（Archigram）小组认为，波利固执地抵制自己的设计才能，转而追求一种难以捉摸的社会使命，即通过“非原创理念”有意识地重构建筑业。[44] 另一方面，波利严厉批评了“将技术毫不费力地转化为建筑”的做法[45]，尤其是建筑电讯小组和雷纳·班纳姆对技术进步的盲目热情和热忱，他们将其视为通向新社会秩序的垫脚石。波利一贯以公开对抗和挑衅的方式讽刺建筑电讯小组和班纳姆，并提出了一个名为“时间之屋”（The Time House）的想象中的“反住宅”（antihouse）（参见他在建筑联盟学院的论文），以此对抗班纳姆颇具影响力的文章《家不是房子》。[46]

波利谴责了形式实验的诱人效果和建筑行业自我形象的构建[47]，并将它们与社会议程中的问题并列。对波利来说，材料实验和跨学科视角的影响力首先应该与建筑现实接轨，并对建筑业产生有价值的投入。[48] 为此，“垃圾房屋”被构想为对一个巨大而紧迫的社会问题——固体废弃物危机——的坚决对抗，这个问题当时在美国和英国都需要在国家层面上同时解决。事实上，“垃圾房屋”的起源可以追溯到将整个地球视为一个没有物质损失的封闭系统的联邦议程。早在1966年，美国国家科学院就宣布：“随着地球变得越来越拥挤，不再有‘远方’一说。一个人的垃圾桶就是另一个人的生活空间。”[49]

美国国家科学院的这些要求在媒体广泛发布类似警告后不久，就被直接转化为建筑术语。在新十年的开端，“垃圾建筑师”们受到一个常识性公理的激励，即“一个人的污染物可能是另一个人的住房”[50]，以及消除所有固体废物的勇敢愿望。作为一种问题解决工具和道德指导，“垃圾房屋”的概念首次出现在1971年12月由波利主编的《建筑设计》特刊中，随后在1973年12月又有一期续刊，这都早于波利1975年出版的同名著作［图Ⅱ.13］。

在《建筑设计》杂志的智利裔编辑莫妮卡·皮金（Monica Pidgeon）的协助下，波利与智利圣地亚哥市政府合作，探讨了收集可用废弃物品并将其转化为住房元素的前景，以此来缓解圣地亚哥大都市区爆炸性的城市化和住房问题。在进行实地研究后，波利于1973年春季作为访问教授在康奈尔大学主持了一项研究计划，实验使用各种被遗忘的废弃材料，如罐子、瓶子和瓦楞纸板等工业副产品。[51] 在康奈尔建造的第二个原型是勒·柯布西耶设计的“周末别墅”（Maison de Weekend）的缩放模型，由大卫·蒙塔纳里（David Montanari）和沃伦·李（Warren Lee）设计；其特点是使用了大卫·罗斯（David Ross）设计的手工瓦楞夹层板墙，以及利用大量软饮料和啤酒罐作为拱券石的拱形屋顶部分。[52]［图Ⅱ.14和图Ⅱ.15］作为20世纪70年代在美国的访问教授，波利在伦斯勒理工学院和佛罗里达农工大学继续他的研究，深入探讨如何在包

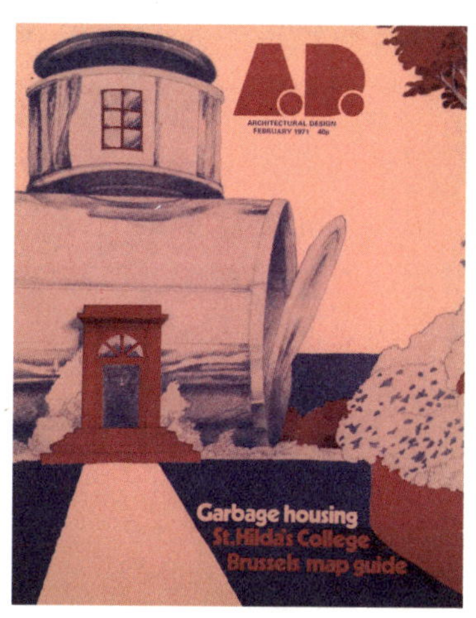

[图] 13
[II] 左图：马丁·波利的著作《垃圾房屋》的封面，由建筑出版社（Architectural Press）于1975年出版。右图：《建筑设计》杂志1973年12月期的封面，该期由马丁·波利担任客座编辑。

装容器行业和建筑行业之间建立联系，以实现他的"寄生住房政策"（parasitic housing policy）愿景。

曾为波利写过一篇动人的讣告的同事维托尔德·雷布钦斯基（Witold Rybczynski）[53]，当时在加拿大进行了硫磺实验。硫磺是采矿作业中的一种副产品[54]，雷布钦斯基试图将其塑造成新的混凝土建筑块和其他建筑元素。作为蒙特利尔麦吉尔大学"最低成本住房小组"（Minimum Cost Housing Group）的成员，雷布钦斯基是生态行动（Ecol Operation）的创始人之一。[55]与"垃圾房屋"类似，生态行动在一份大学生出版物的封面上以方程式的形式进行宣传："生态学＋建筑＋常识"[56]，其理念是将固体废物危机与住房危机结合起来，成为全球经济的生态疗法［图 II.16］。

然而，到20世纪70年代中期，这场运动的主要倡导者们已经开始流露出挫折感。在当时可用的技术条件下，要利用副产品生产出符合隔热等技术标准的优质住房是极其困难的。除此之外，垃圾建筑师们为解决日益严重的住房问题而作出的真诚尝试，还面临着建筑业的巨大阻碍。建筑业当时运作在一个线性生产的封闭循环中，无法充当其他行业副产品的接收者。1973年，波利坦言：

将重新设计的包装作为低成本建筑材料投入这台机器(指建筑业),就如同进行逆向的炼金术;其结果将是昂贵、稀缺且无关紧要的……任何试图引入革命性新策略的尝试……不仅必须在当前建筑业结构之外发展,还必须在大众消费的主流之中发展。[57]

尽管波利努力制定可行的建筑策略,而不是像“逃离城市”那样提出激进的反文化宣言,但沃尔夫·格里舍(Wolf Gerischer)在《地段》(*Lots*)杂志中将“垃圾房屋”描述为“反工业化”的范例。格里舍强调,垃圾住房的价值在于其对抗无情消费主义的政治立场,而非实际建造效果。[58]

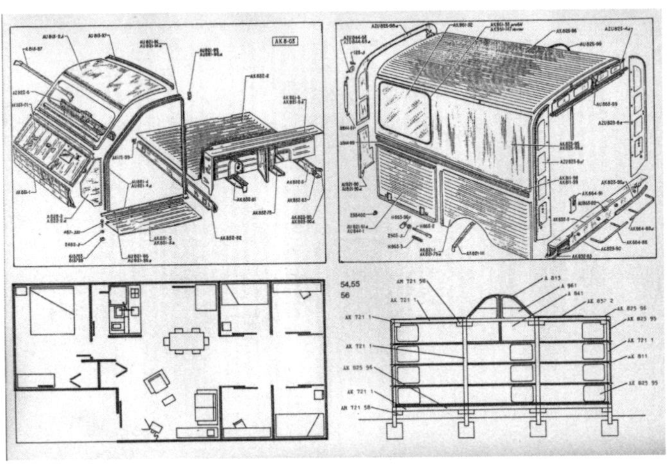

[图] 14

[Ⅱ] 1971年为马丁·波利在康奈尔大学设计工作室进行的“康奈尔项目”的图纸,发表于1973年12月的《建筑设计》杂志。1971年,随着智利外国信贷的崩溃,位于圣地亚哥的雪铁龙智利公司(Citroen Chilena SA)工厂不得不几乎停止生产。该工厂此前多年一直使用进口发动机和变速箱生产2CV、3CV和4CV车型。杰弗里·斯科内克(Jefrey Skorneck)利用制造商的数据,进行了一项设计研究,旨在将智利生产的雪铁龙2CV厢式货车车身部件改造成住房系统。据估计,这一系统每年可以生产5000个住房单元。

[↘]

[图] 15

[Ⅱ] 1971年为马丁·波利在康奈尔大学设计工作室进行的“康奈尔项目”的全尺寸模型照片，发表于1973年12月的《建筑设计》杂志。波利与建筑系的十二名学生一起，完成了两个实验性住房外壳，主要使用未经修改的废弃材料，其中以纸板包装为主。

尽管如此，垃圾建筑师们完全是出于他们的道德观和拯救世界的宏大责任感，甚至连他们自己也并不被自己的设计所吸引，他们对此也相当坦率。在描述第一届国际垃圾建筑师会议（当时波利正在那里任教的佛罗里达农工大学举办）时，福雷斯特·威尔逊（Forest Wilson）评论道：“显然，使垃圾和废料建筑具有吸引力的不是风格魅力或美学，而仅仅是其应用的常识。”[59] 实际上，垃圾建筑是在建议用废弃材料制成的新外壳来

[图] 16

[Ⅱ] “生态行动”是一个使用再利用材料并采用低成本建筑技术制造的自给自足房屋。它与蒙特利尔麦吉尔大学的“最低成本住房小组”有关，并于1973年12月在《建筑设计》杂志上发表。

“重新包装”现有的建筑。尽管这些物品有潜在的创新用途，但在大多数情况下，它们只是被用作既定形式和理念的填充物。简而言之，彼得·库克将“垃圾建筑”判断为实验性“机会主义”流派的一部分，并认为它在意图上是值得称赞的事业，尽管在“形式上并不具有实验性”。[60]

垃圾建筑师最初非常理性的事业常常被人口统计数据、数字分析和繁忙的固体废物分类所淹没，这些都旨在将所有垃圾重新导向工业用途。简而言之，“垃圾房屋”过于狂热地专注于赋予废物功能性的因果关系，以至于其他方面，如对现成材料本质的探索，在很大程度上被忽视了。垃圾建筑师们不遗余力地完成材料循环的反馈回路，却没有提供新的居住可能性。这最终成为一种无法推向市场的住房策略，并导致建筑业坚决拒绝将罐子和各种其他物品重新吸收到其体系中。

[Ⅱ]　iii

[↘]

[■]　**垃圾建筑师**

[∗]　替代性阅读路径

[页]　182

[Ⅲ]　i

[↘]

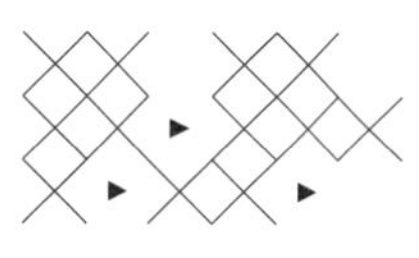

[▸]

次自然主义者

或者

[∗]　替代性阅读路径

[页]　192

[Ⅲ]　ii

[↘]

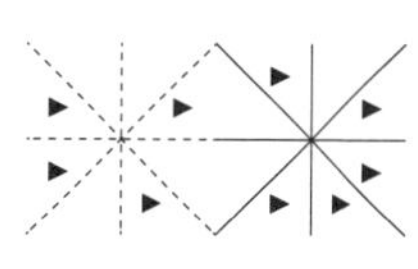

[▸]

星球主义者

[↘]

[▪] 自治主义者

在建筑设计中，“自主性”一词的使用有着曲折的历史。它最常与彼得·艾森曼（Peter Eisenman）联系在一起，艾森曼是20世纪60年代建筑与城市研究所（Institute for Architecture and Urban Studies）的创始人，也是该研究所期刊《对立》（*Oppositions*）的编辑。正如迈克尔·海斯（Michael Hays）所言，艾森曼的后人文主义范式是以米歇尔·福柯和克劳德·列维-斯特劳斯（Claude Levi-Strauss）的反人文主义理论为基础的。[61] 这种思想遗产帮助他设想了一种自主性：“创作可以抵制文化的权威，能够对抗普遍适用的社会习俗或常规，能够超越对过去怀旧的情感或记忆而具有独特性，同时还能有非常明确的意图。”[62]。

20世纪70年代，“自主性”作为一种强化学科领域边界的概念工具受到了质疑，同时它也被用来普及一种生态和自由主义的生活和行为方式，并预示着从城市供应网格中的“自主”。马丁·斯普林（Martin Spring）和海格·贝克（Haig Beck）主编的《建筑设计》杂志1976年1月刊以“自主住宅”为主题，称“自主”不仅让人联想到草根心态和田园图景[63]，还意味着个人从城市结构中分离出来，并最终从社会领域中分离出来［图II.17］。在石油危机和十年的环境辩论之后，“自给自足”“自力更生”“生命支持”“生活自主”等术语成为一种广泛流传的替代技术词汇，持续吸引着英国的先锋派。根据生物学定义，自主性是指一个系统

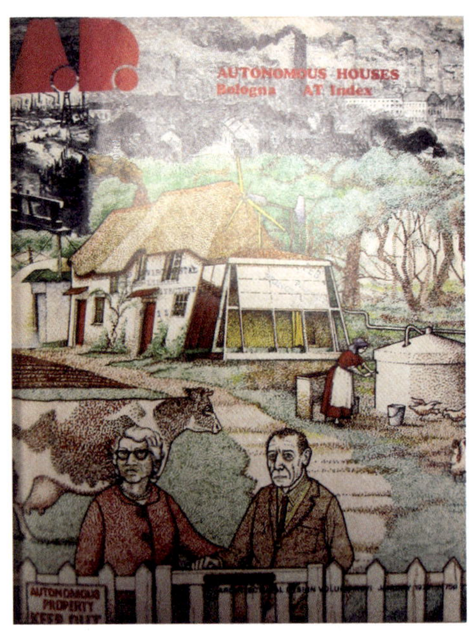

[图] 17
[II] 《建筑设计》关于“自主住宅”的封面（1976年1月）。封面由英国地下插图画家克利福德·哈珀（Clifford Harper）用墨水绘制，他曾为《暗流》（*Undercurrents*）杂志和《激进技术》（*Radical Technology*）供稿。

的有机独立性和自我管理能力。将这一理念移植到建筑领域，它提出了将房屋作为一个封闭系统的理念，并独立于其周围的城市环境。自给自足、自主的房屋是一种重建的伊甸园，也是一种实时的居住实验，在其中，建筑学、系统理论和人类生物学可以融合在一起，并希望通过这种方式进行彻底的社会改革。自主性不仅是一种生态理念，也是一种政治宣言，它宣布通过参与和依赖自然力量的不稳定性，从中央权威转向自我赋权。

在整个20世纪70年代，这些立场代表了建筑文化中两条完全不同但又平行的自主路线。一方面，反文化的环保运动将自主性等同于有机的自我满足，预示着个人从权威的国家机制中解放出来。另一方面，建筑与城市研究所认为，将人排除在建筑思想和生产之外，预示着学科本身的解放。因此，自主性被认为是一种操作上的封闭或与背景的脱离，无论这种脱离是被定义为个人从权威的国家机制中解放出来，还是被定义为学科从文化、政治和历史问题中解放出来。

早期代表生态自主性的建筑之一是位于伦敦南部埃尔瑟姆（Eltham）的生态屋，由布鲁斯·哈格特（Bruce Haggart）和彼得·克伦普（Peter Crump）创立的无政府主义团体“街头农夫”的成员格雷厄姆·凯恩（Graham Caine）于1972年建造，作为实验室和生活实验［图II.18］。生态屋是一个功能齐全的综合系统，它将人类排泄物转化为甲烷，用于烹饪和水培温室，种植萝卜、番茄甚至香蕉。26岁的凯恩是伦敦建筑联盟的四年级学生，他在从泰姆斯理工学院借来的土地上设计并建造了生态屋，并获得了伍尔维奇区测量员颁发的为期两年的临时许可，承诺建造一个“可居住的房屋实验室”，利用家用电子燃料种植蔬菜，并用再加工的有机废物为土地施肥。凯恩与家人在这座房子里生活了两年后，于 1975 年被要求拆除。当时，生态屋已受到英国媒体、建筑杂志和电视的广泛关注。事实上，1973 年 6 月英国新闻广播 电视节目播出的“混凝土丛林的清理”节目就是以它为主题的，《广播时报》也以它为主题进行宣传：“春天来了，街头植树的时机已经成熟”。英国媒体的其他头条还包括《花园新闻》的标题是“生长的房子”和“一种新的生活方式”，《观察家》的标题是“生活在伦敦南部的太阳下”，《Oz》杂志的标题是 “革命性的结构”。[64]

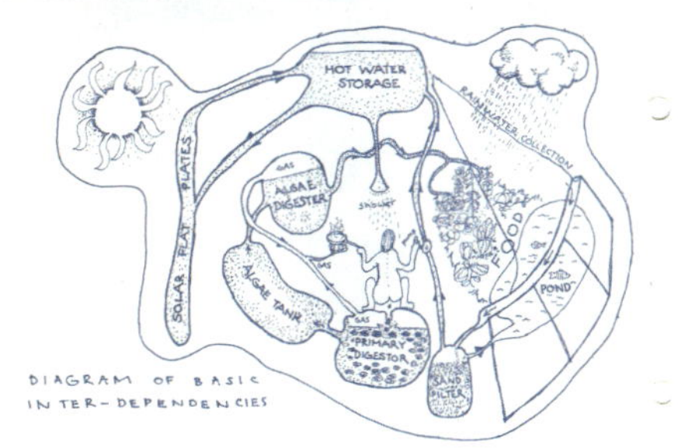

[图] 18

[II] 格雷厄姆·凯恩为“生态屋”绘制的示意图，展示了家庭相互依存关系的循环。发表于斯特凡·斯泽尔昆的《生存剪贴簿》第5卷（能源），1975年。

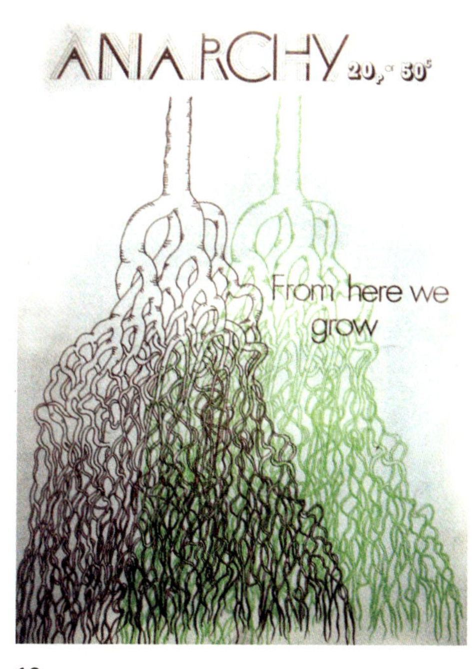

[图] 19

[II] 《无政府状态》杂志1972年第8期封面，“我们从这里生长”。由科林·沃德编，伦敦自由出版社出版。

作为这些理念的视觉标志，生态屋在其外墙悬挂了一个大横幅，上面手写着“我们从这里生长”［图 II.19］。这句话的灵感来自默里·布克钦（Murray Bookchin）1971 年出版的《后稀缺无政府主义》（*Post-Scarcity Anarchism*）一书，以及他将解放技术作为赋予“人民权力”[65] 的一种手段的想法。布克钦将“后稀缺无政府主义”设想为一种基于社会生态学、自由意志主义城镇自治主义和丰富的基本资源的经济体系。他的论文提出了一种激进的无政府主义，甚至比诺姆·乔姆斯基（Noam Chomsky）的论文更为激进。虽然两位作者都认为资产阶级对技术的控制不一定是解放性的，但布克钦并没有回避用新的、创新的和激进的自我技术来对抗这种控制。正如他敏锐地观察到的：

> 越来越多的人将技术视为恶魔，认为它充满了邪恶的自主性，如果它未能消灭人类，就很可能会使人类机械化。这种观点所产生的深深的悲观情绪往往与前几十年盛行的乐观主义一样简单。一个非常现实的危险是，我们将失去对技术的全面视角和认识，忽视其解放的潜力，更有甚者，宿命般地接受技术被用于破坏性目的。[66]

布克钦热衷于将生态学与环境主义并列，他认为任何生态设计主张的发展不仅要关注人类与自然世界的关系，还要关注人类相互之间的关系。生态观可以改变人的世界观。[67] 1971 年，布克钦在伦敦杂志《无政府状态》（*Anarchy*）的封面上提出了通过自我赋权来启动社会转型的愿景。这幅插图以新根的生长为主题，与“生态屋”一样，暗示通过对技术的智能使用，人们能够在城市中创造或“生长”出自己的生活环境和居所，脱离国家能源分配的集中网络。这样，个体可以从自我出发，向外扩展到市政结构中，实现指数级的成长。

新根的发掘和生长暗指政治权力下放，房屋成为城市制度化政治舞台上的一个“孤岛”。这种从文字和概念上脱离城市主要供应网络的做法，标志着对现有城市环境和体制的集体拒绝或抵制，因为城市被描绘成一种灾难性的环境，限制了个人的想象力和自由。与当时其他一些反文化团体一样，“街头农夫”认为，大自然丰富的资源提供了一个网络，建筑环境可以依附于这个网络，从而替代当前能源分配网络的人造脉络。“我们从这里生长”这句话是对重构政治现实的一种视觉类比。如果自给自足，房屋将成为一座岛屿，从城市环境中连根拔起，成为自己的星球。我们可以认为，这种脱离是生态和政治的需要，是对房屋与城市环境关系的根本性重新定位。通过这种方式，生态屋提出了与自然元素建立新的相互关系网络的方式，这个网络就像一个寄生网，会覆盖现有的供应网络，并对传统的城市供应网络和体制提出挑战。

20 世纪 70 年代，其他一些团体也支持生态和生存自主的政治立场。在加利福尼亚州的伯克利，法拉伦斯研究所（Farallones Institute）也开展了类似的活动。作为加利福尼亚州建筑师和该研究所的创始人，西姆·范德赖恩倡导节能设计，在他的号召下，一个由农民、建筑商、建筑师、工程师和生物学家组成的多元化团体购买并改造了一栋典型的加利福尼亚房屋，将其变成一个实验性的自给自足生活实验室。他们的主要目标是创建一个类似于健康自然系统的家庭组织，将其设想为“身体与环境之间的界面”，就像一个生理缓冲区。[68] 这座建筑被称为“整体城市住宅”，在同一屋檐下容纳了多个动植物物种和人类，由机器对它们之间微妙的相互依存关系进行调解和调节。范德赖恩与比尔和海尔加·奥尔科夫斯基合作，于 1974 年启动了这个项目。他们是旧金山湾区的生态学家和教育家，1969 年在伯克利帮助建立了美国第一个生态中心，并组织了西海岸第一个社区回收中心。他们的主要目标之一是展示面积和土质有限的城市地块如何实现粮食高产，并为居民提供所需的全部食物［图 II.20］。

在“整体城市住宅”中，废物不再被视为被丢弃的外部产物，而是维持其能源和物质自治过程的指标。我们的目标不是从整体上改变系统，而是改变某些参数之间的关系，重新定位废弃物，使其成为一种生产副产品，为每个资源循环提供不同的途径或更多的可能性。要做到这一点，最根本的是要在能源和资源系统及其子系统之间建立多个通道和路径。整体城市住宅中的每个主要功能系统都使用了其创始人所称的“多种途径”中的一种来实现物质和能量的流动。人类粪便在厕所中分解，用作栽培观赏植物的土壤改良剂；尿液稀释后用作富含氮的肥料；厨房残渣喂鸡，从而转化为可食用的蛋白质和鸡蛋，以及在花园中循环使用的鸡粪。[69] 每个组成部分还需要发挥多个相关的功能。

总之，在石油危机之后的几年里，美国、加拿大和英国的替代技术运动蓬勃发展。1976 年，《建筑设计》杂志专门出版了一期“自主住宅”专刊，《卡萨贝拉》（*Casabella*）杂志也发表了题为“自力更生的另一面”（L’Altra Faccia Dell’Autogestione）的社论。《建筑设计》介绍了大量的自主住宅项目，包括约翰·肖尔（John Shore）的“孤独穹顶”、罗伯特（Robert）和布伦达·维尔（Brenda Vale）在剑桥的“自主住宅”、明尼苏达大学学生建造的“奥罗博罗斯屋”、西蒙·朗格兰（Simon Longland）在爱丁堡大学设计的“自主住宅”、亚历山大·派克（Alexander Pike）在剑桥大学设计的“自主住宅”、雅普特·霍夫特（Jaap’t Hooft）在荷兰设计的“自主穹顶”［图 II.21］、罗伯特·赖因（Robert Reine）

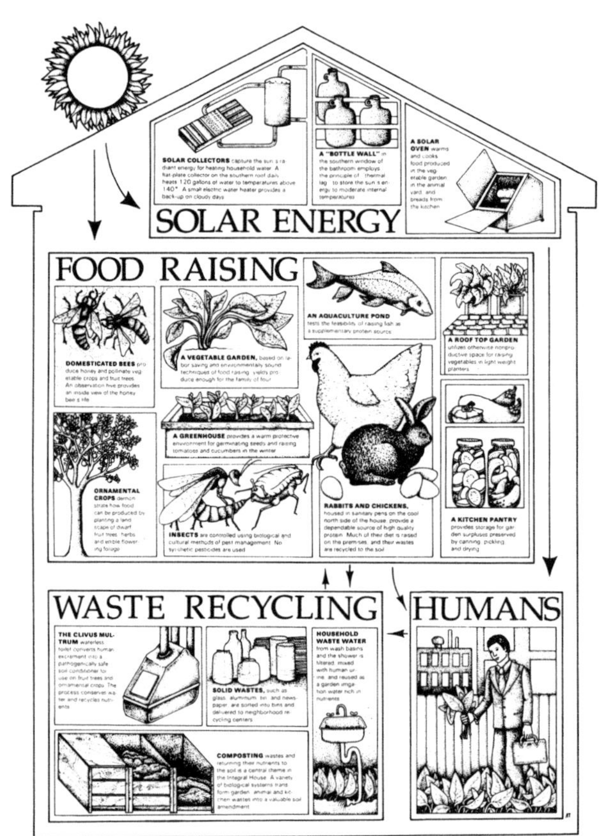

[图] 20

[Ⅱ] 整体城市住宅的栖息地和生命支持系统，载于法拉伦斯研究所1979年出版的《整体城市住宅》（*The Integral Urban House*）。

在新墨西哥州设计的“集成生活系统”以及麦吉尔大学最低成本住房小组建造的“生态”项目。

20 世纪 70 年代初期至中期，美国各地成立了多家致力于替代能源生产的自给自足研究所，由此可见，“城市退隐”是一场声势浩大的运动。在马萨诸塞州科德角，约翰·托德（John Todd）和南希·托德（Nancy Todd）的“新炼金术研究所”、华盛顿特区的地方自力更生研究所、马里兰州的自给自足基金会以及其他许多组织的启发下，人们开始尝试粮食生产和自制的后院再处理系统，试图设计出人、动物、植物、土地产品和废物回收的连续循环。其前提是切断与外界的联系，促进能源供应网的“自主”，以此作为反对消费主义和资本主义的宣言。

我们可以把保罗·索莱里（Paolo Soleri）与众不同的“建筑生态学”项目与其他项目区分，他的目标是建立和维护大型的自给自足社区。在1969年出版的《建筑生态学：人类映像中的都市》（*Arcology: City in the Image of Man*）[70]一书中，这位意大利建筑师提出了一个融合建筑学和生态学的方案，通过建造紧凑、密集、可步行的社区来减少人类居住对生态的影响。这些社区 / 城市将依靠当地的食物和能源，实现节能和高度自治。1970年，索莱里和他的妻子开始在亚利桑那州中部建造“阿科桑蒂”社区，作为对他们理念的验证和城市设计实验室，用于测试和修订实施建筑生态学原则的方法。建设一直持续至今，吸引了来自建筑、生态、艺术、农业和城市规划等不同学科的人们参与工作坊，他们热衷于学习建筑生态学并参与类似设施的建设。目前，“阿科桑蒂”的居民主要是艺术家、学生和志愿者，他们为社区的生计和践行索莱里斯的建筑生态学使命作出了贡献。

重要的是，与其他以自给自足和能源自主为目标的项目不同，“阿科桑蒂”在亚利桑那州的沙漠中建造了一个大型混凝土桶状拱顶，作为一个聚集空间，显示出强烈的创造一个世界的审美倾向。

［图］ 21
［Ⅱ］ 雅普特·霍夫特于1972年在荷兰博克斯特尔（Boxtel）绘制的自主穹顶剖面图。

在“生态或整体城市住宅”以及上述其他项目中，建筑学几乎是次要的，甚至是偶然的，而真正的项目目标是设计生物技术系统并利用生物能源。相比之下，“阿科桑蒂”在视觉和功能上都是一个宇宙论项目，具有强烈的神性和英雄主义内涵，正如雷纳·班纳姆所指出的那样，充满了“现代主义的古风”。[71]［图Ⅱ.22］可以说，“阿科桑蒂”反映了一种应对环境危机的保守或象征性的方法，在这种方法中，建筑作为一种赎罪的形式[72]存在于无情的沙漠广阔空间中。

当自主性被探索为一个技术乌托邦项目——“阿科桑蒂”在一个巨大的圆顶下庇护了一个新形成的世界——本章概述的其他实验性自给自足的房屋通过调节生物动力的方式接近自主性，在生命本身的层面运作。[73]科德角方舟（Te Ark of Cape Cod）由新炼金术士于1976年在马萨诸塞州法尔茅斯创建，试图在一个封闭的宜居室内维持和调整脆弱的生态系统平衡，作为在自然资源枯竭的环境中生存的原型。这个方案是一项全年控制农业、水产养殖和被动太阳能供暖的实验，方舟项目促进了物种、动物和微生物之间的生产性关联，其中生物生命过程在持续的设计过程中被重新定向和修改。

新炼金术士将设计理解为一种融合有机元素和无机元素边界的方式，校准并构建了一个复合的生活世界，例如，细菌等微生物将以表达这些边界的材料为食。这种建筑的概念模型在该团体使用的术语中体现得非常明显：“生命机器”（living machines），与勒·柯布西耶的“居住机器”（machines for living）相对，宣称方舟是一个具有可测量的物质输入和输出的表演性环境。正如南希·托德所解释的，该团体的意图是勾画出一种“生命形态”（living form）——一种能够同时生成“空间形式”（spatial form）和“形态秩序”（morphic order）的形态。她写道：“为了对抗熵”，“能量可以被驾驭，支持生命”，换句话说，重新设计生命。[74]从表面上看，方舟既代表了整个地球，也代表了生态系统中地球的微缩再现。方舟和其他自主住宅作为生物多样性的生物庇护所，同时在呼吁重新建造一个新世界，而不仅仅是借助技术工具解决物质循环的小问题。

[II] iv [↘]

[■] 自治主义者

[图] 22

[II] 保罗·索莱里绘制的“阿科桑蒂”，载于《建筑生态学：人类映像中的都市》（1969年），图片来源：科桑蒂基金会（Cosanti Foundation）。

[*] 替代性阅读路径
[页] 182

[III] i [↘]

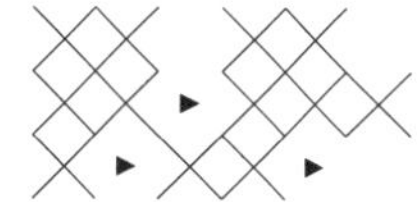

[▸] 次自然主义者

或者

[*] 替代性阅读路径
[页] 202

[III] iii [↘]

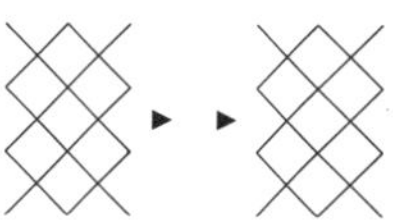

[▸] 非人类

40
35
30
Enthalpy (BTU's per pound of dry air)
Saturation Line
100%
80%
60%
40%
20%
comfort zone
Hot and Humid
20% evaporation
Cold and Humid
35% convection
45% radiation
comfort zone
Hot and Dry
comfort zone
Cold and Dry
PHYSICAL
AND
PSYCHOLOGICAL
REACTIONS
HUMAN
LUMINOUS
PHYSICAL
SONIC
SPATICAL
ELEMENTS
ANIMATED
CLIMATIC
ENVIRONMENTAL

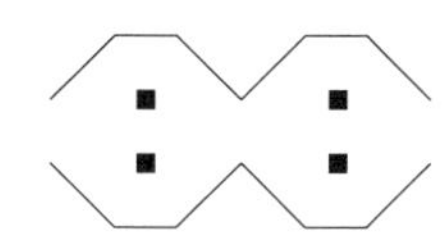

[▪] 气候学家

建造一个经过校准、监控且能控制天气的室内空间，为居住者提供舒适的居住环境，可以说是20世纪建筑技术的重要进展之一。它标志着建筑作为环境设计的兴起，这一理念是在第二次世界大战后“为了回应人们对科学知识和专业技能的非政治力量的普遍信念”[75]而出现的。提供舒适度，或者说减轻困苦、逆境和环境压力，为设计机构提供了使命感。维克多·奥尔吉艾（Victor Olgyay）和阿拉达·奥尔吉艾（Aladar Olgyay）在预言生物气候建筑时指出［图II.23］，“建筑师的问题在于创造一个环境，这个环境不会对人体的热量调节机制造成过度压力”。[76]然而，与此同时，这一使命构建了一个受条件限制的人类主体和普遍的幸福概念，同时使气候性能成为衡量建筑效率的终极工具。通过监测建筑性能来实现舒适度的承诺，预示着一种新的现代主义伦理，其中人文主义价值可以被量化。

20世纪50年代，维克多·奥尔吉艾将“生物气候”或被动式太阳能设计作为建筑设计的一个专业领域。在1963年与他的兄弟阿拉达·奥尔吉艾出版的《气候适应性设计：建筑地域主义的生物气候学方法》（*Design with Climate: Bioclimatic Approach to Architectural Regionalis*）一书中，奥尔吉艾将生物气候建筑定义为通过应用各种建筑技术，确保建筑内外都有良好小气候的建筑。根据气候数据图表和人类舒适区，奥尔

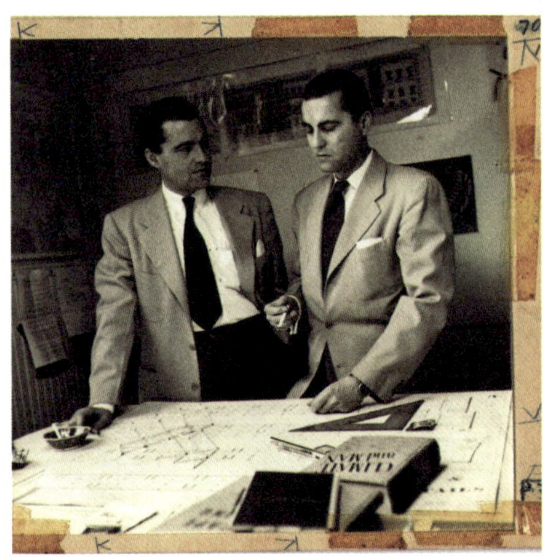

[图] 23
[Ⅱ] 1951年，维克多·奥尔吉艾和阿拉达·奥尔吉艾兄弟。来自维克多·奥尔吉艾的档案。

吉艾兄弟提出了在不同地区创造舒适空间的设计方法，同时主张建筑在不经意间与生物学、气候学和技术交织在一起［图 II.24］。他们的其他著作和项目介绍了太阳能建筑和被动式建筑，将其作为创造适应气候和对人类友好的空间的设计策略。正如建筑历史学家丹尼尔·巴伯（Daniel Barber）所指出的，“在战后不久，机械供暖、通风和空调系统还未普及之前，奥尔吉艾兄弟是研究如何利用建筑手段使建筑置于其气候中的杰出研究者”。[77]

奥尔吉艾兄弟的作品侧重于幸福感的衡量标准，以及将建筑作为保护封闭的人类免受外部世界无常变化影响的合适媒介的看法。作为匈牙利裔现代主义者，他们认同包豪斯的工业艺术家传统[78]，在那个倾向于对文化进行技术科学管理的时代，工业艺术家传统将人文主义价值与技术知识结合在一起。尽管在20世纪50年代，奥尔吉艾兄弟致力于根据环境条件协调建筑的构造语言，并在各种应用中开发了广泛的遮阳装置工具包，但他们最持久的遗产是舒适区概念，其中建筑被视为构建宜人氛围的工具。在维克多·奥尔吉艾的“人是建筑的中心尺度”图中［图 II.25］，人体被维特鲁维人的线条环绕，维特鲁维人匀称的男性形象影响了统一与和谐的概念。虽然奥尔吉艾的圆圈象征着身体的生物物理环境，而不是维特鲁威的几何权威，但它也将气候定位为现代主义抽象空间的实质性新参数。

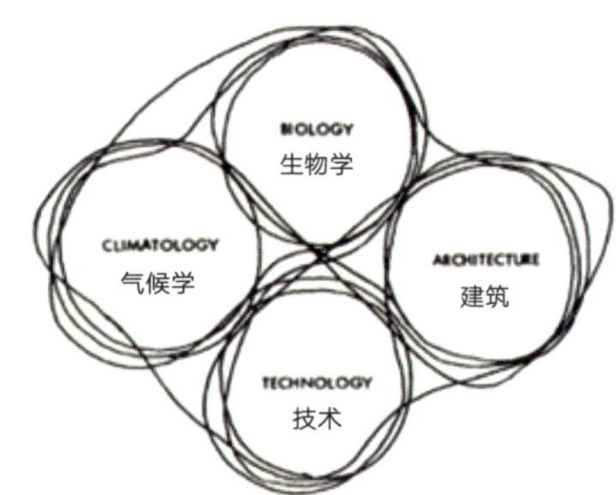

[图] 24
[Ⅱ] 环环相扣的气候平衡场。维克多·奥尔吉艾在其著作《气候适应性设计》（1963年）中绘制的示意图。

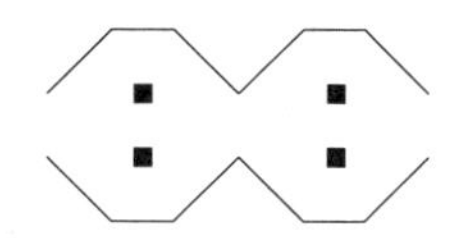

在仔细阅读《气候适应性设计》一书时，需要注意的是奥尔吉艾将舒适区定义为由空气温度、辐射、湿度和空气流动组成的气候系统，它能使人类将能量用于生产。[79] 舒适的气候将人类从日常身体机能的需求中解放出来，从而使他们能够发挥最大潜能进行生产，这一推理符合第二次世界大战后基于生理需求的人文主义观念。并不是只有奥尔吉艾将舒适区视为提高生产力的首要环境。耶鲁大学教授埃尔斯沃思·亨廷顿（Ellsworth Huntington）也支持他的观点，他是一位地理学家和气候决定论者，认为文明和进步的总体分布在很大程度上取决于气候。[80] 20 世纪早些时候，亨廷顿认为，种族和种族意识是气候条件和大规模迁徙的结果，而大规模迁徙导致人类分布在不同的生物群落中。美国建筑师和保护主义者詹姆斯·马斯顿·菲奇（James Marston Fitch）在 1948 年出版的《美国建筑：塑造它的力量》（*American Building: The Forces that Shape It*）[81] 一书中也采取了类似的立场。菲奇认为，现代建筑应使人类能够自由地将精力投入社会生产中，并将建筑描述为人体与自然环境之间的调节装置或"第三环境"［图 II.26］。1949 年至 1953 年，菲奇参与了美国建筑师协会（AIA）发起的"理想居所气候适应性调节研究项目"，与气候学家和地理学家保罗·西普尔（Paul

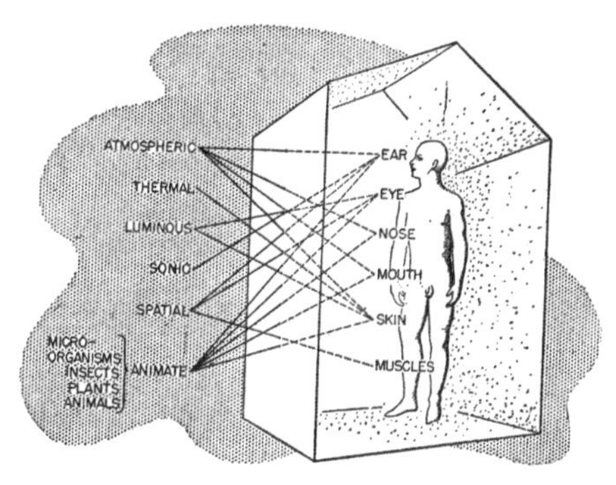

[图] 26
[Ⅱ] 詹姆斯·马斯顿·菲奇绘制的"第三环境"，载于其1948年出版的《美国建筑：塑造它的力量》。

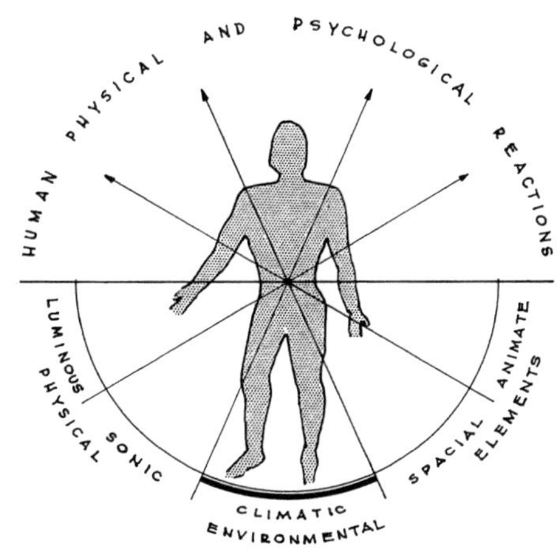

[图] 25
[Ⅱ] 维克多·奥尔吉艾在《气候适应性设计》（1963年）一书中绘制的"人是建筑的中心尺度"示意图。根据奥尔吉艾的观点，物理环境中的环境成分，如光线、声音、气候和空间，直接作用于人体，人体可以吸收它们，也可以试图抵消它们的影响。图表说明，人类会努力争取以最小的能量消耗来适应环境，从而将大部分能量用于提高生产力。这种状态被定义为"舒适区"。

Siple）合作，编制了包含数据、图表和设计信息的气候学报告，并要求建筑师加以应用。1948 年 11 月出版的《建筑论坛》（*Architectral Forum*）重新刊登了菲奇书中的部分内容，1966 年，该书再版并修订为两卷本第二版。[82] 与奥尔吉艾的“舒适区”一样，菲奇的目标也是创造能够有选择地过滤自然环境负荷的现代建筑，让人类将全部能量用于社会生产中。尽管这些想法的初衷是好的，旨在为居住者提供健康益处，但它们助长了一种市场中心主义文化的发展，即通过气候控制对身体进行管理和监控，从而为一个不断运作的市场服务。乔纳森·克拉里（Jonathan Crary）在最近出版的《24/7》一书中指出，我们现在能够在任何时间、任何地点工作，这在很大程度上归功于气候可控的室内环境，它消除了生活、劳动和休闲之间的所有障碍，体现了持续运转型资本主义的非人性条件，以及随之而来的对持续生产力和专注度的要求。[83]

除了对这一最终结果作出贡献之外，菲奇还对雷纳·班纳姆的里程碑式著作《环境调控建筑学》（1969 年）撰写了非常积极的评论，称其为“极具重要意义的研究”。[84] 他的赞美相当意外，因为众所周知，他对科技在调节建筑微气候中的作用以及通过加热、冷却、通风、人工照明、声学和电子通讯等手段“操控自然环境的设备的普遍存在”持批判态度。[85] 菲奇本人一直关注地方建筑传统以及建筑与自然栖息地之间的共生关系，他认为设备的夸张应用导致建筑师、工程师和规划者在设计时忽视了周围环境这一因素。然而，与此同时，班纳姆预测了“机械”在建筑系统中不可或缺的关键作用，他经常被认为是“冰箱的技术爱好者理论家”。[86]

20 世纪 60 年代初，随着空调、加湿器和其他调节室内气候设备的技术进步，传统的建筑形式与现代机械设备之间的冲突和对立成为建筑设计中规范和调节室内气候的核心问题。班纳姆著名的“环境气泡”拼贴画（最初发表于 1965 年的《美国艺术》）在很多方面都与生物气候设计背道而驰［图 II.27］。[87] 他的构想包括一个密闭的室内空间，其空气由塔式空调和机械加热装置控制，而同一时期的被动式房屋，如科斯坦蒂诺斯·德卡瓦拉斯（Kostantinos Dekavallas）在希腊埃伊纳岛（Aegina）设计的房屋，则完全对外开放，通过管理对流气流向上产生自然风［图 II.28］。前者是一个封闭的自组织系统，能够重新创造自己的内部环境，而后者则是一个开放的系统，能够与外部环境的扰动同步。德卡瓦拉斯的意图是利用生态设计原则，包

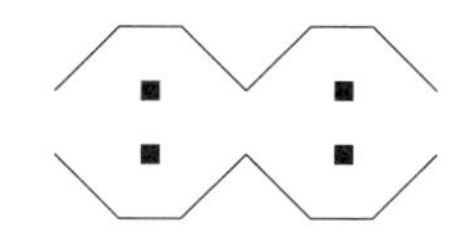

括自然冷却、供暖、照明和通风，作为其作品的生成参数，而班纳姆关注的主要是卫生问题，即如何通过调节室内气候，将有害的大气污染物阻隔在室外。班纳姆认为，“大气层”一词必须像收音机的声音一样从字面上理解：计算出来，并从数字上理解为数据或环境背景信息。[88]

班纳姆对室内空气质量调节的积极倡导源于他对19世纪建筑系统演变的深入探索，这一演变是由医疗从业者推动的。医生们直接将他们的医学知识应用于空气流动的环境管理。在这种背景下，调节后的室内环境是对不受控气流病理学的一种补救措施。班纳姆在1904年提到康拉德·迈尔时写道，早期空调的合理性被用来抵御过量的水蒸气、呼吸器官产生的病态气味、不洁的牙齿、汗液、不整洁的衣物、各种条件导致的微生物、布满灰尘的地毯和窗帘产生的闷热空气，以及其他导致不适和疾病的因素。[89]

班纳姆将调节室内空间条件的技术

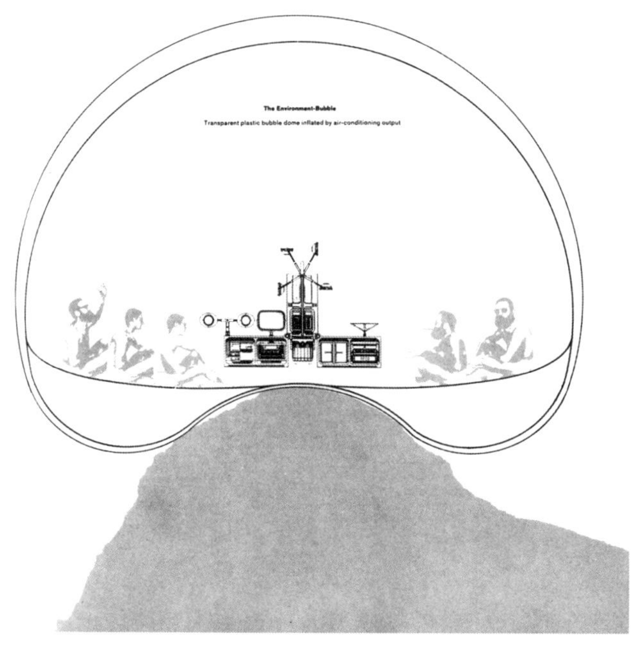

[图] 27

[Ⅱ] 雷纳·班纳姆的“环境气泡”，弗朗索瓦·达勒格雷为班纳姆的文章“家不是房子”绘制该插图，载于1965年的《美国艺术》。

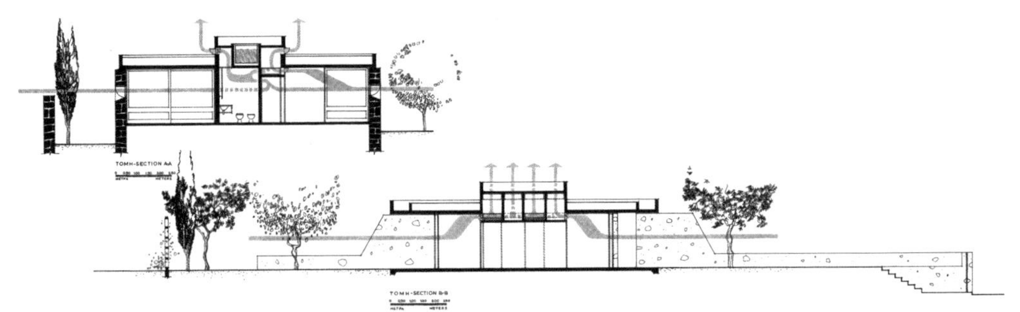

[图] 28

[Ⅱ] 科斯坦蒂诺斯·德卡瓦拉斯设计的位于希腊埃伊纳的度假住宅剖面图，建于1970年至1972年，展示了一个被动式通风塔。

发展与在反馈回路中对系统进行机械控制的愿望联系起来，有效地将生物学与建筑学结合起来。他认为，需要综合考虑人类需求、科技进步以及环境问题作为现代建筑的固有组成部分的重要性。他在机械设备使用方面的大量研究成果最终在《环境调控建筑学》一书中得以体现。除了研究大气和气候控制外，班纳姆还对整个20世纪建筑体量的演变方式感兴趣，以适应供暖、制冷、通风、照明和声学控制机器。这些技术一直顽固地停留在建筑设计领域之外，被建筑外壳有效地隐藏，而班纳姆则将机械设备的使用视为一种有争议的设计主张，可以系统地、有组织地改变建筑。他在建筑设计中对机器的富有表现力的整合可以说影响了理查德·罗杰斯（Richard Rogers）和伦佐·皮亚诺（Renzo Piano）1977年设计的蓬皮杜艺术中心（Centre Georges Pompidou），其机械系统完全暴露在外并用颜色编码，成为巴黎的城市提案。

尽管如此，班纳姆的批判性贡献——他的“气泡”，即他对调节良好环境的宣言——却是封闭的。与19世纪医疗从业者强烈推荐的通风建筑（如他书中所述）不同，这个气泡并不允许进出空气的交换。班纳姆对气泡的特殊迷恋既是一种批判，又是一种讽刺，同时也是一种解构封闭对象的努力。这标志着他对消毒病理学的迷恋，这种病理学在美国舒适理念中找到了庇护：通过机械通风系统控制和调节环境的内容，这是一种极度傲慢的行为。悖论在于，通过控制大气从而节约能源，班纳姆的“环境气泡”成为一种可持续设计范例。由于阻隔了外部世界的机械作用以及这种作用可能带来的任何不利因素，建筑物可以节约大量能源。正是由于其数值性能，它们被视为有利于环境，减少了热损失。

在20世纪40年代早期现代主义者提出的论点中，班纳姆气泡的种子已经显露无遗。例如，美国知名工业设计师乔治·纳尔逊在1945年与亨利·赖特合著的《明日之家》一书中，就写到了受条件限制的气泡中的生活。[90] 在这本书中，他将住宅设想为在完美的气候和奢华的条件下的永久露营。他写道，“家”意味着“与自然独处，但在一个可控的舒适空间里，并通过技术融入当代社会”。[91] 纳尔逊关注的不仅仅是一系列旨在融入生活环境的设备的环境性能，他还预见了一种新型的家庭职业和生活方式。住宅将成为取代城市生活的机制，成为一个与城市生活组织相脱离的、孤立的内部舒适岛。它可以在墙壁上模拟加勒比海的景色，也可以像宇宙飞船一样充满宇宙尘埃。重要的是，这种想法将身体固定在一个自足的封闭空间中，并宣传这种封闭空间对环境有益。可以说，美国人长期以来对封闭式个性化的需求在气候可控的室内找到了归宿。现在，人们可以在家中度过的大量休闲时间来重新审视并改变生活。

在班纳姆之后不久，地球物理学家和海洋学家阿特尔斯坦·斯皮尔豪斯（Athelstan Spilhaus）（巴克敏斯特·富勒的合作者之一）与一组城市专家和美国国家航空航天局工程师合作，在明尼苏达州规划并实施了一座“实验城市”［图 II.29］。斯皮尔豪斯对美国日益严重的环境危机感到震惊，他的计划是建造一座大型穹顶城市，怀着强烈的信念要在其范围内消除污染和废物。就像富勒和佐藤荣司的“曼哈顿穹顶”、沃尔特·迪斯尼在奥兰多的EPCOT以及弗赖·奥托和丹下健三的“北极城市”一样，斯皮尔豪斯的穹顶城市不能脱离20世纪六七十年代社会和政治动荡的框架来研究，当时的社会和政治动荡使大都市成为缺氧的烟雾弥漫的黑暗之地。如果气候得以控制，那么在受控的环境内部生活会得到扩展，并最终将作为一种预防措施，远离那些肮脏的城市环境。斯皮尔豪斯非常明确地表达了自己的意图：他的目标是建立一个可以消除现实城市中“脏、丑陋、拥挤和噪声”的地方。[92]

如今，经过精确校准、气候可控的室内环境已成为人们日常生活中司空见惯的体验。根据美国环境保护署2018年的室内空气质量报告，即使在疫情暴发和“居家令”发布之前，美国人90%的时间就已经是在室内度过的。[93] 由于其诱人的热舒适性，室内环境的气候控制并不是为居住者提供的一种无害的服务，事实上，它是一种带有政治色彩的环境的产物，反映了社会理想，并设定了特定文化背景下的理想天气标准及在其中茁壮成长的主体。[94]

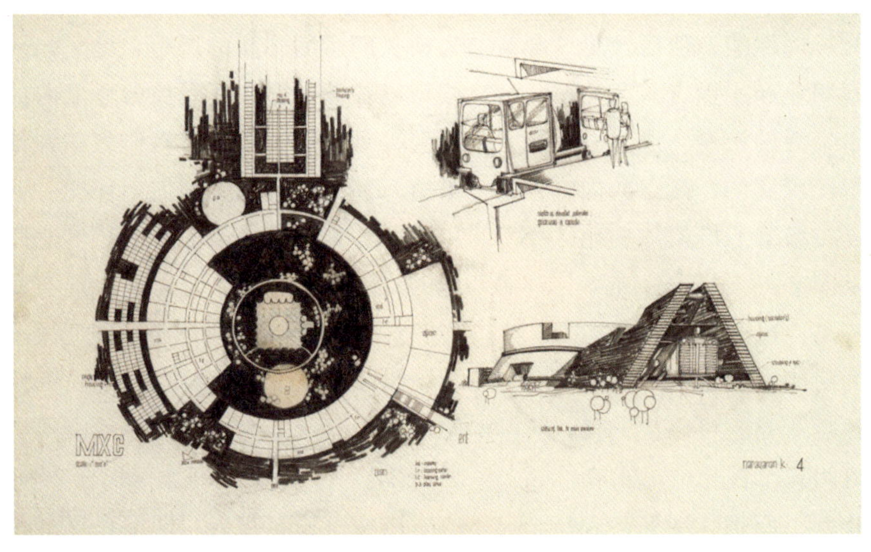

[图] 29
[Ⅱ] 阿特尔斯坦·斯皮尔豪斯绘制的明尼苏达州“实验城市”的平面图和图纸。图片来源：明尼苏达大学图书馆西北建筑档案馆。

[Ⅱ] v

[↘]

[■] 气候学家

[*] 替代性阅读路径

[页] 212

[Ⅲ] iv

[↘]

[▸] 有韧性者

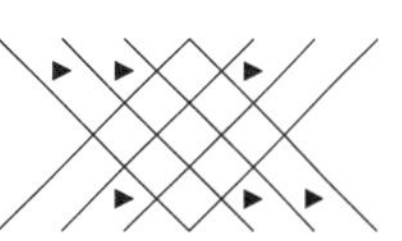

5POINTZ
NEED AN EXTRA CLOSET? Store Today! 212.368.1717
Dear Columbia: No Forced Displacement
HIPPODROME
HIGHRISE OF HOMES

[▪] 城市活动家

从社区发展和城市更新的视角来看，生态设计的历史涵盖了从涉及自然生态系统的生物物理和材料问题，到旨在实现社会政治正义、促进多样性成长的社区，以及消除贫困、种族主义和不平等的设计干预措施等方方面面。如果我们看看克里斯托弗·亚历山大（Christopher Alexander）1965 年被广泛引用的文章《城市不是一棵树》（“The City is not a Tree”）[95]，比如说，我们可以看到，在第二次世界大战后，城市环境的复杂性增加，人们开始将其分析和赞美为自然生态系统的等同物，而由现代主义运动主导的自上而下的规划逻辑则日益被视为不自然、单调和专制的。从一开始，亚历山大就明确区分了自然城市和人工城市，区分了那些随着时间的推移不断发展和演变的城市，以及那些在特定时刻被设计和建造的城市。正如英国城市学家和地理学家彼得·霍尔（Peter Hall）在《明日之城》（*Cites of Tomorrow*，1988 年）一书中所论述的，20 世纪关于城市环境的争论集中在规划师之间的持续斗争上，一方希望将自上而下的极权规划逻辑强加给民众，他们相信一个更好的社会从来都不是由委员会设计出来的；另一方则从人们的日常需求和愿望出发，并希望赋予他们权力。[96]

正是在这一时期，人们越来越多地将城市的复杂性作为自然系统的类似物来研究，不是从其生物和物质结构的角度，而是从其生长的组织模式的角度来研究。[97] 亚历山大在文章开头写道："我标题中的'树'并不是一棵长满绿叶的树"。亚历山大还称赞著名理论家和活动家简·雅各布斯（Jane Jacobs）认可城市复杂性的微观动态，但同时也批评她的主张过于细致和分散，即基于人们的行动和欲望，以至于根本无法形成联系或可识别的设计模式。

事实上，雅各布斯在 1961 年之前就已经发现了复杂性科学，这一年她出版了具有里程碑意义的著作《美国大城市的死与生》（*The Death and Life of Great American Cites*）[98]，在这本书中，她也将城市的自组织动态与自然系统联系起来。[99] 在这本书中，她抨击了现代主义城市规划及其对传统市内街区的破坏，并以生动的语言将其描述为城市更新，她还受到欧洲老城的启发，主张建立多功能混合用途的社区，倡导以高密度居住、活力、社交性、路面生活和步行为导向的城市规划［图 II.30］。

然而，生态设计史的关键在于，雅各布斯对多样性的认可将自然生态系统的原则移植到了城市环境中；从本质上讲，她认为生态系统的多样性类似于社区的多样性。雅各布斯在她关于城市复杂性的讨论中提到的另一个未言明的原则是物种或生态的冗余性，后来这个原则被应用到社区和保护生态学中。在 20 世纪 70 年代，冗余被理论化为一种媒介，当生态系统中的一个或多个物种受到干扰或消失时，冗余性允许其他物种或生态过程继续提供必要的生态服务和功能，这使得生态系统更具复原力。[100] 能源和资源的网状替代渠道，系统和物种的过剩与多样性观念，以及内在的冗余性，与早期大多数生态系统被视为稳态的负反馈循环系统逻辑大相径庭。本质上讲，正是这种物种冗余的逻辑，使人们将城市空间视为一个无法通过其重叠部分进行分析的总和，或者一个事物完美组合的系统。

雅各布对城市环境多样化的积极倡导，以及对复杂性和生命系统控制论的拥护，显然与现代主义规划和对城市转型的理解背道而驰，这种通过扩张、清理和全面改造来实现城市转型的理念得到城市规划师和纽约公职人员罗伯特·摩西（Robert Moses）的大力推崇，他的公路系统和重大基础设施变革是由经济发展推动的，作为社会和政治稳定的一种手段。与此同时，他提出的振兴计划的整体性和规模形成了一种净化的城市化进程，这符合实证主义进步观念。正如地理学家大卫·哈维（David Harvey）所指出的，城市结构调整需要"创造性破坏"的过程，"这种破坏几乎总是具有阶级维度。在这一过程中，首先受害的是穷

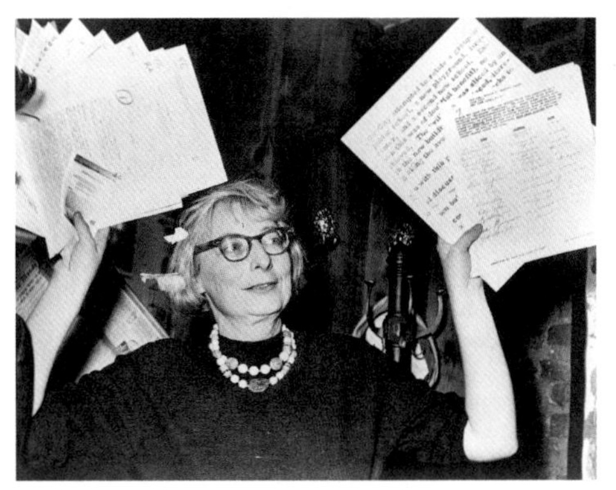

[图] 30
[Ⅱ] 1961年，在纽约狮子头餐厅举行的新闻发布会上，拯救西村委员会主席简·雅各布斯举起文件证据。《纽约世界电讯报》和《太阳报》照片集，美国国会图书馆。

人、弱势群体和被政治权力边缘化的人。在旧世界的残骸上建立新的城市世界需要暴力”。[101] 哈维还认为，乔治-欧仁·奥斯曼（Georges-Eugène Haussmann）的巴黎第二帝国复兴计划与罗伯特·摩西为第二次世界大战后的纽约制定的计划有相似之处。事实上，摩西对奥斯曼的钦佩之情在他1942年发表的文章《奥斯曼怎么了》[102] 中显而易见，他将奥斯曼称为有史以来最伟大的城市学家。

奥斯曼在巴黎实施的大规模公共工程计划表面上是为了改善和翻新城市，实际上是对现有城市结构的大规模破坏。19世纪50年代，路易·拿破仑·波拿巴三世（Louis-Napoleon Bonaparte III）夺取了法兰西帝国的王位，他发起了奥斯曼巴黎现代化计划，通过铁路、港口和排水沼泽等大规模基础设施项目，彻底重塑了法国领土。它的主要特点是通过征用土地，抹去了密集、肮脏但充满活力的街区和蜿蜒曲折的街道，以建造新的资产阶级街区和由长长的大道和林荫大道通达的开放空间。正如亨利·列斐伏尔（Henri Lefebvre）所解释的那样，建造林荫大道并不是为了确保美丽的景色，而主要是为了镇压潜在的城市起义。他进一步指出，奥斯曼的城市再开发是一种政治镇压工具，目的是将工人阶级（及其构成城市民主的潜力）驱逐出城市，因为工人阶级对新统治阶级的特权构成了迫在眉睫的威胁。[103] 下层阶级的有计划的迁移也导致了以消费、旅游和享乐为中心的新型城市现代主体的崛起。该计划从未完成；经过十五年的过度开发，支持该计划的金融和信贷机构崩溃，奥斯曼被解职，拿破仑在战争中输给了德国。

在奥斯曼和摩西的城市化项目中，贫困人口的迁移都被视为一种卫生措施，在这种措施中，少数种族和文化群体成为每个城市中不健康、肮脏和不受欢迎的部分的代名词；他们必须被清除。伊万·洛佩兹·穆努埃拉在谈到纽约市的重建时写道，“码头之所以‘肮脏’，是因为它们是多孔的、传染性的、可渗透到其他事物的：他者的人体；环境及其腐朽建筑的异质性；唾液、血液和精液的异质性”。[104] 正是这种“异质性”被贴上了“凋敝”的标签，正如20世纪40年代其他几个日渐衰落的市内城区一样。不久之后，这个词被用来指代缺乏足够的自然光和通风，也没有足够的卫生设施、公园和开放空间，因而居住条件不安全，对健康、公共安全和道德构成直接威胁的城市密集区。[105] 到1949年，《住房法》规定，指定凋敝地区是利用联邦基金、公共补助金和发展计划清除贫民窟和进行城市改造的必不可少的要求。

因此，现代主义城市主义和城市规划成为解决旧城区住宅拥挤问题的主流模式。视觉和形式的秩序被认为是健康的标志，也是对公民福祉的一种贡献。最终，纽约人重新找回了自己的城市，团结在简·雅各布斯周围，以本地化的街区美学摒弃了摩西项目中粗暴的现代主义。然而，在美国，关于友好、宜步行、多样化和生动社区的讨论中出现的是新城市主义的新传统建筑运动，它主要由历史主义建筑和环境构成。

在战后时期，控制论与生态学在将生命系统投射到城市的复杂性方面产生了交集，远离了将本土特色重新整合进城市环境的讨论。然而，将城市作为一个自然演化的生态系统进行研究，一直是人类生态学这一独特的跨学科领域，尤其是20世纪20年代兴起的城市生态学研究的重点。社会学家罗伯特·帕克（Robert Park）、欧内斯特·伯吉斯（Ernest Burgess）和路易斯·沃斯（Louis Wirth）认为，城市应被理解为各种社会群体和机构相互作用并适应环境的生态系统。这种方法与现代主义建筑师、城市规划师和开发商所倡导的对城市物理空间的形式分析的方法大相径庭。[106]

1950年，社会学家阿莫斯·霍利（Amos Hawley）在他的同名著作中创造并推广了“人类生态学”一词。[107] 他在书中声称，人口的空间分布、社会互动模式以及社区的生态特征决定了城市的动态，从而决定了城市的物理形态。大约在同一时期，建筑师兼规划师珀西瓦尔·古德曼（Percival Goodman）和他的兄弟保罗·古德曼（Paul Goodman）联合出版了《社区：生计与生活方式》（*Communitas: Means of Livelihood and Ways of Life*）[108]：这是一本图文并茂的入门读物，以“现代规划手册”的形式批判了现代主义规划的历史及其引发的社会变革，包括个体化、公民疏离、过度消费、郊区生活、贫民窟化、同质化等。珀西瓦尔·古德曼曾就读于巴黎高等美术学院，他对现代化所培养的形式主义价值观提出了强烈的批评，主张用连贯的计划取而代之，在这种计划中，所有部分都要以系统的逻辑来解释。为此，他写道：

> 美学理想是空间的几何秩序，以棱柱、直线、圆的形式呈现。这是美术学院派对称平面的理想。美的秩序的基础是模数，其组合是可数的，因此即使技术效率并未要求，我们也需要模拟大规模生产。空间被视为一个未分化的整体，需要被结构化。[109]

古德曼兄弟在一系列多元化战略中提出了反向建议，这些战略将社区福祉放在首位，提倡去中心化的公共场所、混合用途开发以及促进社会互动的公共空间。更具体地说，他们提出了自己创造的三种社区范式，但都以事实为依据[110]：a) 以消费为基础的社会，或如他们所写的那样，“作为百货商店的大都会”；b) 以艺术和创造性活动为基础的社会；c) 最大限度地实现人类自由的社会［图 II.31］。

在古德曼兄弟对现代主义城市的批判中，他们强烈反对现代主义城市的理念：好的形式——整洁、清晰的结构以及一定程度的秩序和控制——孕育出好的市民。用地理学家和城市规划师马戈·赫胥黎（Margo Huxley）的话说，他们相信“创造更健康、更环保、更整

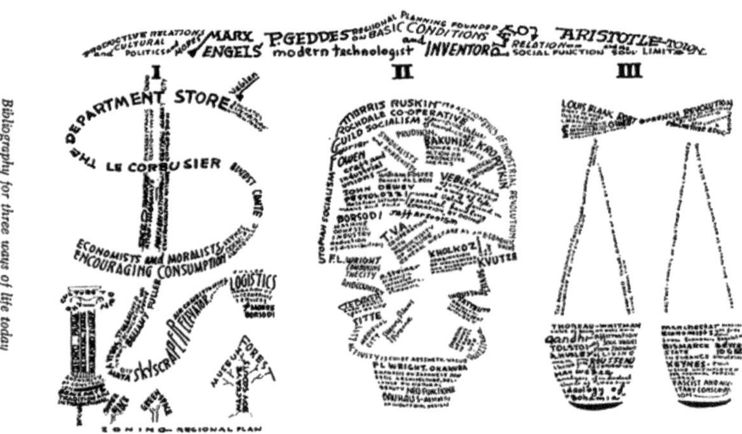

［图］ 31
［II］ 珀西瓦尔·古德曼和保罗·古德曼在1947年出版的《社区：生计与生活方式》一书中的“当今三种生活方式书目”。

洁、更美观的城市环境会带来更多的社会稳定”。[111] 在另一端，雅各布斯笔下的城市由社区治理的小城镇组成，她从自然生态系统和复杂性理论中继承而来对混乱和多样性的诉求，但这些要付诸行动是不现实的。在纽约这样一个复杂、异质化的大都市（一个由有着数百种不同议程的不同人群组成的城市），认为城市居民会出于自身利益去选择这个社区化的世界，而不是任何其他世界，这简直是天方夜谭。[112] 雅各布斯真诚地期望人类能够有效合作，但这并不一定会给参与式设计思维带来富有成效的解决方案。

詹姆斯·怀恩斯（James Wines）1981 年的投机性设计项目“高层住宅”为密集的城市生活提供了另一种选择，它希望保留城市的细节特征、多样化的审美和文化价值以及个人生活方式的选择［图 II.32 和图 II.33］。怀恩斯于 1970 年创立了 SITE（Sculpture in the Environment，环境中的雕塑）事务所，他批评了 20 世纪城市中心多层住宅楼的同质化和非人性化。取而代之的是，他提出了一个垂直城中村——一种多重居住身份的集合体——包含一系列从地面到天

[图] 32
[Ⅱ] SITE事务所设计的高层住宅。詹姆斯·怀恩斯绘制的水墨外观透视图，1981年。在住宅提案中，建筑的最终特征成为居民对住宅和花园个性化选择的集体结果。现代艺术博物馆收藏。图片来源：SITE事务所。

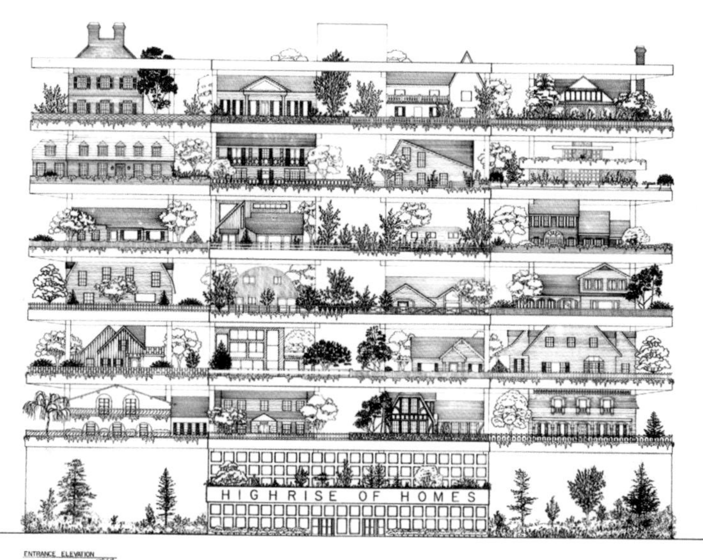

[图] 33

[Ⅱ] 图片来自《生活》杂志的“房地产编号”（1909年3月）。

空的花园和住宅布局的方案。怀恩斯的目的是避免广泛的形式同质化掩盖了不同居住者的居住感受。各式各样的房屋、花园、树篱和栅栏赋予了村庄一种个人身份和人际关系，而建筑形式主义的朴素和重复元素通常会抹杀这种感觉。[113]

20 世纪 60 年代初，赫伯特 · 甘斯（Herbert Gans）对波士顿西区进行了调查，并提出了城中村的概念。[114] 该地区居住着工人阶级、第二代意大利移民以及来自世界各地的低收入新移民，被定为凋敝区并计划拆除。甘斯是一名社会学家和城市规划师，他对“人口过多的城区和价值低估的建筑群就是贫民窟的代名词”这一观点表示质疑。他住在该地区，并成为社区的一员和科学的观察者，目的是证明自己的观点。在参与这项工作的过程中，甘斯意识到，建筑在影响贫困人口的生活模式和行为选择方面的作用微乎其微。由于贫困和种族隔离是城市面临的主要问题，也是赋予城市结构物质形态的基本要素，因此只有对其进行坚决而协调的打击，才能产生积极的效果。[115] 城市更新的逻辑仅仅是迁移贫困人口，同时推广一种新的舒适和包容的美学。从根本上说，规划机构需要解决的是政策层面的公民权利问题。

尽管在理论上参考了甘斯，但怀恩斯

的方案包括一个垂直的巨型结构，在其中可以堆叠出各种类似村庄的社区。他使用拼贴技术，并没有将生命力转化为自然生态系统复杂性的模拟；相反，他在每一层都种植了树木和植物。与亚历山大的树（没有树叶）不同，怀恩斯的小住宅巨型建筑充满了盛开的植物和动物；它通过将乡村垂直地包围到城市核心，复兴了英国风景如画的传统。怀恩斯在1909年版的《生活》（*Life*）杂志上发现了一张宣传乡村生活的图表，将乡村生活搬到了城市，这体现了对风景如画和花园城市的追寻。这是一家房地产公司的广告，呼吁读者："在我们的钢结构精选地块上买下一栋舒适的小屋，距离百老汇不到一英里，乘电梯只需十分钟，这里有乡村的所有舒适，却没有乡村的任何缺点"［图Ⅱ.34］。雷姆·库哈斯（Rem Koolhaas）在《癫狂的纽约》（*Delirious New York*）[116] 中也使用了这则广告，以传达"拥挤"文化和同一屋檐下个人欲望的集体性。

对怀恩斯而言，同样重要的是，他的"高层住宅"不仅仅是一个就地取材和使用植被的人工制品，更是一种心理空间形态，他暂且称之为"生态意识结构"。[117] 他在1974年客座编辑的一份期刊中写道，能源问题必须作为一种对感知和栖息地有潜在影响的心理和社会学

［图］ 34
［Ⅱ］ 图片来自《生活》杂志的"房地产编号"（1909年3月）。

现象来面对，而不是作为一个实际应用的问题。[118] 正是沿着这个思路，1989年，精神分析学家和活动家费利克斯·瓜塔里（Felix Guattari）在其著作《树木生态学》（*Tree Ecologes*）中创造了"生态哲学"（ecosophy）一词，提出要研究自然现象与社会现象之间复杂的相互联系，并强调贬低和破坏自然和城市环境在人们的态度、情感和社会关系的心理生态中的作用。

到20世纪80年代，公民社会和城市空间可以建立在自然生态系统基础上的假设导致了政治生态学这一重要研究

[II] vi

[■] 城市活动家

[↘]

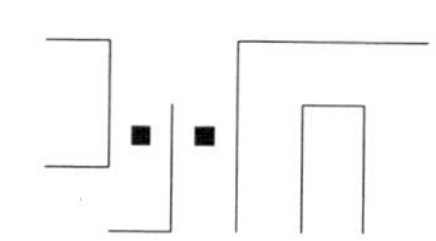

领域的出现，该领域认为环境问题与社会、政治和经济力量密不可分。正如德莫斯所说，“由于环境压力既可能是不公正和不平等——包括贫困、种族主义和新殖民主义暴力——的驱动力，也可能是其后果，因此政治生态学认识到，我们看待自然的方式对我们如何认识社会、如何分配环境变化的责任以及如何评估社会影响有着深刻的影响，而且往往是不为人知的影响”。[119]

[*] 替代性阅读路径
[页] 182
[III] i

[↘]

[▸] 次自然主义者

或者

[*] 替代性阅读路径
[页] 212
[III] iv

[↘]

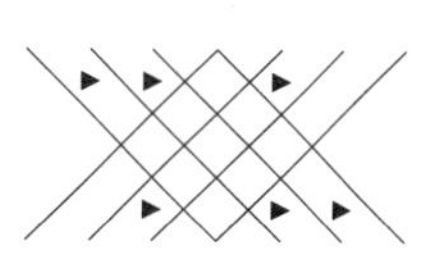

[▸] 有韧性者

[ ] 导 论

[1] 伊恩·麦克哈格，《设计结合自然》，纽约：自然历史出版社（Natural History Press），1969年。

[2] 佩德·安克尔，《从包豪斯到生态之家：生态设计的历史》，巴吞鲁日：路易斯安那州立大学出版社，2010年，第99页。

[3] 斯特凡·斯泽尔昆，《生存剪贴簿》第5卷（能源），英国，布里斯托：独角兽书店出版社（Unicorn Bookshop Press），1975年。在第五卷之前，斯特凡·斯泽尔昆撰写了《生存剪贴簿》第1至3卷，分别讨论了住所、食物和能源主题。所有这些都由独角兽书店出版社出版，该书店是英国地下出版界的赞助者。

[4] 威廉·哈罗德·布莱恩特（William Harold Bryant），《整体系统，整个地球：20世纪美国文化中生态与技术的融合》（*Whole System, Whole Earth: The Convergence of Ecology and Technology in Twentieth Century American Culture*），未发表的博士论文，爱荷华大学（University of Iowa），2006年5月，第2页。另见弗雷德·特纳，《从反主流文化到赛博文化：斯图尔特·布兰德、整个地球网络与数字乌托邦主义的兴起》（*From Counterculture to Cyberculture: Stewart Brand, the Whole Earth Network, and the Rise of Digital Utopianism*），芝加哥：芝加哥大学出版社，2006年；丹尼斯·科斯格罗夫（Denis Cosgrove），《美国地理学家协会年鉴》（*Annals of the Association of American Geographers*），1994年6月，第84卷，第2期，第270-294页；安德鲁·G. 柯克（Andrew G. Kirk），《反文化绿色：全球概览与美国环保主义》（*Counterculture Green: The Whole Earth Catalog and American Environmentalism*），劳伦斯，堪萨斯州：堪萨斯大学出版社（University Press of Kansas），2007年。

[5] 参见拉蒙·马加莱夫（Ramon Margalef），“生态理论的视角”（Perspectives in Ecological Theory），寄给斯图尔特·布兰德的《共生季刊》（*CoEvolution Quarterly*）的未发表草稿。收录于斯图尔特·布兰德的档案，加利福尼亚州帕洛阿尔托，斯坦福大学特藏部。

[6] 杰夫·鲍克尔，“如何做到普遍性：1943—1970年的一些控制论策略”（How to be Universal: Some Cybernetic Strategies, 1943-70），《科学社会研究》（*Social Studies of Science*），1993年2月，第23卷，第1期，第107页。

[7] 同上，第111页。

[Ⅱ.i.] 世界规划师

[8] 约翰·麦克黑尔，《未来的未来》，纽约：乔治·布拉吉勒出版社，1969年。

[9] 1966年在日内瓦签署的《外层空间条约》（*Outer Space Treaty*）。纽约，联合国档案馆。

[10] 约翰·麦克黑尔，《生态背景》，纽约：乔治·布拉吉勒出版社，1970年。

[11] 莉迪亚·卡利波利提，《封闭世界的建筑，或，排泄物的力量》（*The Architecture of Closed Worlds, Or, What is the Power of Shit*），苏黎世：拉斯·穆勒出版社，2018年，第105页。

[12] 同注释8，第96页。

[13] R. J. 哈格特（R. J. Huggett），“生态圈、生物圈还是盖亚？全球生态系统应该叫什么”（Ecosphere, Biosphere, or Gaia? What to Call the Global Ecosystem），《全球生态与生物地理学》（*Global Ecology and Biogeography*），1999年11月，第8卷，第6期，第25页。

[14] 同上。

[15] 乔治·伊夫林·哈钦森（George Evelyn Hutchinson），“生物圈的使用与保护”（Use and Conservation of the Biosphere），《科学美国人》（*Scientific American*），1970年9月。

[16] 弗拉基米尔·维尔纳茨基，《生物圈》，纽约：施普林格出版社（Springer Verlag），1998年（最初于1926年以俄语出版），第26页。

[17] 马丁·莱因霍尔德，“有机论的另一面”（Organicism's Other），载于安托万·皮孔（Antoine Picon）和亚历桑德拉·庞特（Alessandra Ponte），《建筑与科学：隐喻的交流》（*Architecture and the Sciences: Exchanging Metaphors*），纽约：普林斯顿建筑出版社，2003年，第184页。

[18] 亚历山大·冯·洪堡，《宇宙：自然界的描述》，纽约：哈珀兄弟出版社，1852年。

[19] 参见杰夫·鲍克尔，“如何做到普遍性：一些控制论策略”（How to Be Universal: Some Cybernetic Strategies），《科学社会研究》，1990年5月，第20卷，第2期，第353-369页。

[20] 迈克尔·沙姆伯格和雨舞公司（Raindance Corporation），《游击电视》（*Guerilla Television*），纽约：E. P. 达顿出版社（E. P. Dutton），1971年，第1页。

[21] 霍华德·奥杜姆和拉里·L. 彼得森（Larry L. Peterson），“规划中能量与复杂性的关系”（Relationship of Energy and Complexity in Planning），载于罗伊斯顿·兰道（Royston Landau），《复杂性，建筑设计》（*Complexity, Architectural Design*），1972年，第42卷，第10期，第624-627页。

[22] 尤金·奥杜姆，《生态学与我们濒危的生命支持系统》，马萨诸塞州，桑德兰：西诺尔联合出版社（Sinauer Associates），1989年。

[II.ii.] 局外人

[23] 卡尔文·汤姆金斯（Calvin Tomkins），“在非法区域”（In the Outlaw Area），《纽约客》，1996年1月8日，第35-97页。

[24] 埃米尔·霍夫曼（Emil Hofmann），《增刊》（*The Supplement*），新墨西哥州，圣菲：月刊杂志社（Monthly magazine）：1969年，第7页。

[25] 比尔·柴特金（Bill Chaitkin），“反主流文化”（Counter-Culture），《建筑设计》，1976年3月，第46卷，第221页。

[26] 这句话伴随着《全球概览》系列的每一期出版。参见斯图尔特·布兰德，《全球概览》，加利福尼亚州，门洛帕克：波托拉研究所（Portola Institute），一家非盈利教育公司，1968—1972年。

[27] 安娜·维纳（Anna Wiener），“斯图尔特·布兰德的“全球概览”的复杂遗产”（The Complicated Legacy of Stewart Brand's 'Whole Earth Catalog'），《纽约客》，2018年11月16日。详见 https://www.newyorker.com/news/letter-from-silicon-valley/the-complicated-legacy-of-stewart-brands-whole-earth-catalog（访问日期：2019年1月27日）。

[28] 参见由布莱恩·丹尼茨（Brian Danitz）执导，1994年发布的纪录片《生态设计：创造未来》（*Ecological Design: Inventing the Future*）。

[29] 史蒂夫·贝尔，《穹顶烹饪书》，新墨西哥，科拉莱斯：拉马基金会（Lama Foundation）的食谱基金，1968年。

[30] 史蒂夫·贝尔，《太阳黑子：通过事实和虚构探索太阳能》（*Sunspots: An Exploration of Solar Energy through Fact and Fiction*），宾夕法尼亚州，艾玛斯：罗代尔出版社（Rodale

Press），1979年。

[31] 西奥多·罗扎克，《反文化的形成：对技术社会及其青年反对派的反思》（*The Making of a Counterculture; Reflections on the Technocratic Society and Its Youthful Opposition*），纽约州，花园城：双日出版社（Doubleday），1969年，第xiii页。

[32] 费利西蒂·斯科特，《建筑或技术乌托邦：现代主义之后的政治》（*Architecture or Techno-utopia: Politics after Modernism*），马萨诸塞州，剑桥：麻省理工学院出版社，2007年。

[33] 费利西蒂·斯科特，《法外领域：不安全环境/反叛乱建筑》（*Outlaw Territories: Environments of Insecurity/ Architectures of Counterinsurgency*），纽约：区域图书出版社，2016年。

[34] 弗雷德·特纳，《从反主流文化到赛博文化：斯图尔特·布兰德、整个地球网络与数字乌托邦主义的兴起》，芝加哥：芝加哥大学出版社，2006年，第4页。

[35] 同注释29，第24页。

[36] 维克多·帕帕奈克，《为真实的世界设计：人类生态与社会变革》（*Design for the Real World: Human Ecology and Social Change*），纽约：万神殿出版社（Pantheon Books），1971年。

[37] 同上，第14页。

[38] 查尔斯·詹克斯和内森·西尔弗，《即兴主义：即兴创作的案例》，纽约州，花园城：双日出版社，1972年。

[39] 同上，第15页。

[40] 同上，第17页。

[41] 彼得·库克，《实验建筑》，纽约：宇宙图书出版社（Universe Books），1970年，第22页。

[II.iii.] 垃圾建筑师

[42] 参见马丁·波利，“垃圾房屋”，《建筑设计》，1971年2月，第41卷，第86-95页；马丁·波利，“智利与康奈尔项目”（Chile and the Cornell Programme），《建筑设计》，1973年12月，第43卷，第777-784页；马丁·波利，“垃圾房屋”，《建筑设计》，1973年12月，第43卷，第647-776页；马丁·波利，“美国垃圾房屋：迈克·雷诺兹的工作”（Garbage Housing USA. The Work of Mike Reynolds），《建筑设计》，1975年3月，第45卷，第169-171页；马丁·波利，《垃圾房屋》，英国，伦敦：建筑出版社，1975年。

[43] 马丁·波利在与丹尼斯·克朗普顿（Dennis Crompton）、彼得·克伦普、彼得·穆雷（Peter Murray）和罗宾·米德尔顿（Robin Middleton）的几次采访中成为讨论的话题。参见丹尼斯·克朗普顿与普林斯顿大学（Princeton University）的比阿特丽兹·科洛米纳及建筑博士生的讨论，2006年11月10日，新泽西州，普林斯顿；作者对彼得·穆雷的采访，2005年11月25日，伦敦；作者对彼得·克伦普的采访，2007年7月11日，布里斯托；作者对罗宾·米德尔顿的采访，2007年8月1日，纽约。

[44] 参见马丁·波利，“走向非原创建筑”（Towards an Unoriginal Architecture），载于乔纳森·休斯（Jonathan Hughes）和西蒙·萨德勒（Simon Sadler）编，《非计划：关于现代建筑与城市主义中的自由、参与和变革的论文集》（*Non-Plan: Essays on Freedom, Participation and Change in Modern Architecture & Urbanism*），英国，伦敦：建筑出版社，2000年，222-231页。

[45] 马丁·帕波，“我们不会推倒威布明斯特

修道院：建筑电讯小组与科技的撤退”（We shall not bulldoze Westminster Abbey. Archigram and the retreat from technology）载于迈克尔·海斯编，《对立读本》（*Oppositions Reader*），纽约：普林斯顿建筑出版社，1988年，第427页。

[46] 雷纳·班纳姆（插图由弗朗索瓦·达勒格雷绘制），“家不是房子”，《美国艺术》，1965年4月，第53卷，第70-79页。

[47] 同注释44，第222页。

[48] 同注释45，第428页。

[49] 《废物管理与控制》（*Waste Management and Control*），美国国家科学院（US National Academy of Science）– 国家研究委员会（National Research Council）出版物1400号，1966年。

[50] 维托尔德·雷布钦斯基，“从污染到住房”（From Pollution to Housing），《建筑设计》，1973年12月，第43卷，第786页。

[51] 马丁·波利，“垃圾房屋II：智利与康奈尔项目”，《建筑设计》，1973年12月，第43卷，第777页。

[52] 同上，第783页。

[53] 维托尔德·雷布钦斯基，“马丁·波利讣告”，《石板》（*Slate*），2008年3月12日。详见https://slate.com/news-and-politics/2008/03/remembering-architecture-critic-martin-pawley.html（访问日期：2023年3月27日）。

[54] 同注释50，第786页。另见维托尔德·雷布钦斯基，“硫磺建筑”（Sulphur Building），《建筑设计》，1975年12月，第45卷，723-727页。

[55] 关于“生态行动”的信息，请参阅乔瓦纳·博拉西（Giovanna Borasi）编，《对不起，油耗尽了：建筑对1973年石油危机的回应》（*Sorry, Out of Gas: Architecture's Response to the 1973 Oil Crisis*），曼托瓦（Mantova）：科拉伊尼出版社（Corraini），2007年，第196-199页。另见约翰·布恩（John Boon），“生态行动”，《建筑设计》，1973年4月，第43卷，第242-244页。

[56] 阿尔瓦罗·奥尔特加（Alvaro Ortega）等编，《生态行动：生态学+建筑+常识，最低成本住房小组》（*Ecol Operation: Ecology + Building + Common Sense, Minimum Cost Housing Group*），蒙特利尔，麦吉尔大学建筑学院，加拿大建筑中心收藏。

[57] 马丁·波利，“垃圾住宅”，《建筑设计》，第775页。

[58] 沃尔夫·格里舍，“反工业化：利用工业副产品的自助环境”（Anti-Industrialization: Do-it-Yourself Environments from Industrial By-products），《洛茨国际》（*Lots International*），1974年9月，第8期，第184-188页。

[59] 福雷斯特·威尔逊，“用社会副产品建造”（Building with the Byproducts of Society），《美国建筑师协会杂志》（*AIA Journal*），第68卷，第8期，第42页。

[60] 同注释41，第26页。

[II.iv.] 自治主义者

[61] 迈克尔·海斯，“自主性与历史的对立”（The Oppositions of Autonomy and History），载于迈克尔·海斯编，《对立读本：1973—1984年建筑理论与批评杂志精选文章》（*Oppositions Reader: Selected Readings from a Journal for Ideas and Criticism in Architecture, 1973-1984*），纽约：普林斯

顿建筑出版社，1998年，第x页。

[62] 迈克尔·海斯，“批判性建筑：文化与形式之间”（Critical Architecture: Between Culture and Form），《展望》（*Perspecta*），1984年，第21卷，第27页。

[63] 参见马丁·斯普林和海格·贝克撰写的注释“合作自主”（Cooperative Autonomies），《建筑设计》，1976年1月，第46卷，目录页。另见彼得·哈珀（Peter Harper）和戈弗雷·博伊尔（Godfrey Boyle）编，《激进技术》（*Radical Technology*），纽约：万神殿出版社，1976年。

[64] 参见格伦·巴克尔（Glenn Barker），“一种新的生活方式”（A New Way of Living），《花园新闻》（*Garden News*），1973年6月15日，第780期，第3页；格雷厄姆·凯恩，“革命性的结构”（A Revolutionary Structure），《Oz》，1972年11月，第12-13页。附有迈克·摩尔（Mike Moore）基于格雷厄姆·凯恩原始设计的图表；杰拉尔德·里奇（Gerald Leach），“生活在伦敦南部的太阳下”（Living off the Sun in South London），《观察家》（*The Observer*），（1972年8月27日）；格雷厄姆·凯恩，“生态之家”（The Ecological House），《建筑设计》，1972年3月，第40-141页；格雷厄姆·凯恩，“街边农舍”（Street Farmhouse），斯特凡·斯泽尔昆，《生存剪贴簿》第5卷（能源），英国，布里斯托：独角兽书店出版社，1975年；伊芙·威廉姆斯（Eve Williams），“生长的房子”（The House that Grows）（基于对格雷厄姆·凯恩的采访），《花园新闻》，第722期，伦敦，1972年5月5日，第13页。

[65] 默里·布克钦，《后稀缺无政府主义》，加利福尼亚州，伯克利：城墙出版社（Ramparts Press），1971年。

[66] 同上，第42页。

[67] 默里·布克钦接受尤金·埃克利（Eugene Eccli）采访，“环保主义者与生态学家”（Environmentalists Versus Ecologists），《暗流》，1973年，春季刊，第4期，。

[68] 法拉伦斯研究所，《整体城市住宅：城市中的自给自足生活》（*The Integral Urban House: Self-Reliant Living in the City*），旧金山：塞拉俱乐部出版社（Sierra Club Books），1979年，第7页。

[69] 《大地母亲新闻》（*Mother Earth News*）编辑部，“整体城市住宅”，《大地母亲新闻》，1980年1月—2月，详见http://www.motherearthnews.com/green-homes/integral-urban-house-zmaz80jfzraw.aspx#axzz3LXNifVQa（访问日期：2018年6月11日）。

[70] 保罗·索莱里，《建筑生态学：人类映像中的都市》，马萨诸塞州，剑桥：麻省理工学院出版社，1969年。

[71] 雷纳·班纳姆，《超级结构：近期过去的城市未来》（*Megastructure: Urban Futures of the Recent Past*），伦敦：泰晤士与哈德逊出版社，1976年，第203页。

[72] 王晨岩（Chenyan Wang），“沙漠乌托邦”（Desert Utopias），未发表论文，载于莉迪亚·卡利波利提关于“建筑与太空政治”（Architecture and Astropolitics）的选修研讨班中，纽约，库珀联盟学院，2022年秋。

[73] 米歇尔·福柯，《性史：导论》（*The History of Sexuality: An Introduction*），纽约：兰登书屋（Random House），2012年，第143页。

[74] 南希·托德，《一个安全可持续的世界：生态设计的承诺》（*A Safe and Sustainable World: The Promise of Ecological Design*），华盛顿特区：岛屿出版社，2006年。

[II.v.] 气候学家

[75] 阿维盖尔·萨克斯（Avigail Sachs），《环境设计：战后美国的建筑、政治与科学》（*Environmental Design: Architecture, Politics, and Science in Postwar America*），夏洛茨维尔（Charlottesville）：弗吉尼亚大学出版社（University of Virginia Press），第43页。

[76] 维克多·奥尔吉艾，《气候适应性设计：建筑地域主义的生物气候学方法》。部分章节基于与阿拉达·奥尔吉艾的合作研究。新泽西州，普林斯顿：普林斯顿大学出版社，1963年，第17页。

[77] 丹尼尔·巴伯，“热太阳能机”（The Thermoheliodon），《A. R. P. A 杂志》（*A.R.P.A Journal*），2014年5月15日，详见 http://www.arpa journal.net/thermoheliodon（访问日期：2017年5月19日）。

[78] 大卫·莱瑟巴罗（David Leatherbarrow）和理查德·韦斯利（Richard Wesley），“奥尔吉艾兄弟作品中的表现与风格”（Performance and Style in the Work of Olgyay and Olgyay），《建筑研究季刊》（*arq: Architectural Research Quarterly*），18.2期，剑桥：剑桥大学出版社，第167-176页。

[79] 注释76，第15页。

[80] 参见埃尔斯沃思·亨廷顿，《文明与气候》（*Civilization and Climate*），康涅狄格州，纽黑文：耶鲁大学出版社，1915年。埃尔斯沃思·亨廷顿，《种族特性及其受物理环境、自然选择和历史发展的影响》（*The Character of Races as Influenced by Physical Environment, Natural Selection and Historical Development*），纽约；伦敦：斯克里布纳出版社，1924年。

[81] 詹姆斯·马斯顿·菲奇，《美国建筑：塑造它的力量》，波士顿：霍顿·米夫林公司，1948年。

[82] 同注释75，第49页。

[83] 乔纳森·克拉里，《24/7: 晚期资本主义与睡眠的终结》（*24/7: Late Capitalism and the Ends of Sleep*），纽约: Verso出版社，2014年。

[84] 詹姆斯·马斯顿·菲奇，“评论：雷纳·班纳姆所著《环境调控建筑学》”（Review: *The Architecture of The Well-Tempered Environment* by Reyner Banham），《建筑史学家学会杂志》（Journal of the Society of Architectural Historians），1970年10月1日，第29卷，第3期，第282-284页。

[85] 詹姆斯·马斯顿·菲奇，《美国建筑2：塑造其形态的环境力量》（*American Building 2: The Environmental Forces That Shape It*），波士顿：霍顿·米夫林公司，1972年，第vii页。

[86] 同注释84。

[87] “环境气泡”首次出现在雷纳·班纳姆的文章“家不是房子”中，由弗朗索瓦·达勒格雷绘图。该文章最初于1965年发表于《美国艺术》杂志。参见雷纳·班纳姆（插图作者弗朗索瓦·达勒格雷），“家不是房子”，《美国艺术》，第53卷，1965年4月，第70-79页。同一篇文章后来由*Clip-Kit*以缩减版形式再次发表，并最终在1969年1月的《建筑设计》杂志上再次发表，第45-49页。

[88] 雷纳·班纳姆，《环境调控建筑学》，芝加哥：芝加哥大学出版社，1969年，第11页与第29页。

[89] 同注释46，第72页。

[90] 乔治·纳尔逊和亨利·赖特，《明日之家：房屋建造者完全指南》，纽约：西蒙与舒斯特出版社，1945年）。

[91] 乔治·纳尔逊，“现代住宅之后”（After the Modern House），《室内设计》（*Interiors*），1952年7月，第111卷，第7期，第89页。

[92] 阿特尔斯坦·斯皮尔豪斯，“实验城市”（The Experimental City），《科学》（*Science*），新系列，1968年2月，第159卷，第3816期。

[93] 美国环境保护署，国会室内空气质量报告：第二卷，EPA/400/1-89/001C（华盛顿特区，1989年）。

[94] 参见莉迪亚·卡利波利提，“适应气候”（Acclimatization），载于尤西·帕里卡（Jussi Parikka）和达芙妮·德拉戈纳（Daphne Dragona）编，《气候之词：词汇表》（*Words of Weather: A Glossary*），雅典：奥纳西斯出版社（Onassis Publications），2022年，第22-30页；莉迪亚·卡利波利提，《封闭世界的建筑，或，排泄物的力量》，苏黎世：拉斯·穆勒出版社，2018年。

[II.vi.] 城市活动家

[95] 克里斯托弗·亚历山大，“城市不是一棵树”，《建筑论坛》，1965年4月，第122卷（1，2期），第58-62页。

[96] 彼得·霍尔，《明日之城：二十世纪城市规划与设计的智识历史》（*Cities of Tomorrow: An Intellectual History of Urban Planning and Design in the Twentieth Century*），牛津：巴兹尔·布莱克威尔出版社（Basil Blackwell），1988年。

[97] 同注释95，第58页。

[98] 简·雅各布斯，《美国大城市的死与生》，纽约：兰登书屋，1961年。

[99] 彼得·劳伦斯（Peter Laurence），“矛盾与复杂性：简·雅各布斯与罗伯特·文丘里的复杂性理论”（Contradictions and Complexities. Jane Jacobs's and Robert Venturi's Complexity Theories），《建筑教育杂志》（*Journal of Architectural Education*），2006年2月，第59卷，第3期，第56页。

[100] 参见罗伯特·埃里克·里克尔夫斯（Robert Eric Ricklefs），《生态学》（*Ecology*），俄勒冈州，波特兰：奇隆出版社（Chiron），1973年；罗伯特·埃里克·里克尔夫斯，“社区多样性：局部与区域过程的相对作用”（Community Diversity: Relative Roles of Local and Regional Processes），《科学》，1987年，第235期，第167-171页；大卫·蒂尔曼（David Tilman），“浮游植物藻类资源竞争：实验与理论方法”（Resource Competition between Plankton Algae: An Experimental and Theoretical Approach），《生态学》，1977年，第58卷，第2期，第338-348页。

[101] 大卫·哈维，“城市的权利”（The Right to the City），《新左翼评论》（*New Left Review*），2008年9月—10月，第53期，第33页。

[102] 罗伯特·摩西，“奥斯曼怎么了”（What Happened to Haussmann），《建筑论坛》，1942年7月，第77卷，第1期，第57-66页。

[103] 亨利·列斐伏尔，“城市的权利”（Le Droit à la Ville），《人与社会》（*L'Homme et la Société*），1967年，第6卷，第1期，第29-35页。

[104] 参见伊万·洛佩兹·穆努埃拉的文章“感染之地”（Lands of Contagion），发表于《e-flux建筑》的病态建筑（Sick Architecture）系列，2020年11月。详见https://www.e-flux.com/architecture/sick-architecture/363717/lands-of-contagion/（访问日期：2021年3月23日）。

[■] 注 释

[105] 史蒂文·M·韦伯（Steven M. Webber），“贫民窟”（Blight），载于罗杰·W·凯夫斯（Roger W. Caves）编，《城市百科全书》（*The Encyclopedia of the City*），伦敦和纽约，劳特利奇出版社，2005年，第42-44页。

[106] 安东内拉·瓦利图蒂（Antonella），“城市生态学”（Urban Ecology），载于罗杰·W·凯夫斯编，《城市百科全书》，伦敦和纽约，劳特利奇出版社，2005年，第695页。

[107] 阿莫斯·霍利，《人类生态学：社区结构理论》（*Human Ecology: A Theory of Community Structure*），纽约：罗纳德出版公司（Ronald Press Co.），1950年。

[108] 珀西瓦尔·古德曼和保罗·古德曼，《社区：生计与生活方式》，芝加哥：芝加哥大学出版社，1947年。

[109] 同上，第 46 页。

[110] 同上，第 119 页。

[111] 马戈·赫胥黎，“空间理性：秩序、环境、进化与政府”（Spatial Rationalities: Order, Environment, Evolution and Government），《社会与文化地理》（*Social & Cultural Geography*），2006年11月，第7卷，第5期，第774页。

[112] 蒂莫西·门内尔（Timothy Mennel），“简·雅各布斯、安迪·沃霍尔与社区问题的性质”（Jane Jacobs, Andy Warhol, and the Kind of Problem a Community Is），《地方期刊》（*Places Journal*），2011年4月。详见 https://placesjournal.org/article/jane-jacobs-andy-warhol-and-the-kind-of-problem-a-community-is/#0（访问日期：2023年5月22日）。

[113] 贝文·克莱恩（Bevin Cline），“高层住宅”（Highrise of Homes），载于马蒂尔达·麦奎德（Matilda McQuaid）编，《构想建筑：现代艺术博物馆的图纸》（*Envisioning Architecture: Drawings from The Museum of Modern Art*），纽约：现代艺术博物馆，2002年，第220页。

[114] 赫伯特·甘斯，《都市村民：意大利裔美国人生活中的群体与阶级》（*The Urban Villagers: Group and Class in the Life of Italian Americans*），格伦科（Glencoe）：自由出版社（Free Press），1962年。

[115] 保拉·索玛（Paola Somma），“赫伯特·甘斯”，载于罗杰·W·凯夫斯编，《城市百科全书》，伦敦和纽约：劳特利奇出版社，2005年，第280-281页。

[116] 雷姆·库哈斯，《癫狂的纽约：给曼哈顿补写的宣言》（*Delirious New York: A Retroactive Manifesto for Manhattan*），纽约：牛津大学出版社，1978年。

[117] 詹姆斯·怀恩斯，“节约手段：关于替代建筑的一些笔记（或者，在这些困难时期尝试用更少的资源做更多的事）”（Economy of Means: Some Notes on Alternative Architecture (Trying to Do More with Less during These Difficult Times)），《建筑教育杂志》，2009年5月，第62卷，第4期，第103页。

[118] 詹姆斯·怀恩斯，“引言”，《现场》（*On Site*），第5/6期，纽约：现场公司（Site, Inc），1974年），第6页。

[119] T. J. 德莫斯，《自然的去殖民化》，柏林：斯特恩伯格出版社，2016年，第13-14页。

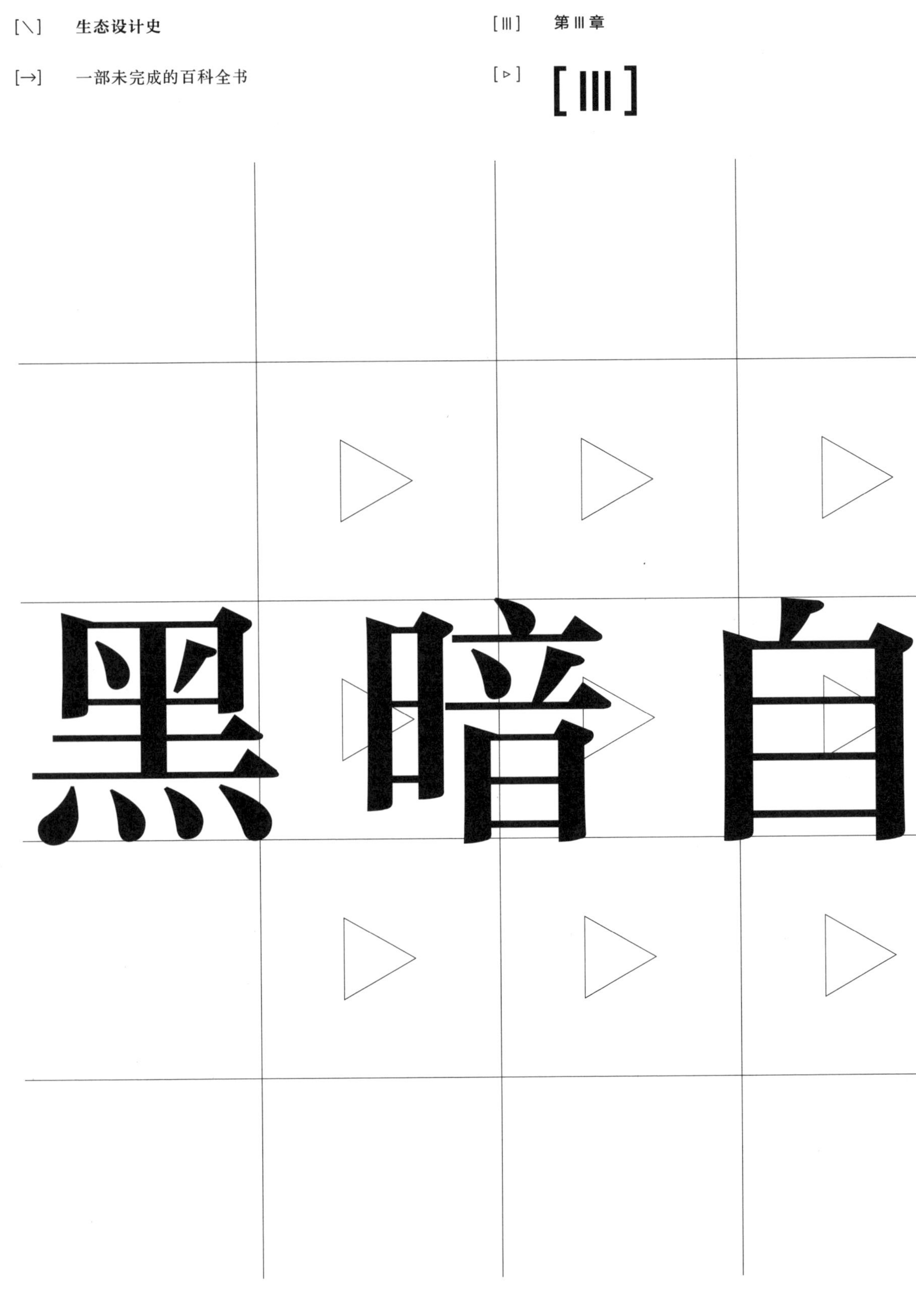
黑暗自

[Ⅲ] 寻找

[▷] 约2000年至今 数据

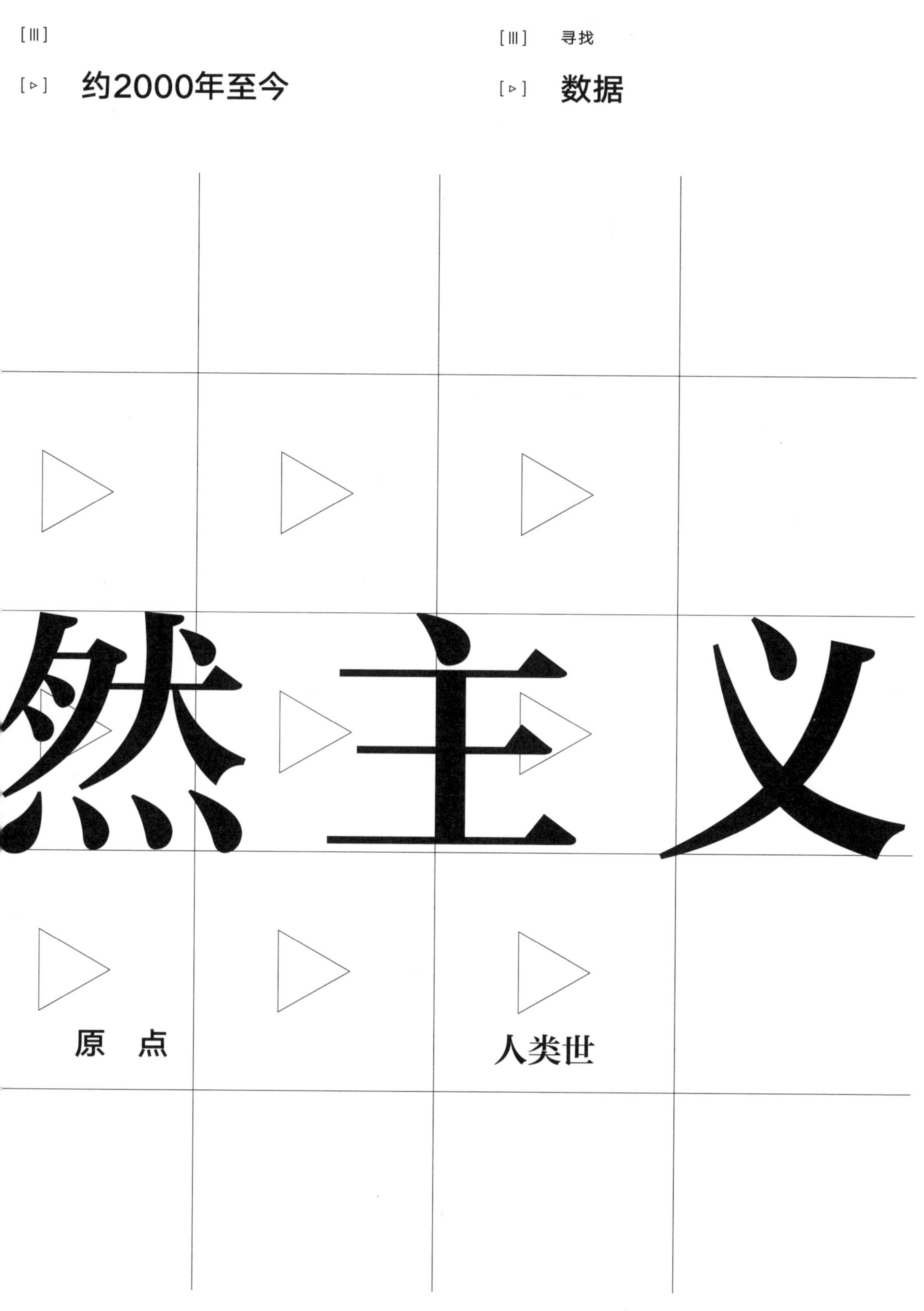

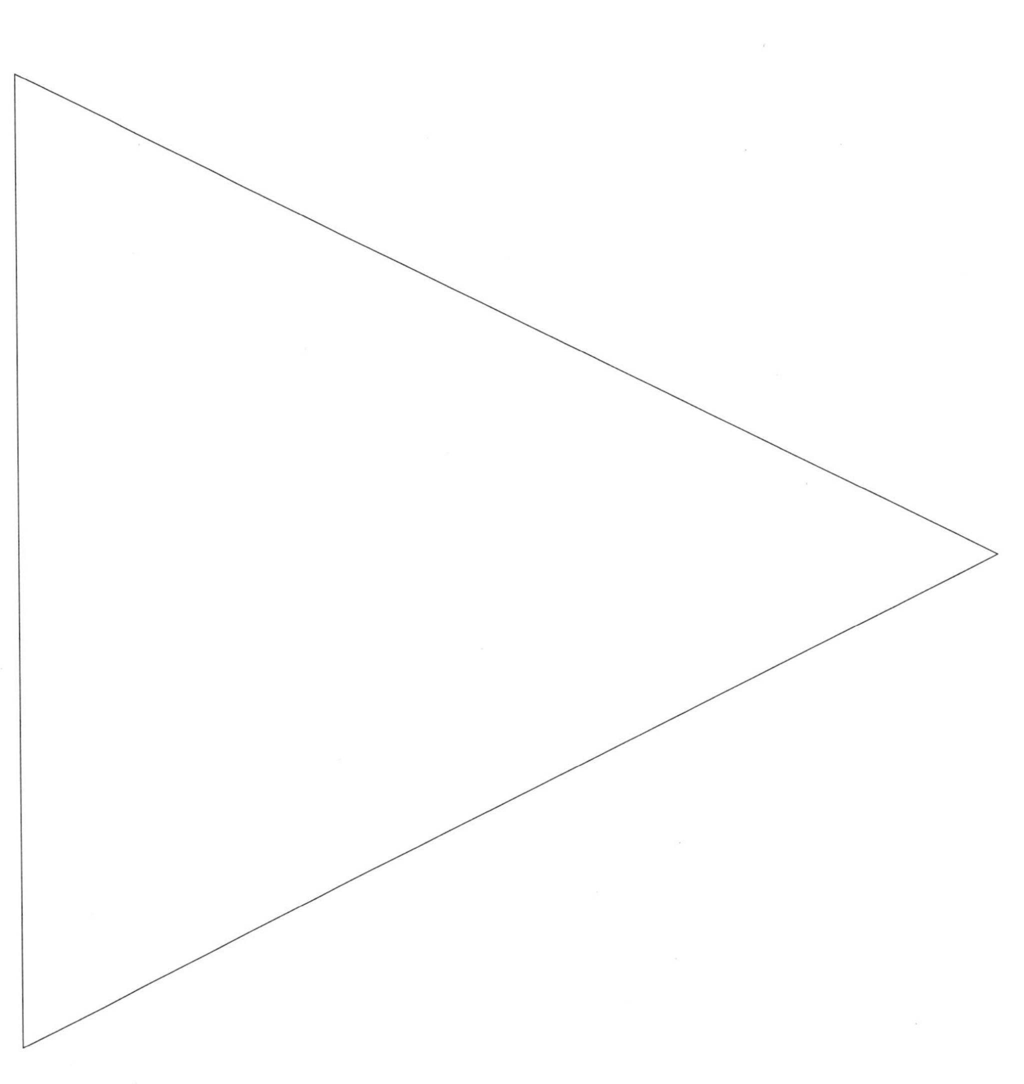

[▸]

导 论

这一时期大约始于20世纪末，一直持续到现在，它始于一个备受争议的术语“人类世”。这个术语在2000年由诺贝尔奖得主保罗·克鲁岑（Paul Crutzen）推广，但在此之前，生态学家尤金·斯托默（Eugene Stoermer）[1] 自20世纪80年代起便非正式使用过此术语。这是一个全新的地质时代，由人类创造与生产的产物，包括建筑物和城市的建设，无意间重新塑造了地球的物理特性。持续的洪水、冰雪融化、热带风暴、干旱和其他气候现象，反映了我们通常所说的气候变化，或者社会学家安德鲁·罗斯（Andrew Ross）所说的“奇怪天气”[2]。如果说有什么不同的话，那就是20世纪60年代末首次为公众所见的环境衰退迹象，当时被视为地方或国家层面的问题，现在已经升级为全球性的危机。如今，地球表面覆盖着一层自1945年以来沉积的放射性物质。这层物质的沉积标志着一个决定性的地质时刻，一个由人类塑造地球的时代。

我们不能再把历史仅仅看作人类的历史了。人类世这个名字确实很奇怪，因为它的词源暗示着“人类”（ἁνθρωπος）是舞台（σκηνή）的核心。然而，这是一种矛盾。与之前人类中心主义的时代不同，这个新世界不再容忍将人类与非人类分开。相反，它提出了人类与非人类之间的非对称性对抗，因为非人类元素与人类元素已经融合到了一起，难以分开，甚至在我们自己的生理上也是如此。

在人类世中，以往被认为正常和确定的东西被颠倒，甚至不存在了。

政治理论家简·班纳特通过“活力物质”这一概念，探讨了人类与非人类元素为什么不可分离，这一概念假设了所有物质形态都具有生命力。她生动地描述了物质化的云层，它们像欧米伽脂肪酸一样能改变人类的情绪，又或者像从垃圾场散发出的甲烷流。这些描绘勾勒出一个更为黑暗的时代，其中一切事物都变得模糊且交织在一起。据班纳特称，对死亡或无生命的物质的描绘使人类更加自负，它阻碍了人类承认与我们互动的众多非人类的力量和影响，从而强化了破坏地球的倾向。[3]

人类世为这一威胁日益加剧的新时期赋予了具体的特征。那么，在人类世中，我们如何看待艺术、建筑、美学和生态设计呢？对于这一充满环境焦虑的新时期的各种问题，人们的回应五花八门，从希望通过生态旅游创收的企业化方法，到彻底回归植根于土地的本土原则。然而，人们普遍的共识是，海克尔在 1866 年定义的“生态学”，即生物与其周围环境之间的不可或缺的联系，以及范德赖恩 1996 年呼吁减少设计对象生态足迹的倡议，都不足以解决问题。技术作为对抗日益恶化的气候条件的武器和防御手段，并非唯一的解决方案，也不是唯一的目的。此外，人类世这一新地质时代不仅提出了物质问题，还提出了文化和美学问题。我们对环境的感知和在世界中的定位已经不可逆转地发生了变化，因为我们可以独立于自然而生存下去的幻想——甚至是自然本身的存在——都已不再可行。

如前所述，人类世这一术语备受争议。唐娜·哈拉维建议修改这一术语，虽然她对“资本世”（将责任归咎于资本主义的过度消费）或“塑料世”（指正在扼杀我们地球的材料）等术语的优缺点进行了辩论，但哈拉维似乎更青睐的另一个术语：“克苏鲁世”，这是一个关于动态持续的共生力量和权力的名称，人类的力量也是其中一部分。[4] 她辩称：“我是堆肥主义者，而不是后人类主义者。”“我们都是堆肥，而不是后人类（意思是我们强调人类与自然的联系和归属感，以及反对超越自然的理念）。”[5] 对于哈拉维和其他学者和思想家来说，在这个黑暗时代，必须调查、监测和记录现实的奇异之处，并将富有想象力的设计努力全部致力于解决现实问题，而不是用在构建一个理想化的过时版本的整体环境和健康生态系统上。克苏鲁世不是构建关于整体性的虚构和幻想，而是密切观察普遍存在的污染，从而提出问题，在意识到其不确定性和复杂性的同时，以创造性的方式利用我们的发现。

人类世所揭示的不仅限于气候变化现象，它也在很多方面标志着西方现代条件的终结。在现代环境保护主义的乐观时代，设计被视为重新分配全球资源的恢复性工具，自这一时期以来，世界变得更加黑暗，并且被纠缠不清的全球危机所困扰：如气候紧急情况、公共卫生危机和社会不平等。在当前时期，在生活不稳定的背景下，建筑和城市规划既不能承诺给人们稳定完整的生活，也不能恢复环境，更不能回到和谐的过去。20 世纪生态愿景者设想的通过现代地球工程获得更美好未来的梦想，是一个难以置信的项目，体现了人类的自负；在这个项目中，人类完全支配非人类，并通过唤起整个地球的形象，来否认造成环境恶化的差异化责任。我们居住的现代基础设施是一片废墟，或者如罗安清所说的“资本主义废墟”[6]，这并不是纯粹的虚无主义。当前，新自由资本主义已经隐约来到末期，这可能是一种直接的呼吁，通过唤起新的物质、空间和政治可能性，非线性的和层级化的新治理方式，以及最终与自然建立新的、更加谦卑的紧密关系，重新思考现代人文主义及其在构建我们的建成世界中的作用。我们如何才能摆脱自启蒙运动以来盛行的人类中心主义来理解建筑环境呢？

哲学家罗西·布拉伊多蒂在批评人类中心主义时认为，20 世纪的现代环境保护主义受制于对地球的系统分析和幻想回归地球整体神圣性的地心论的范式，这是存在问题的，因为这强调了地球与工业化之间僵化的二元对立。她认为，这种二元对立是退步的，它唤起了欧洲浪漫主义的感伤情怀，并且可以说过于简单，无法涵盖当下人类在生态圈的关系网中不再占据中心位置的现实。[7]

布拉伊多蒂通过对女性主义和后殖民理论的重新构思，批判了“地球整体论”和整体主义观念，也揭示了受数据驱动文化和“云”概念影响的新兴生态意识的形成。数学家拉姆纳特·切拉帕（Ramnath Chellappa）于 1997 年创造的“云计算”术语，描述了网络在线集群中的信息存储，与物理数据中心中的本地存储不同，这需要一种全新的理解世界的方式。它要求我们放弃数据作为一种可以被总体可视化的概念。这种范式转变——从将地球视为一个相互连接的系统，到将区域云作为密集数据集群的聚合——不仅仅是技术创新的结果，更是一种感知和认知上的转变，进而挑战了建立生命分类及维持社会等级制度的组织复合体的权威。《连线》（*Wired*）杂志主编克里斯·安德森（Chris Anderson）认为，信息现在已经摆脱了档案馆、图书馆甚至复杂的三维分类系统的约束，转而呈现为“维度不可知的统计学”秩序。[8]这种思想源于谷歌通过应用算法而非语境来检测相关性的模型，强调云计算将微小的连接置于对现象的整体感知之上。作为变化和自我组织的体现，云服务的时间空间在生长、结晶和溶解中不断变化［图Ⅲ.1］。云服务的重要之处在于吸收和收集数据，这些数据在特定区域结晶化，而不是解读数据的整体背景。在无法被系统解码的复杂世界中，云服务是偶发的数据积聚的副产品，无法对其形式或表现进行精确定义。

对于生态设计而言，或许正如蒂莫西·莫顿（Timothy Morton）所言，“整个系统并不比部分更真实，部分也不比整体更真实”[9]，并且生态学不能仅仅被设想为一个庞大的相互影响的网络[10]，还应被作为一组微环境的脆弱集合，个体实体与当地条件交织在一起，拥有脆弱的联系。对于生态互联的追求，本质上是对控制的一种渴望，这充其量是一种幻想。“当一切都可以与其他任何事物以相同的关联强度关联时，任何事物都不会与任何事物相关联。”[11]

为了可视化云环境的物质实体，人

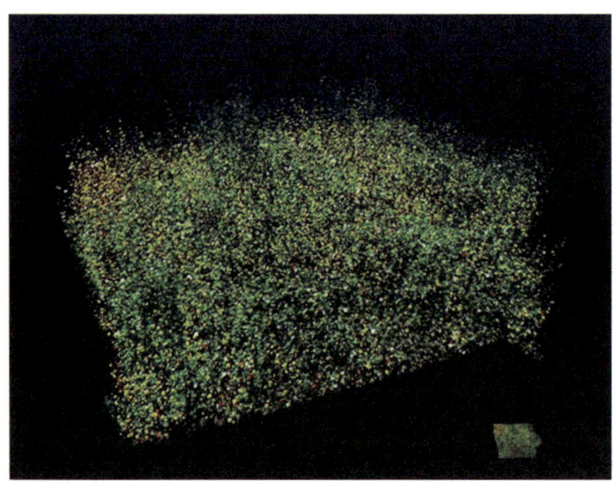

［图］　1
［Ⅲ］　农业咨询公司兰沃斯（Lanworth）制作的数据可视化作品“喂养大众”（Feeding the Masses）显示，美国农业部高估了大约2亿蒲式耳（约50.8亿千克）的全国玉米产量。作品发表于《连线》杂志，2000年6月23日。

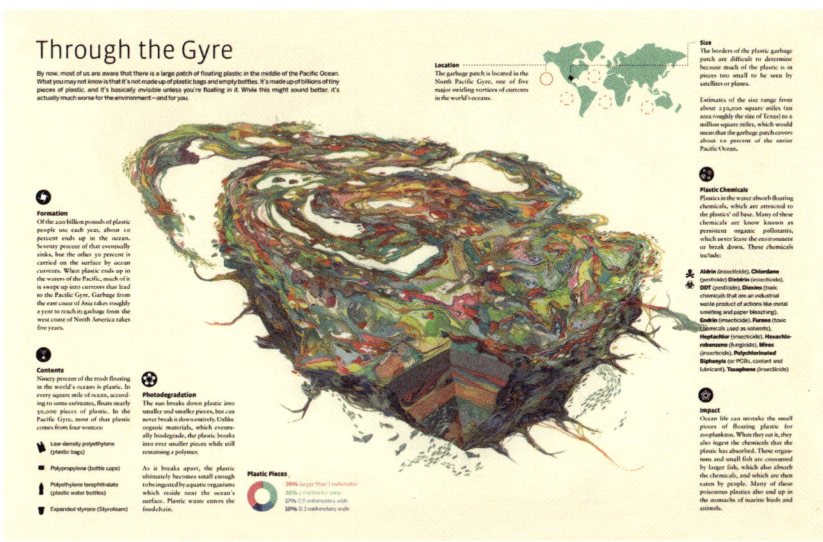

[图] 2
[Ⅲ] “大太平洋垃圾带”，由雅各布·马格劳-米克尔森（Jacob Magraw-Mickelson）为《GOOD》杂志绘制的环流图示，2009年5月14日。

们可以想到新的人工自然的物化组成，比如大太平洋垃圾带的形成。这个被称为“塑料汤”的碎片堆积体已经凝聚成了岛屿，如细胞般的地方，存在于我们对城市日常生活的感知之外［图Ⅲ.2］。这些新兴的岛屿迫使我们深入探讨资本与排泄物之间的地球化学亲和关系。它们将超越我们的生命，但更重要的是，它们必然会改变和重新定义主体与环境之间复杂的相互关系。作为新生的人造自然，它们并非在环境中，它们本身就是环境。

在20世纪60年代，宇宙被视为一个系统的整体。当将拍摄到的地球现实和人们对其面貌的想象相对比时，科学家、设计师和思想家们的直接反应是理解并因此管理地球整体。地球的资源需要重新进行有效分配，它不仅是一个物质资源组成的物理空间，正如麦克哈格所称，它还是一个宇宙“超有机体”的概念空间。[12] 将这个“超级系统”分解为可理解的组成部分，并控制其内部组织的关系，几乎成为一种本能反应。

我们现在已有更多的了解：今天的宇宙是局部的——它是一系列的云和碎片化环境的集合。并非所有碎片之间的连接都是可以被认知的，更重要的是，并非所有连接都具有意义。由于过去几十年收集了大量信息，我们现在将环境视为由聚合部分构成的宇宙。作为环境的云已经成为偶然数据积累的副产品，无法对其形式或表现做出精确的定义。在这个意义上，生态设计本质上是一种抵制表征的实践。正如苏格拉底所言，我们知道得越多，就越意识到自己知道得越少。

这个时代，人类学家阿图罗·埃斯科巴尔暂时将其称为“多元宇宙”（pluriverse）[13]，这意味着许多世界同时存在，可能在某些点上重叠，并在不同的尺度上连接到在一起。在这个急需修复和关怀的时代，设计被赋予了帮助多物种共生的使命。正如罗安清所争辩的，在我们当前的世界中，污染即合作：我们因与他人的接触而受到污染；当我们为他人让路时，他们改变了我们。随着污染改变了世界的构建，互惠的世界和新的方向可能会出现。每个人都有污染的历史；纯净已不是一种选择。保持对脆弱性的关注的好处在于，它使我们记住，随着环境的变化而变化是生存的关键。[14] 这些是人类世带给我们的一些教训，特别是关于进步、自负和自由的相关思想造成了当前的破坏。在这个叙事中，人类必须保持谦卑。

[▸] 导 论

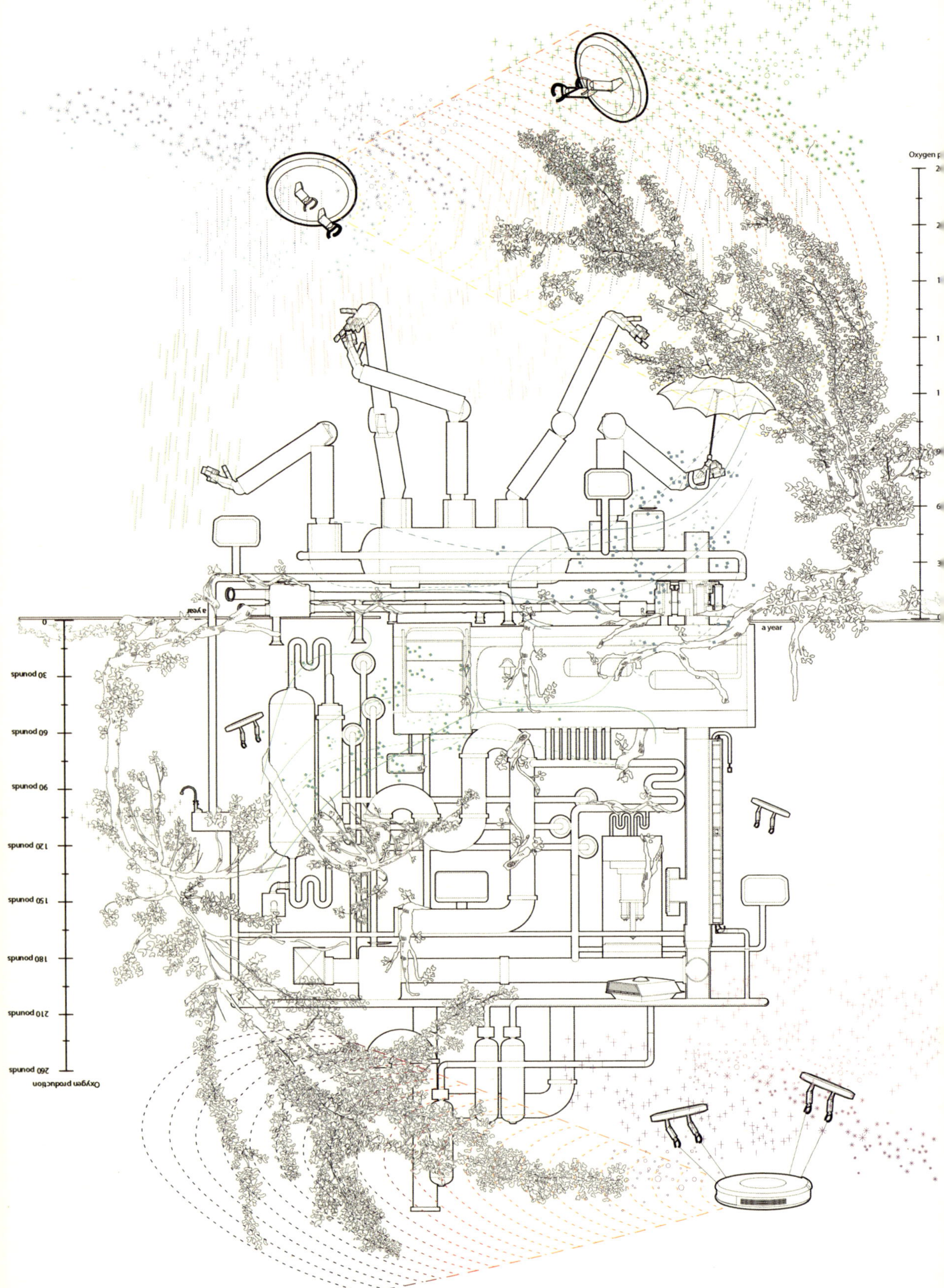

Oxygen production
0
30 pounds
60 pounds
90 pounds
120 pounds
150 pounds
180 pounds
210 pounds
260 pounds
a year
Oxygen p
a year

[Ⅲ]　i.　　[↘]

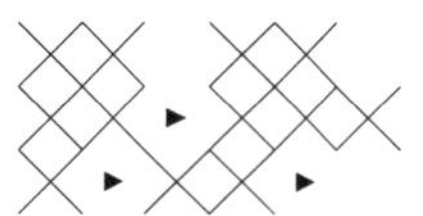

[▸]

次自然主义者

术语“次自然”由建筑历史学家大卫·吉森（David Gissen）用来描述一个他认为可怕的领域，在这个领域中，当代生活的极限得以被展现出来。[15] 他声称，“次自然”包括烟雾、气体、废气、尘土、水坑、泥泞、碎屑、杂草、昆虫等奇异世界，在建筑讨论中被边缘化。然而，当前，人类活动以工业和技术的形式深刻改变了自然界，可以在地球上受污染最严重的地方，找到人类创造出的新自然状态。在这个已经被人类完全探索的星球上，生态建筑不能仅仅着眼于拯救世界的伦理或效率和性能的修辞。它更像是作为一种心理空间或精神立场的崛起，推动变化、运动和行动的实现。因此，可以将环境理解为一个由环境、物理和生理的相互关系组成的复杂领域，这为设计师提供了机会，在被污染的条件下创造偏离常规的新自然的机会。这种观点不同于乌托邦式的幻想，它并不明确寻求正确，而是承认污染和废物是设计产生的潜力。次自然主义者并不试图将设计项目与自然——或理想化的自然——综合或合并，而是展现那些乍看上去可能像科幻、与现实无关的现实，但那实际上是我们自身领域和运作的延伸。

对毒性的想象在爱德华·伯廷斯基（Edward Burtynsky）的摄影作品中表现得最为明显，这体现在他捕捉到的那些既美丽又令人不安的场景中——壮丽的油田、镍矿开采场以及被工业废物污染的自然环境。犹他州立大学传播研究教授詹妮弗·皮普尔斯（Jennifer Peeples）为这种令人不安的美与厌恶的组合创造了“有毒的崇高”这一术语，她认为这揭示了美与丑陋、巨大与微小、已知与未知、居住与荒凉、安全与风险之间的紧张关系，这些紧张关系来自环境污染的视觉表现。[16] 皮普尔斯描绘了崇高从自然环境到技术场所，再到受损、有毒的景观的演变过程。与埃德蒙·伯克（Edmund Burke）对美的定义不同[17]，这种崇高在卡斯帕·大卫·弗里德里希（Caspar David Friedrich ）的《雾海上的漫游者》（*Wanderer above the Sea of Fog*）中得到了象征性的体现［图 III.3］。在这幅画中，一位探险家站在雾海之上的沉思状态，象征着人类对自然的征服。在这片广袤的土地上，人类形象从中投射出来，他的任务是观察、分析并最终掌控它。大卫·奈（David Nye）在《美国技术的崇高》（*American Technologcal Sublime*, 1996 年）中追踪了崇高从自然到技术的演变，揭示了它如何反映工业的巨大飞跃，例如铁路和太空旅行的出现。奈认为，技术崇高通过提升对人类成就和能力的认识来激发敬畏之情。[18] 皮普尔斯指出，从技术到有毒的转变同样令人震惊，“人们见证了如此巨大的破坏”。[19] 这种灾难仍以诗意的方式传达（通过伯廷斯基等人的摄影作品），并且是我们当前世界中必然存在的部分。正是在这一点上，皮普尔斯的“有毒的崇高”与吉森的“次自然”相一致。尽管涉及毒性和破坏，但这两个概念都没有呈现世界末日般的虚无主义图景。相反，它们都试图在废墟中找到美，并在破碎的世界中寻找创造的可能性。

［图］ 3
［Ⅲ］ 《雾海上的漫游者》，卡斯帕·大卫·弗里德里希创作于约1817年，油画作品。收藏于德国汉堡艺术馆。

在这方面，环境辩论中的重要声音之一是瑞士建筑师菲利普·拉姆（Philippe Rahm），他特别关注气候变化无形性，他在巴黎的实践敦促建筑师开发与大气和气候直接相关的建筑语言。在他的“气象建筑”（Meteorological Architecture）

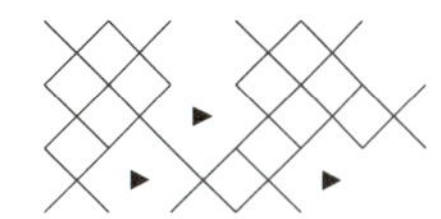

宣言中，拉姆主张："建筑的工具必须变得无形和轻便，创造出如自由开放的景观、新的地理学、不同种类的气象的场所。"[20] 气候变化正在迫使我们彻底重新思考建筑，并且从对流、传导、辐射和蒸发等现象中开发新的先进建筑组合工具。在他的多个项目中，包括台湾的翡翠生态公园和2002年威尼斯建筑双年展上的"荷尔蒙厅"，拉姆真正地设计了大气和天气，通过各种视觉化和身体感官增强了观众的感知能力。在这些项目中，人们不禁将视觉表现与实际建筑进行比较。一方面，这些图纸描绘了辐射、传导、对流、蒸发和气压的过程，用鲜艳的色彩使空气流动及其热力学特性变得具体可见。另一方面，无论是家庭景观还是公园，都显现为被机器占据的荒凉景观。在这里，占据中心位置的是那些使气候调节和设计成为可能的管道，从而使生物体可以感知气候［图 III.4 和图 III.5］。

[图] 4
[Ⅲ] 台湾台中市的翡翠生态公园，建于约2017年。图片来源：菲利普·拉姆建筑师事务所。

菲利普·拉姆将热成像作为一种激进的设计元素，而不仅仅是工程工具。他的作品让人想起刘易斯·利兹以费城

[图] 5
[Ⅲ] 台湾台中市的翡翠生态公园，由菲利普·拉姆建筑师事务所于2012年绘制的图纸。图片来源：菲利普·拉姆建筑师事务所。

富兰克林研究所讲座为基础所绘制的《通风论》（1871年）中关于空气流动的插图。[21] 利兹的石版画展示了不同温度下空气的流动，极具创意，用红色表示热或稀薄，蓝色表示冷或密集［图Ⅲ.6］。这些颜色云作为我们现在所称的计算流体动力学（CFD分析）的初步表现，展示了冷热空气的传导运动，以及辐射热流动。在利兹和拉姆的绘画中，值得关注的是，他们在表现环境现象时，没有简化地使用箭头这种主导了整个20世纪空气和流动模式的绘制方法。自20世纪60年代以来，生态学家霍华德·奥杜姆的“能量系统语言”被用于模拟生态系统和人类行为的输入和输出。这种源自电子电路的表现语言，已经在生态仿真模型中被使用，并成为建筑师可视化性能和能量流动的主要工具。[22] 尽管箭头易于阅读，但它们抹除了一种在设计领域中至关重要的绘画功能，因为它们只指向转化的最终目标，而几乎没有说明能量流动和循环的过程。环境表现语言的方式使看不见的相互连接的过程变得可见，对生态历史来说，与建筑实体本身一样重要。在环境中，感知被视为假设形成的认知过程，而不是简单的对预设信息的反馈或描述。

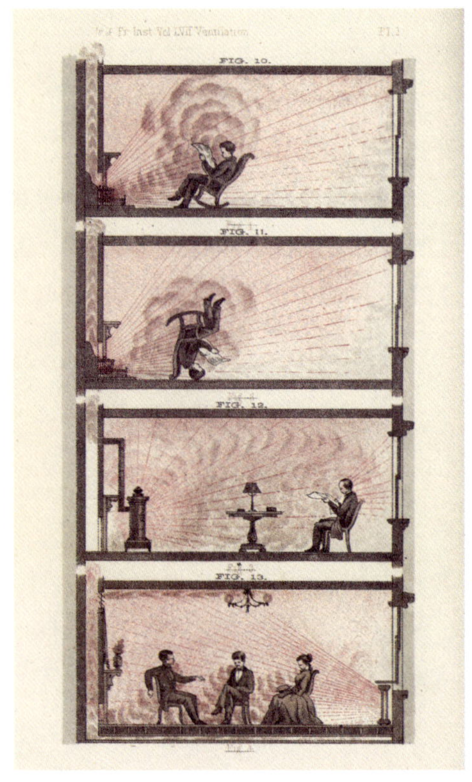

［图］ 6
［Ⅲ］ 刘易斯·利兹的“通风论”讲座中的空气流动插图。

同样，建筑师肖恩·拉利（Sean Lally）利用非物质手段，包括电磁、热力和声能，来设计大气和环境，旨在创造一种没有墙壁的建筑形式，通过利用能量流而不是重新布置建筑组件来形成边界。在他为2014年第二届伊斯坦布尔设计双年展创作的项目“新能源景观”中，拉利声称，利用能量来建造将从根本上改变人类彼此之间以及与环境的相处方式。他在2019年为洛杉矶Gen(h)ome项目设计的装置“放大”（Amplification），

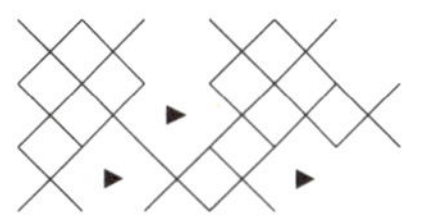

[图] 7
[Ⅲ] 2019年由肖恩·拉利建筑师事务所设计的作品“放大”。该装置是洛杉矶马克（Mak）艺术与建筑中心Gen(H)ome项目的一部分。

展示了封闭植被的局部气候，考虑了温度、光线、气味和颜色，植物在其玻璃容器中出汗和呼吸［图 Ⅲ.7］。如建筑史学家马克·雅尔佐姆贝克在汉斯·哈克（Hans Haacke）1963 年的《凝结立方体》案例中所指出的那样，这些立方体（无论是哈克的还是拉利的）与引导其凝结的机器形成反馈循环。如果机器发生故障，凝结就会消失。[23] 因此，这些玻璃容器不能孤立于调节内部气候的机器之外进行观察。

这些观察不可避免地让人联想到雷纳·班纳姆在 1965 年《家不是房子》一文中由弗朗索瓦·达勒格雷所描绘的“环境气泡”。班纳姆并非将基础设施隐藏在背景中，而是将机器视为建筑环境生产的主角，甚至质疑传统建筑的必要性，他认为，这种传统的建筑最终可能被抹去并消失。如果一座房子“包含了如此多的服务，以至于硬件可以独立存在而不需要任何房屋的支持”，那么，“为什么还需要一个房子来支撑它呢”？[24]

因此，建筑可以呈现出事物内在运作的形态，即“内脏”、电路以及实现必要连接的管道。它可以暴露管道和电路，并从循环的性能和系统反馈环中发展出一种美学主张。这种论述与生态设计的经典逻辑背道而驰，后者所构建的绿色世界中盛开的植物被赋予正向价值。覆盖建筑墙壁和屋顶的绿色地毯和外墙，与维持它们生命的机器世界紧密相连。班纳姆等次自然主义者提出的机械表现主义揭示了生态系统和建筑的机械和化学内脏，在复杂中展现了生命真实的部分。

AMID（Cero9）的作品体现了对生态设计的非传统探索，关注自然缺失的问题。该团队包括克里斯蒂娜·迪亚兹·莫雷诺（Cristina Díaz Moreno）、埃弗伦·加西亚·格林达（Efrén García Grinda）及其合作者。他们在伦敦建筑联盟展出的“第三自然”系列作品聚焦于新的、与文化相关的和非常规的自然美。这组作品跨越了AMID十五年的创作历程，集中展示了设计和人类活动在各种非田园自然环境中产生的副产品。另一位对都市环境中大气污染和有毒政治的生成潜力感兴趣的是西班牙建筑师尼雷亚·卡尔维罗（Nerea Calvillo），她是C+建筑师事务所和协作可视化项目“在空气中”的创始人。该项目使马德里空气中的微观和不可见物质（气体、颗粒物、花粉、疾病等）可见，让人们观察它们如何运作、反应，以及与城市的其他部分互动。在这个项目中，基于网络的动态模型展示了由污染成分组成的空间，允许观众通过数据的交叉看到污染成分的具体行为模式。类似地，卡尔维罗为2017年首尔建筑与城市双年展设计的“黄尘”（Yellow Dust）装置，由一团黄色的蒸汽云组成，用于测量其所在位置的空气颗粒物。该装置通过多种方式展示了监测过程，展示了其颗粒物测量设备，同时让观众通过亲身接触云层来感受空气质量［图Ⅲ.8］。

这些作品表明，植物和用绿色覆盖只是另一种视觉虚构，暗示着所有绿色事物的消失。事实上，在这些情况下，绿色之所以可能并且可以存在，是因为灰色管道、基础设施系统和数据控制点维持了它们的繁茂。它们与雷姆·库哈斯的“废墟空间”[25]密不可分，后者是当代生活的残渣——商场和大型商业建筑的所有管道、管道和竖井，它们的存在塑造了人们对重返未受干扰的绿色世界的渴望。因此，绿色不仅仅是一种颜色和生命形式，更是一个系统，通过这个系统，我们为我们认为是生态的事物赋予价值。

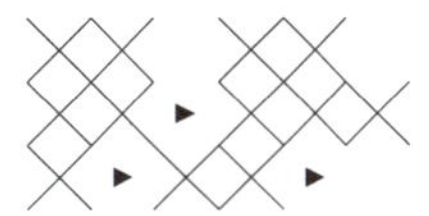

[图] 8
[Ⅲ] “黄尘”，由C+建筑师事务所的尼雷亚·卡尔维罗设计。该作品是为2017年首尔建筑与城市双年展设计的装置，用以显示空气污染。

安德烈斯·哈克于2003年在马德里成立的政治创新办公室提供了绿色世界的替代方案。哈克的作品形式多样，包括书籍、媒体装置、建筑、室内设计和展览，这些作品在许多方面和形式上共同构成了一个持不同政见的项目，指出人控制和理想化自然的过程，从而剥夺了自然在当代世界中本可能具有的实际意义。这些项目既充满趣味性和幽默感，又高度精确，每个提案都被构想为一个建筑宣言，涵盖环境、经济和政治问题。他们提出，建筑可以监测、显示、解释气候变化，并提供一种媒介让人们感知气候变化。[26] 哈克为2015年MoMA PS1青年建筑师项目设计了一个巨大的水净化器，这是一个可移动的工艺品，由定制的灌溉组件构建而成，使我们生活其中的管道城市变得可见且令人愉悦[27]［图Ⅲ.9］。哈克经常重复使用现成的元素，遵循一种经过编排的过剩逻辑，以激活通常用于改善环境的难以改变的基础设施系统。通过使电路和机械设备变得明显可见，他批评了环境的状态，并揭示了环境和政治元素之间深刻的关联。他的其他项目的建成工件作为现有生态系统的恢复性气候装置运作，例如西班牙穆尔西亚郊外的拉姆布拉气候屋，旨在保护现场的土壤湿度并恢复其生物多样性。

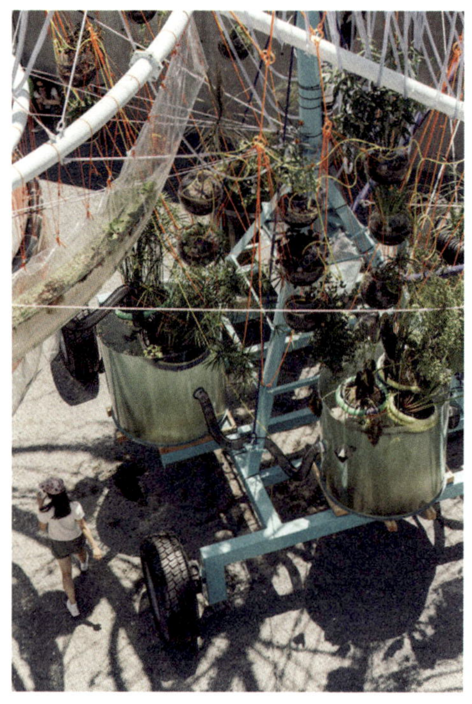

[图] 9
[Ⅲ] “Cosmo”，由安德烈斯·哈克/政治创新办公室设计。该作品为2015年为纽约皇后区MoMA PS1青年建筑师项目创作的装置。图片来源：政治创新办公室。

利奥·马克斯在他的开创性著作《花园中的机器：美国的技术与田园理想》中提出，我们根深蒂固的向往回归简单和谐生活的愿望，是通过高度复杂的技术实现的，但它通常被认为是伊甸园树上的自然果实。[28] 为了证明这一点，马克斯援引哲学家奥尔特加·伊·加塞特（Ortega y Gasset）的观点，加塞特将这种回归称为一种国际性的原始主义形式，并认为人类相信围绕他们的文明是自发力量产生的结果。加塞特声称，人类在内心深处并未意识到文明的人为性，并且也不热衷于使文明成为可能的工具和原则。

西格蒙德·弗洛伊德则将这种奇特的心态描述为一种集体神经症和幻想制造的缩影。也许“次自然主义者”并不屈服于这种回归，而是揭示了那些理想化自然形象背后的看不见的网络。他们所展示的并非自然本身，而是我们在后期资本主义阶段生活中留下的残渣、副产品，以及我们周围的有毒元素。这里的回归并非回归大地、自然或消失的建筑，而是回归我们失去的自然感知。

[Ⅲ] i. [↘]

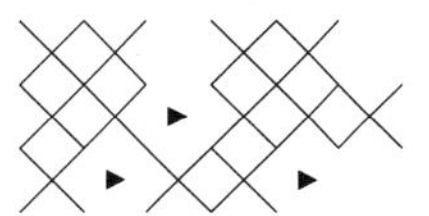

[▸] 次自然主义者

L I G H T F U L
10^7
10^2
10^3
10^4
10^5
10^6
10
1
10^8

[↘]

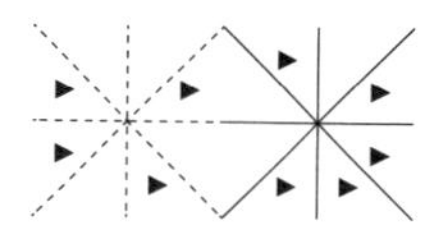

[▸] 星球主义者

2020年3月新冠疫情暴发后，我们开始借助Zoom进行会议并便利生活[29]［图Ⅲ.10］。尽管我们处在隔离和焦虑中，但我们很感激有Zoom。它的窗口——比家里的窗户更具有操作性——是通往以前被保护和隐藏的私人领域的入口。每天，我们目睹着不平等，同时对比不同的生活条件，尽管如此，我们仍然毫不拘束地共同举杯分享情感。对许多人来说，世界已经转向内部。作为走出隔离状态的仪式，Zoom不仅成为新媒体支持的数字渠道，也成为我们超越封闭自我空间的导航手段；它迫使我们重新思考全球各地的现实以及我们共同生活的种种方式。我们不仅通过Zoom与他人沟通，也将Zoom作为一种日常仪式，深入自我的内部和外部，同时思考新的生活形式。

在这种相互连接却无法移动的状态下，我们通过Zoom放大和缩小我们的物理坐标，这为我们提供了一个难得的机会，让我们能够集体反思我们生产过程的脆弱性、我们对无休止增长和移动性的傲慢，以及我们对地球的责任。

在空间意义上，Zoom带来的日常精神旅程，突显了一种新形式的"全球性"，类似于查尔斯·伊姆斯和雷·伊姆斯1977年的《十的次方》中地球垂直轴的无限但不可见的交叉［图Ⅲ.11］。他们的纪录片跨越了从原子到星系的尺度，构想了一种宇宙的系统分析，其中所有模式都可以想象成是相互关联的。伊姆斯夫妇在不同尺度和层次之间的垂直旅

[图] 10
[Ⅲ] 2020年4月16日，由斯蒂芬·菲利普斯（Stephen Phillips）组织的加州州立理工大学圣路易斯-奥比斯波分校的Cal Poly Metro项目，作者在Zoom上的讲座截图。

程反映了公众刚刚了解到的地球景象。[30]这种跨越在2020年春天也出现了相似的情况：在自愿进行的家庭隔离中，我们不间断地在微观和宏观世界中切换。我们的信息源一方面告诉我们新冠疫情如何传播，它在不同类型的材料表面停留多久，同时又将我们带到世界的另一端，通过视觉深入了解在贝加莫的毁灭性的死亡、美国海军在纽约的医院船以及病毒的其他影响。许多人感觉与他人的联系比以往任何时候都更加紧密，但在身体上更加分离。这种虚拟联系与严重的肉体脱离的矛盾，不仅对最初否认疫情严重性的人们造成了沉重打击，也对否认气候变化的人们造成了沉重打击。尽管没有确凿的证据将新冠疫情直接与自然栖息地的环境退化联系起来，但支撑这种无知行为的特权逻辑，即认为自己不会被感染，已经受到严重打击。任何人，在任何地方，都可能被感染。无处可逃。

疫情将第六次物种灭绝的可怕紧迫性带到了我们的面前，作为一种影响所有人类和非人类生物的物质条件，这对广义上对“气候”的否认是一个沉重打击。2017年，布鲁诺·拉图尔声称，气候变化、不平等和放松管制是不可分割且混合在一起的问题，并将这三者的具象化比作“降临在地球上”。[31]病毒的广泛传播在许多方面像是降临在地球的土壤上，落在其微生物和细菌、物种和移民身上；它为市场扩张型治理及其破坏性地缘政治的物质后果赋予了生动却不可见的形式。因此，不可避免地放大和缩小自己的视角以及被迫看到自己之外的景象，成为一种激进的变化向量，这是极为必要的有关谦卑的学习。在此之前，当代主体从未惧怕其行为的物质后果，这个主体，对所有重要事物都漠不关心，沉浸在精心策划的世界复制或重复的话语中，只践行和自己相同的观点。尽管社交距离给全世界都带来了悲伤，但病毒也提供了一个机会，以直观的方式面对现实——看到身体与其他身体触碰在一起，被陌生人触摸的物体，以及周围环境中分布的飞沫、细菌和病原体。

在众多影响中，疫情使我们更加关

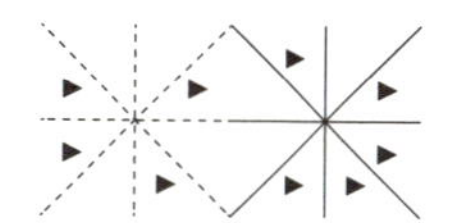

注地球问题如何作为影响身体及其生活体验的物质问题降临地球。这不再是需要设计的模拟和策划的如舞台布景般的地球，其资源不再需要如巴克敏斯特·富勒的“世界游戏”中那样重新分配。它也不再是被重新组织成像麦克黑尔《生态背景》中的图表那样的由反馈图组织的地球。在这个更为黑暗的时代，将地球视为理论推测的现代观念已经消失；地球现在是一个物质系统，而不是一个流程图。正如哈拉维所提出的，全世界的生物都需要土地、土壤和地面，需要一个居住的地方。随着地球本身被掠夺，将再也没有土地留给任何人。[32] 因此，关注地质学——水力压裂、采矿、钻探、加工和加热——如何生成空间和权力制度的问题不仅对政治，而且对设计也变得至关重要。理解物质的活力和生机（正如班纳特、哈拉维和罗安清所说的），人类不仅从他们生存的地球上提取资源，还从他们进入的生命主体中提取，而这些生命主体也进入了他们自身。[33]

沿着麦克黑尔关于垂直流动性的绘图足迹，从地球核心到平流层的大地横截面图，我们可以定位到设计地球团队（Design Earth）的作品，由埃尔·哈迪·贾

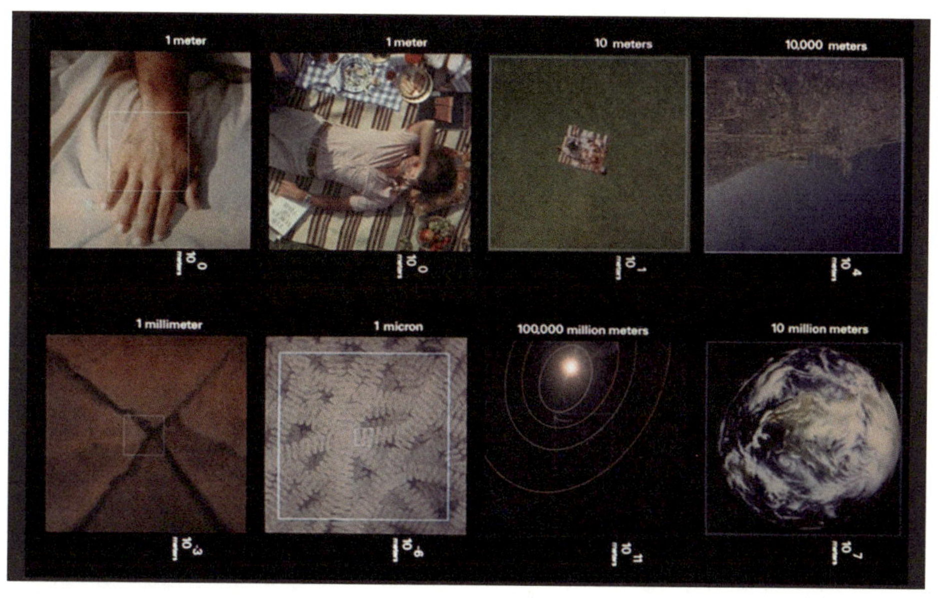

[图] 11

[Ⅲ] 1977年查尔斯·伊姆斯和雷·伊姆斯的《十的次方》中的画面。

[图] 12

[Ⅲ] 设计地球团队的埃尔·哈迪·贾扎伊里和拉尼娅·戈斯恩创作的作品“后石油时代”（After Oil）。该作品最初在2016年威尼斯国际建筑双年展的科威特馆展出，主题为“东西方之间：海湾”。图片来源：设计地球团队。

扎伊里（El Hadi Jazairy）和拉尼娅·戈斯恩领导的合作实践。他们认为他们的设计研究涉及能源和垃圾等技术系统，正是因为这些技术系统不尊重国家和城市之间的形态边界。[34] 通过重新构想城市化与自然的关系，作者们重新绘制了一系列大规模基础设施系统，以感官和视觉叙事的形式呈现［图 Ⅲ.12］。他们始终关注人类和关于物质资源开采的叙事，坚称“地球需要姑息治疗”。[35] 他们通过从真实历史和科学事实中“挤压”出的图画和故事，诗意地预言了可怕的结局。通过呈现引人入胜的图形编年史，他们希望改变事件预期走向，使其远离灾难，使人类活动走向不同但未知的未来。作者将他们的作品描述为融合了过去事件、当前事实和未来预测的虚构故事，在这个神话般的故事中，科幻与社会现实之间的界线难以确定。例如，2021 年，设计地球团队展示了 1968 年豪斯 - 鲁克 - 科（Haus-Rucker-Co）的“飞头盔”，展示了一个头颈从地球上升起的人体，喊道“我无法呼吸”［图 III.13］。这幅插图恰逢“我无法呼吸”主题复兴之际，反映了疫情时期的呼吸恐惧以及 2020 年 5 月乔治·弗洛伊德被杀害后对警察暴行和种族不平等的谴责。[36] 在这种情况下，贾扎伊里和戈斯恩在工作中提出了这样一个问题：在生态危机已经打开了城市外部的“黑匣子”，并且这些系统常常被能源需求、垃圾危机、绿色基础设施和食品安全的警报主义话语所需求的情况下，设计在塑造技术系统空间方面具有什么样的优势？[37]

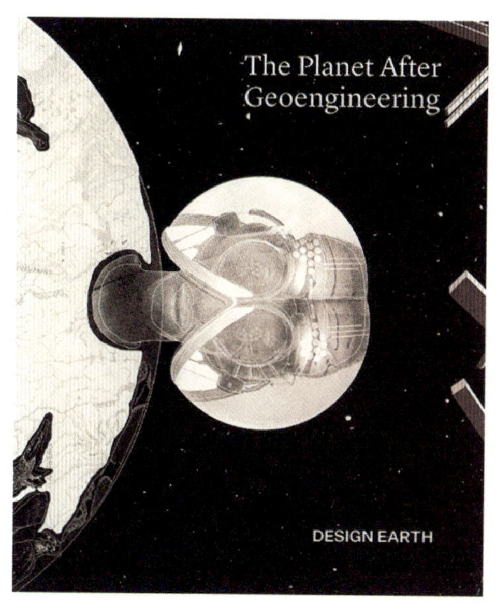

[图] 13
[Ⅲ] 设计地球团队出版的《地质工程之后的星球》（*The Planet After Geoengineering*）封面，出版于2021年。图片来源：设计地球团队。

多伦多的横向办公室（Lateral Office）由罗拉·谢帕德（Lola Sheppard）和梅森·怀特（Mason White）创立，是一个致力于创造新空间环境的平台。该团队探讨了如何以感性的方式重塑基础设施并设计大型区域的类似问题。横向办公室的项目大多涉及区域层面，模糊了自然与技术、景观与建筑之间的界限。2010 年，横向办公室与基础设施网络实验室的尼拉杰·巴蒂亚和玛雅·普日比尔斯基（Maya Przybylski）合作出版了《耦合：基础设施机会主义策略》（*Coupling: Strategies for Infrastructural Opportunism*）[38]，作为建筑手册（*Pamphlet architecture*）系列的一期。正如盖夫·马诺（Geof Manaugh）在他的建筑博客 BLDGBLOG 上的评论中所指出的，作者们寻求那些从北极圈到萨尔顿海等地处于建筑未利用状态的景观，通过基础设施或空间再利用来激活它们。这种探索基础设施尺度上的建筑，以及半球和生态系统尺度上的基础设施，是建筑项目的大陆化。书中呈现的项目被构想为大规模空间上的生命支持生态系统，使基础设施在新的环境舞台上扮演重要角色。沿着这一思路，尼拉杰·巴蒂亚后来在旧金山成立了开放工作室（The Open Workshop），并组织了多个项目，探讨政治、基础设施和城市主义的交汇

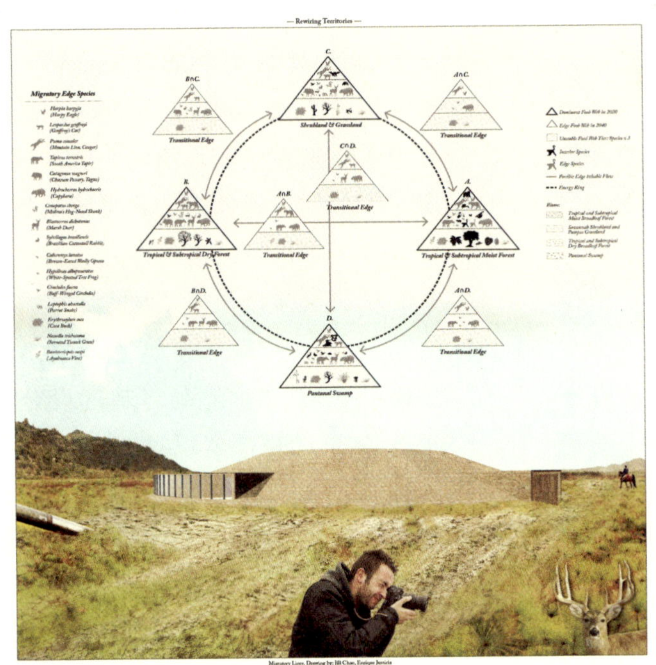

[图] 14
[Ⅲ] 吉尔·乔（Jill Chao）和恩里克·胡斯蒂西亚（Enrique Justicia）绘制的“重塑领域”是尼拉杰·巴蒂亚主持的“明日石油城”项目的一部分。图片来源：开放工作室。

点。巴蒂亚还担任“明日石油城”（The Petropolis of Tomorrow）项目的研究总监，该项目探索城市主义与资源开采之间的关系，特别是与南美能源相关的资源开采城市的形成［图 Ⅲ.14］。

另一种将领土和地理视为地球样本的实践来自土耳其建筑师内兰·图兰创立的总部位于旧金山的 NEME 工作室（NEMESTUDIO）。她的作品利用地理与设计之间的关系，凸显它们在建筑与城市主义新美学和政治轨迹中的相互作用。NEME 工作室的作品运用视觉表现和叙事这两种强有力的形式，来展示未来资源的可利用性。与巴蒂亚类似，图兰早期的项目包括地球探测，从地下深处到空中的三维渲染，展示了环境立法被制度化并融入建筑环境之中的荒谬之处。最近，图兰设计了舞台布景和场景模型，以图纸和实物模型的形式专注于行星开采的片段。她在 2021 年威尼斯国

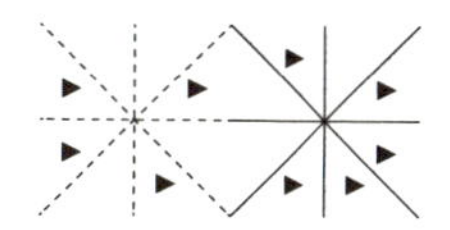

际建筑双年展上负责土耳其馆的策展，展示了四个场景模型，她解释称这些模型通过揭示建筑施工看似平凡的手段和细微差别，唤起了人们对行星的新的想象。[39] 在这些模型中，建筑工地的内部场景如资源开采、材料供应链和维护等与行星尺度的场景并置。剧场舞台的小尺度使她能够将领土尺度的问题转化为人类的体验。[40] ［图 III.15］

总体而言，疫情及其带来的危机感，在气候与健康危机的交汇中得到体现，这揭示了一个事实：在更大的行星尺度上，人类是可能被毁灭的，但地球不会。边界作为国家维护主权的脆弱幻想而浮现；这种主权脱离了人们呼吸和饮用的水和空气，脱离了他们在现实世界中身体的遭遇。整个 2020 年春季，由约翰·霍普金斯大学[41] 制作的病毒 GIS 地图展示了这种黑暗现实：国界作为物质化边界的重要性远不如作为政治基础设施的重要性。

在类似的语境下，阿波罗 17 号船员于 1972 年拍摄的地球蓝色大理石照片同样消解了国界。[42] 据曾大力推动该图像公开传播的斯图尔特·布兰德称，美国国家航空航天局延迟发布这一图像可能是因为担心失去国民对国家的热爱与忠诚。这张图像的公布在人类的想象力上引发了深刻变革。它揭示了领土分割主义是一种虚幻的状态，其作用是用以限制、

[图] 15
[Ⅲ] 2018年由NEME工作室制作的“虚假地球”。
图片来源：内兰·图兰。

控制、威慑和监视在空间中移动的身体。

从这个角度来看，当前建筑机构的作用值得商榷。正如太空鱼子酱团队（Space Caviar）在其各个平台上提出的“非开采式建筑”观点一样，建筑师的目标不是限制碳排放，而是提出一种本质上不依赖于某种形式的开采的建筑理念。[43] 如今，被洪水淹没的社区、气候变化引发的流离失所、大规模移民、生物多样性的丧失以及普遍的森林大火，迫使我们重新思考建筑与设计作为地球关怀的形式。然而，这种关怀通过跨国经济和开采地理学的政治维度来理解，已不再是富勒“世界游戏”的模拟。相反，它深植于建成环境如何构建、物质化和维护环境不平衡的细节中，并预见什么时候需要手术性的修复干预。换句话说，这个时代的“行星实践”并非意图重新设计整个星球，而是挑战现代世界的既定信念，如无限增长，并想象出能够修改、破解甚至拆除先前制定的能源基础设施的本地干预措施。

[Ⅲ]　ii

[▸]　星球主义者

[↘]

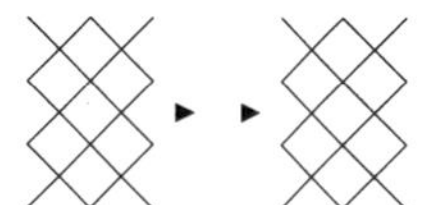

[▸] 非人类

“非人类转向”（The Nonhuman Turn）是英语教授理查德·格鲁辛（Richard Grusin）基于威斯康星大学密尔沃基分校21世纪研究中心主办的会议，于2015年编辑的一本书中引入的术语 。正如格鲁辛在引言中解释的那样，非人类转向包括了各种哲学方法，这些方法积极地将人类去中心化，转而关注非人类，非人类可被理解为动物、情感、身体、有机和地球物理系统、物质性或技术等。[44] 这一发展通过将注意力转向其他种类来改变长期以来的人类中心主义传统。在这个过程中，它呼吁消解已有的二元对立，如自然 / 人工或人类 / 非人类，并强调由生态系统关系网络的波动来创建的新环境。在人文和社会科学中，将非人类的部分包含在一起考虑，首先是一种关乎种间正义和团结的问题，可以帮助我们想象如何在未来的城市社会中生活。重新思考人类与非人类的关系，也意味着考虑阶级、性别关系以及种族主义。然而，这种转向并不是关于理想化和恢复和谐。相反，许多环境人文学者认为，这是生存所必需的。正如罗安清写道，“为了生存，我们需要帮助，而帮助总是为他人服务，无论有意无意。”[45] 然后，她继续呼吁关注“污染”和“被污染的多样性”，以及物种和系统的合作，使我们能够继续在这个环境中生活，不受资本主义的影响。

在哈拉维的作品中，从采采蝇、豚鼠到“数据库老虎”和携带摄像机的鲸鱼，她展示了非人类主体如何与人类结构、系统以及科技互动。在她1985年的开创性文章《赛博格宣言》（“Manifesto for Cyborgs”）[46]中，她提出了赛博格这一概念，即人类和机器的混合体，通过将“女性”替换为超越人类的技术科学联盟，从而质疑自然与文化的连续性。哈拉维运用讽刺作为一种合理的方法来接近现象，她认为“再生产”不再仅仅与生物诞生时刻有关联。在赛博格（我们社会现实的副产品）的世界中，诸如生与死这样的基本对立被颠覆，以暗示“我”与空间之间的新关系。抵制乌托邦，这种“分解和重组”[47]的赛博格将其各部分结合在一起并发生变异以求生存。这样的说法否定了身体的完整性，甚至拒绝了“完整性”作为一个通用的概念，取而代之的是“生物组件”，即可以用无数种方式相互连接的碎片。

在哈拉维最近的作品中提出了以下观点：流动性和交换的概念以及将世界视为大量的数据和微粒的集合，无论是有机的还是无机的，它们可以凝聚并塑造有知觉的生命形式。在20世纪80年代，组装的概念被转化成设计学科中的假肢和机器部件的拼装。最近，它被理解为构成生命的物质形态和微生物。2008年，哈拉维在她的书《当物种相遇》（*When Species Meet*）的开篇中指出，仅有10%的人类细胞包含人类基因组，而其余90%含有细菌、真菌、原生生物和其他生物的基因。她将这些数量超过人类细胞并与机体共存的微生物群之间的相互作用称为身体的“接触区域”或“重要的影响人体的部分”。作为人类，我们总是在与其他事物一同成长和发展，不断地适应和参与到广泛的社会和自然环境中，因为人类不仅仅是作为简单的个体生物存在。[48]哈拉维在人类与技术互相依赖的时代对人类主义的重新定义，对当代设计方法至关重要，并为与环境建立新的关系提供了可能性。

在面对人为的灾难时，为星球上的所有物种（动物、植物、微生物、技术生物及人类）的利益进行设计，需要承认这种多物种合作的复杂性，并需要对生命系统及其相互依存的关系进行深入研究。近年来，建筑师和设计师们已经设想了为蝙蝠、蝴蝶、蟋蟀和其他动物设计的栖息地。他们还设计了细菌、真菌和海洋生物（如贻贝和牡蛎）的栖息地，以减少环境不平衡并提高生物多样性。在《非人类转向》中，格鲁辛认为各种有时相互冲突的知识和理论方法也是有价值的。这些包括：布鲁诺·拉图尔的行动者网络理论；情感理论，特别是在马克思主义女性主义和酷儿研究中的探讨；动物研究，如哈拉维对物种主义、

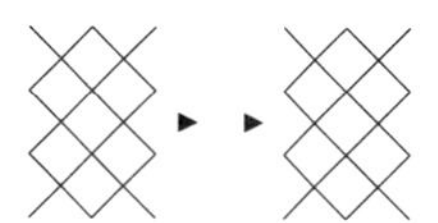

动物权利、伴侣动物和杂交物种的批判；设计、女性主义和社会理论中的“新唯物主义”；关注技术网络、协议、计算和物质界面的新媒体理论，以及具有推测性现实主义的理论和新生命论及泛灵论等理论。[49] 本章的重点将集中在和非人类相关的两个设计学科方向上：a) 为动物和其他生物设计，以及物种主义和共生问题的讨论；b) 设计中运用活性物质，并探讨新唯物主义、活力和非人类世界观，不将非人类世界视为被动的历史化背景，而是作为主动的主体。

关于为动物设计、物种主义和与非人类生物共生的问题，重要的是要记住，从历史的角度来看，城市环境的构建旨在隔离某些空间，使生活在里面的人免受环境流动和其他生物的影响。这种明显的分隔暗示了一种道德规范，保护建筑免受疾病侵害，同时将宗教伦理的意识形态框架转移到材料的微观层面。然而，城市从未完全属于人类；非人类也一直栖居其中。公园、墓地、荒地、杂草丛生的废墟、建筑工地以及多层次的城市基础设施为许多物种提供了生存条件。[50] 城市环境中的这些生态位被一些不速之客（未驯化或未隶属于人类占领规范的动物）所占据。哈拉维提出了“伴侣物种”的术语，取代了如狗 [51] 这样在许多美国家庭中不可或缺的“伴侣动物”的称谓。通过这种措辞，她预见到了动物与（微）生物、景观、系统和技术之间错综复杂的生态学联系，从而挑战了以人类为中心的世界观，并认识到所有生物的复杂性和相互联系，使我们能够与环境产生共鸣并保护环境。

作为 2019 年库珀·休伊特（Cooper Hewitt）设计三年展的一部分，总部位于纽约布鲁克林、由米切尔·乔阿希姆（Mitchell Joachim）共同创立的非营利艺术、建筑和城市设计研究组织 Terreform ONE 提出了开发“帝王蝶保护区”的构想。这是一个垂直且可移动的栖息地，旨在支持帝王蝶的生存。近几十年来，帝王蝶的种群数量显著下降，Terreform ONE 强调设计能够构建生态系统和栖息地，以维持和保护物种免于灭绝，同时提高公众对设计在保护物种和恢复生物多样性中关键作用的认识。[52] 2016 年的模块化蟋蟀庇护所是一个早期项目，提供了一种替代的粮食生产和营养途径，通过卫生和人道的方式饲养和获得蟋蟀，供人类食用［图 III.16］。饲养昆虫作为蛋白质来源，比起养殖牛、猪和鸡，只需要 1/300 的水量。模块化蟋蟀庇护所的设计旨在为蟋蟀提供庇护所，并能够收获昆虫作为可食用的产品。

另一个为昆虫提供栖息地的原型是由哈里森工作室在 2019 年设计的“传粉

[图] 16
[Ⅲ] 蟋蟀庇护所：由Terreform ONE（项目负责人米切尔·乔阿希姆）设计的模块化可食用昆虫农场，建于2016年，位于纽约布鲁克林海军码头。图片来源：Terreform ONE。

者亭”，该工作室由阿里安娜·哈里森和塞思·哈里森运营［图Ⅲ.17］。该亭为独居蜜蜂提供了一个新的栖息地，并作为纽约哈德逊谷地区再生农业的一个典范。哈里森工作室的其他装置作品则容纳并赋予其他物种权力，而不是将其边缘化。在他们2016年在纽约皇后区苏格拉底雕塑公园的一项名为“鸟和蜜蜂”的装置项目中，他们声称该项目“保持了教育性的信息，同时从视觉上论证了在人类世时期，与其他物种共生的建筑应被视为新的生活现实之一。”[53] 建筑师乔伊斯·黄（Joyce Hwang）同样为害虫设计了几个住所。她的草原蚂蚁工作室（Ants of the Prairie）几乎专注于为非人类生命开发栖息地，特别是那些作为疾病传播者而被大规模灭绝的不受欢迎的生物。黄通过她的装置艺术作品，试图改变人们对害虫的传统看法，认识到它们是生态系统中的重要组成部分。2007年，黄在纽约北部建造了蝙蝠塔，这是她的早期项目之一，旨在让人们关注蝙蝠的生活，它们是有效的天然杀虫剂、传粉者和驱蚊

[图] 17
[Ⅲ] 哈里森工作室设计的“传粉者亭”，于2019年在纽约州的旧泥河（Old Mud Creek）农场建成。图片来源：哈里森工作室。

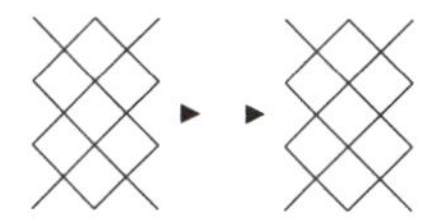

[图] 18
[Ⅲ] 2007年由乔伊斯·黄（草原蚂蚁工作室）设计的东奥托市蝙蝠塔。图片来源：乔伊斯·黄。

剂［图 Ⅲ.18］。最后，由阿丽西亚·拉扎罗尼（Alicia Lazzaroni）和安东尼奥·贝尔纳基（Antonio Bernacchi）经营的驯养动物工作室（Animali Domestici）提出了新的地板组件，重新定位了人类与非人类（昆虫、隐花植物、细菌）之间驯化和共存的过程。通过其材料、工艺、实践和仪式的拼贴，这种地板组件提出了一种“材料激进主义”的议程，它采用低技术手段，使一系列地板组件生产和开发民主化，同时拥抱一种“失控的驯化”[54]［图 Ⅲ.19］。

关于使用活性物质进行设计，简·班纳特提供了批判性视角。正如她在书籍《流入与流出》（*Influx & Efflux*）中写道，成群的“非人类在我们体内和作为我们自身而工作；我们由许多内在的异己提供动力，包括摄入的植物、动物、药物，以及思维本身所依赖的微生物群。”[55]我们已经与其他生物共同生活；它们存在于墙壁上、建筑的凹槽中、我们的身体上，甚至在地球资源中。文化理论家阿斯特里达·内伊曼尼斯（Astrida Neimanis）从身体的多孔性和液态性种看到了这种共存——我们与其他生物共享地球的存在。在《水体》（*Bodies of Water*）一书中，她从身体湿润构成的角度重新构想身体，认为这与当前环境恶化的紧迫生态问题

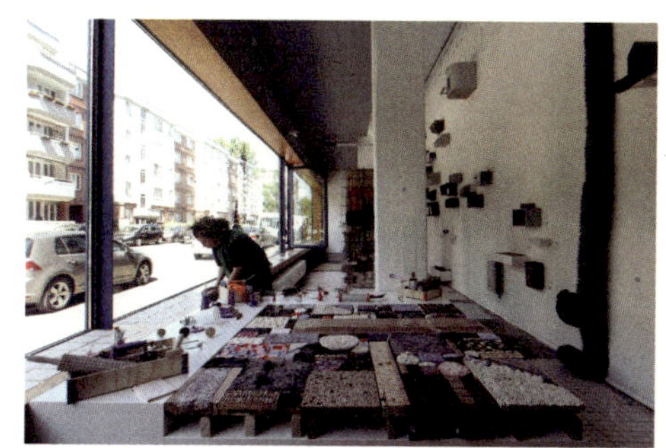

[图] 19
[Ⅲ] 2022年5月，由驯养动物工作室（阿丽西娅·拉扎罗尼＋安东尼奥·贝尔纳基）创作的“硬件故事”（Hardware Stories）在柏林的橱窗（Schaufenster）画廊展出，作为ARCH+策划的“共同居住的建筑”展览的一部分。

密不可分。[56]两位作者都认为其他生物对人类身体的占据不是侵入，而是一种增强和扩展的过程，因为所有的身体都在一个生态连续体中同步。这样的非人类形象投射了我们如何理解我们的身体与自然界中的其他身体。

在这种情况下，非人类转向不仅限于种间团结和对非人类生物的关怀，而是成为一种感知和认识上的转变，即探索世界作为一个充满活力的身体和力量的连续体，这一连续体模糊了生命与物质、有机与无机、主观与客观、主体与结构等传统二分法。通过认识到生物物质影响思维和参与方式的力量，我们可以在设计自然系统时克服对不可预测性的恐惧以及对绝对控制的错误观念，从而构建一种更细致的理解，关于我们如何感知和与我们周围的世界互动。

与这种思维模式一致，数字人文项目野生地图集（Feral Atlas）汇集了来自多个学科领域的学者，研究非人类物种的自然环境和历史，从而拓展了非人类主体性的概念，并展示了多样化力量如何塑造和促成当代城市生态系统的形成。野生地图集[57]项目始于2021年，基于罗安清的工作，由罗安清、詹妮弗·德格尔（Jennifer Deger）、阿尔德·凯勒曼·萨克森（Alder Keleman Saxena）和周菲菲（Feifei Zhou）策划，旨在搭建研究、理论和设计之间的桥梁，重点关注建筑、设计和视觉艺术对生态的影响。具体而言，该地图集利用数字技术在植物、真菌、物种、领土和环境不平等的社会地图进行视觉和心理上的放大和缩小。这个项目通过使原本看不见的人类与其他物种的联系变得可见，并赋予其感官上的背景，将抗生素、香蕉杀菌剂、咖啡锈病真菌、放射性蓝莓、昆虫、老鼠、美国牛蛙、冠状病毒和马铃薯疫病等视为“引爆器”，这些都源自工业和政府基础设施。在工业化和帝国废墟遗址出现的“野性”生态，在多层次的绘图中被叙述出来，为分析、理解和应对人类世紧迫生态挑战开辟了新的途径［图Ⅲ.20］。

这种与人类干预导致的生物多样性巨大损失直接相关的环保主义叙事的视觉形式，深深植根于海洋生物学家和保育主义者蕾切尔·卡森及其1964年标志性的著作《寂静的春天》中。受到她在长岛家中观察到的鸟类死亡的启发，卡森意识到它们的消亡是由于联邦政府试图通过喷洒环境毒物和农药（尤其是DDT）来根除“杂种蛾”（又称“吉普赛蛾”）的计划所致。在她的书中，卡森以科学精确和诗意细腻的方式探讨了环境恶化问题，展示了政府和社会对环境问题采取的法律和政策措施，无意间导致了系统性的污染实践和影响，比如大规模和

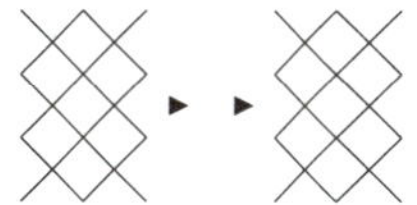

[图] 20
[Ⅲ] “人类世引爆器景观”，野生地图集项目，斯坦福大学，2021年。图片来源：周菲菲。

计划性地使用合成化学农药，这些做法导致了土壤退化和动物物种的灭绝。她还揭示了政策制定和执行计划中可能存在的信息误导，这是由化学工业的营销策略传播和公共官员未能采取行动导致的。正如19世纪美国超验主义作家的作品激发了保护运动并唤醒了美国人的良知，意识到人类活动对自然界的持续伤害一样，卡森的书也揭示了化学物质对环境的危害、战争和太空旅行对环境的技术控制，并警告称，人类对自然的统治和设计未必是未来正确的行动方向。她敦促人们质疑那些试图对自然施加控制和专制设计的权威，她推动并赋予了她那个时代新兴的环保事业以社会紧迫感。[58]《寂静的春天》所引发的文化余波激发了反对人为技术和基础设施负面影响的环境行动主义，推动了一场环境运动，最终促成了1970年美国环境保护署的成立。

然而，尽管卡森的著作和内斯的深层生态学[59]与非人类转向相关，但它们与21世纪为非人类生物设计和与其共同设计的概念有所不同。对于卡森和内斯来说，生态学是不经过调节的，本质上反对设计和人类干预，因此坚持自然与人造的二分法。相比之下，哈拉维、罗安清、班纳特等人预见到一个更为黑暗的“与废墟共存”的时代(如罗安清所言)，并声称设计可以与自然、技术以及地球破坏的副产品共存、相互依赖和合作，从而将人类和其他生物、非生物或技术生命形式整合到更大的生态网络中。简言之，这些思想家认为在人类世中，自然与文化之间的界限已经模糊到难以分开的地步。这样的框架支持技术生物学的方法和设计干预，以创建适合所有生命形式（而不仅仅是人类）的多物种环境。它还揭示了由此类纠葛引发的冲突，这些冲突驱动了当前的破坏。因此，非人类理论提供了一个框架，用于理解和应对这种复杂的局势，并发展出将人类生活纳入更广泛的多物种背景下的策略。

[Ⅲ] ⅲ

[↘]

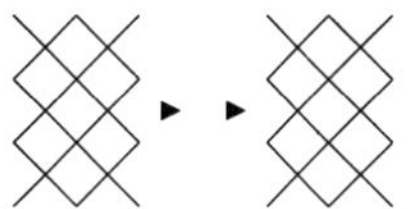

[▸] 非人类

[↘]

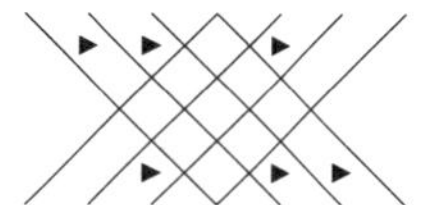

[▸] 有韧性者

作为一种设计方法，韧性强调建筑师通过修复受污染的生态系统，以及在密集人类聚居区与更为稀疏的农村地区之间重新创造软边界，以应对气候变化。尽管这个术语缺乏明确的定义，但它最常被描述为一种公平的治理模式，以及社会维持秩序并适应或管理风险的手段。其主要目标是确保城市的准备状态、资源的更新以及生态系统的恢复。作为一种制度，韧性并不受限于任何明确的设计策略。然而，在大多数情况下，它被转化为绿色空间和容错基础设施系统，利用技术来吸收雨水、净化空气和调节极端温度。

韧性的概念由加拿大生态学家克劳福德·斯坦利·霍林（Crawford Stanley Holling）于 1973 年在《生态系统的韧性和稳定性》（“Resilience and Stability of Ecological Systems”）[60] 一文中首次提出。借鉴工程物理学的思想，霍林认为生态系统应该既具有稳定性，又能适应干扰，并将韧性定义为系统忍受和调节变化的能力。在 20 世纪 70 年代后期，韧性作为一个概念被应用于生物学，重新构建了科学家对生态系统功能的理解。在这一假设形成过程中，出现了两种类型的弹性：第一种是工程韧性，指的是世界在受到干扰后恢复稳定状态所需的时间；第二种是生态韧性，指的是系统在不发生变化的情况下能够承受的干扰程度。霍林在生态学和自然资源管理领域的重要贡献在于，他用系统的重组能力取代了单一平衡的概念，这种能力使系统能够在面对极端、非凡或意外事件时重新组织，而不会危及其功能或完整性。[61] 这一定义关注的是系统在动态调整中的能力，而不是保持静态平衡，这在自然灾害如洪水、飓风和地震等事件中尤为重要。然而，这一概念同样适用于应对气候变化、海平面上升和人口增长等缓慢发展事件。需要特别注意的是，一个具有韧性的系统成功适应的关键在于，需要在数据收集、分析、建模和规划方面进行大量投资。

考虑到这一点，建筑理论家罗斯·埃克索·亚当斯（Ross Exo Adams）写道，韧性城市主义是跨尺度的，因为它超越了测量、治理和信息的边界。他指出，到目前为止，生态韧性是通过身体的城市化、地方社区的政治化以及数据收集和控制技术对个人的可及性来实现的。随着设计创新在环境、政治和技术等城市化类型和尺度之间进行协调，城市韧性“作为一种生态学变得更加清晰”。[62] 它的力量和必然性源于其能够将真实的危机纳入其话语和政治形态之中。与可持续性或生态城市主义不同，韧性立即将自己定义为对危机的响应，而不是作为减少未知未来危机影响的推测性手段。

因此，韧性项目脱离了理论推测，而与实际损害数据和标准风险概率数据的使用密切相关。因此，它承诺同时进行灾害救助和商业化的城市化。自作为对灾害风险管理政策的响应而进入城市规划讨论以来，韧性在许多方面成为一个“流行语”。[63] 尽管不可避免地伴随着紧迫感和重要性，但韧性也导致了理论与现实之间的冲突。[64] 它因导致各方责任不均、维持现状、采用技术现代主义的城市规划方法，以及最重要的是将政治制度作为金融资产纳入的生态足迹进行资本化而受到广泛批评。正如意大利社会学家莫拉·贝内吉亚莫（Maura Benegiamo）强调的那样，韧性忽视了环境脆弱性的巨大差异以及权力动态对环境问题的影响。[65]

像贝内吉亚莫一样，许多研究者注意到，韧性强调城市重建的技术维度，而淡化了实际灾害的性质或个体对冲击的不同反应。[66] 城市主体的脆弱性各不相同，不能仅通过加强技术基础设施而不进行结构性改革来解决。正如地理学家萨拉·尼尔森（Sara Nelson）指出的那样，韧性范式对后福特主义－资本主导制度产生了重要影响。[67] 由于对系统不稳定性和风险的强调，当代生产和消费模式内部不可持续性问题变得更容易管理。当前生物技术研究的趋势、绿色经济的增长以及生态系统服务的交易性质，都表明商品化过程正在加剧，同时体现出保

护和缓解的目标对环境和生物系统施加了更大的压力。

根据这一思路，亚当斯讨论了纽约市的“韧性设计”（Resilience by Design，RBD）计划，这是一个旨在在该市沿海地区实施韧性设计的倡议。亚当斯引用了米歇尔·福柯[68]的观点，认为通过连接政治经济（作为一种知识形式）、人口（作为其主体客体）和安全机制（作为其干预手段），韧性设计计划提出了一种对治理方式的根本转变和新的政治认识论。2013年夏天，在飓风桑迪摧毁纽约后的余波中，城市规划师、工程师、海洋生态学家、气候科学家和经济学家与洛克菲勒基金会联手，共同发起了市政府和联邦倡议，提出了应对极端天气现象的新设计方法。该项目确定了该市沿海环境的自然资源，并试图对其进行调整和改造，以形成一个既能最大限度地保持生态完整性，又能促进公共健康与安全、经济稳定和社会公正的方案。这些充满雄心的目标通过智能信息站点来实现，从应用程序到公共建筑上的标识，都强化了对数据驱动决策的依赖，整合了控制论技术、绿色经济策略和生态系统服务，从而“协调了一种新的公共交流意识”。[69]

根据韧性设计计划网站的描述，这一倡议改变了联邦政府应对灾难的方式，并成为其他地区现在采用的模式，帮助社区为未来可能发生的不可预见事件做好准备。例如，奥巴马于2014年发起的“国家灾害韧性竞赛”为全美13个城市的韧性建设项目提供了10亿美元的支持。这种承诺显示了该组织在推动大规模行动和制定超越灾难被动应对的举措方面取得的成功。正如韧性设计计划所声称的那样，它促进了预备模式的发展，使社区能够提前规划并为未来的灾害做好准备，同时激发了国际合作。[70]

这些规划指南主要通过将绿化带融入现有的城市基础设施，将规划指南中的理念和要求具体化为实际的设计要素。根据韧性设计计划的介绍，其目标是将“混凝土丛林变成海绵”。事实上，“海绵”和孔隙率的管理是韧性城市主义的核心，即将城市的垂直和水平表面理解为吸收水分、促进植被生长和增强生物多样性的设施，而不是抵御水的屏障。韧性设计计划对城市增长的一个关键建议是“学会与水共存”。[71]建筑行业普遍采用的一种设计解决方案是铺装透水砖，通过吸收雨水来防止洪水。“尽可能多地让水自然地渗入地下，这对于自然水文循环来说更有利。”[72]初创公司阿基普尔（AquiPor）的首席执行官格雷格·约翰逊（Greg Johnson）如此说道。该公司生产具有亚微米级孔隙的混凝土透水铺装砖，可以吸收雨水，同时阻挡污染物。［图 III.21］约翰逊在为自己的初创公司宣传时指出：该产品将通常被视为问题的雨水转化为一种资源，从而将雨水的威胁转化为促进新生命生长的契机。

尽管这种转化对于打破二元对立（如废弃物与资源）具有重要价值，但在韧性城市主义的逻辑中，要将城市和城市环境加固，就好像环境现象（如下雨）构成威胁，需要将其阻挡在人造环境之外。韧性还通过坚硬的墙壁或软性元素（如环绕城市的绿化带）建立意识形态的等级体系：它暗示一个需要被保护的内部，以及一个带来风险的外部。正如地理学家凯文·格罗夫（Kevin Grove）所指出的那样，韧性的概念建立在系统内部和外部的对立之上；无论是生态系统、个体心理还是技术系统，系统的“内部”通常是一个相对稳定的实体，但会受到外部系统（无论是较大或较小尺度的生态系统、个体的社会文化背景，还是更广泛的生物物理技术环境）意外干扰的影响。“管理、设计、治疗或工程无法阻止这些侵入；相反，它们只能为不可避免的干扰做好准备。”[73] 从这个角度来看，海绵成为城市系统内外之间的调解者。

海绵作为修复景观的隐喻，被许多景观建筑师付诸实践，包括由苏珊娜·德雷克领导的位于纽约布鲁克林的迪兰工作室（Dlandstudio）。该工作室最近与佐佐木建筑师事务所合并。其极具代表性的项目之一是高线运河海绵公园，这是布鲁克林一处臭名昭著且严重污染的美

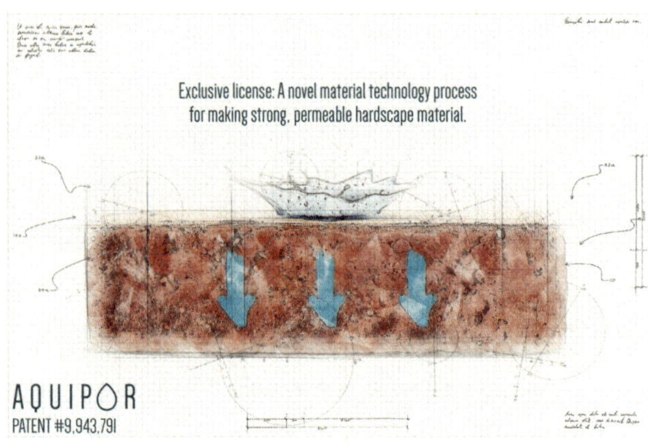

［图］ 21
［Ⅲ］ 使用阿基普尔材料进行现场暴雨管理的街道设计。

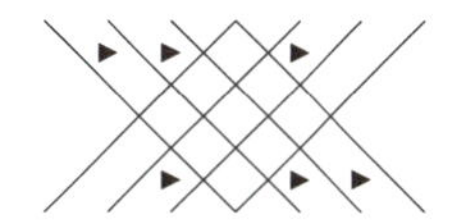

[图] 22
[Ⅲ] 迪兰工作室在布鲁克林高线运河总体规划中设计的海绵公园™（2013—2015年）。图片来源：迪兰工作室。

国环境保护署超级基地。迪兰工作室提出了沿着运河两侧建设绿色走廊的设想，旨在吸收和净化雨水径流，同时为当地居民创造社区活动空间，从而将韧性理念融入生态和城市设计。德雷克和她的团队将这片严重污染的场地改造成一个蓬勃发展的社交互动区域，利用植物作为吸收有毒物质的介质［图 Ⅲ.22］。该项目于 2013 年获得资金用于公园的试点部分，体现了德雷克对修复景观走廊可能性的信念，这些走廊将土地利用的生态学与人类活动交织在一起。

作为韧性设计的一个操作案例研究，凯特·奥尔夫（Kate Orff）的 Scape 事务所在重新构想几个城市景观时，融入了棕地修复、最小化场地干扰以及将自然系统与人类栖息地结合的原则。例如，Scape 事务所与 Perkins + Will 建筑师事务所合作，为纽约金斯顿市哈德逊河港口的棕地区域制定了韧性战略。这表明金斯顿可以采取“切割和填充”的方法来软化边缘并抬高地势，使土地可以开发，从而增加陆地和水域的栖息地，以构建抵御洪水和海平面上升的生态韧性［图 Ⅲ.23］。

Scape 事务所和迪兰工作室所采用的景观恢复实践创造了充满活力的公共空间，同时促进了生态修复，其成果的价

[图] 23
[Ⅲ] Scape事务所和Perkins + Will建筑师事务所在纽约金斯顿的哈德逊河滨设计（2014—2016年）。图片来源：Scape事务所。

值毋庸置疑。然而，对我们来说至关重要的是，我们要审视韧性框架背后作为加固手段的本质，并考虑这种概念性叙事如何将灾害商品化，并催生出几乎完全依赖指标和数据的解决方案。最终，韧性通过生态系统的功能化促进了绿色资本主义的发展。21世纪初，英国伊甸园项目的执行副主席兼联合创始人蒂姆·斯密特（Tim Smit）提出了“生态资本主义”这一术语，其含义并非将自然资本化，而是为了应对我们对自然的丧失感，以发展新的经济模式。斯密特否定了资本主义和环境意识彼此互斥的观念，声称伊甸园项目是强大资本和生态政治信念结合的产物。在他看来，生态设计已成为一种贸易商品，而正是生态和经济消费的同时存在，为未来生态设计和最大限度地降低风险提供了指导。

因此，韧性体现了对技术成就、生态销售以及制定标准的兴趣，专业人员可以根据这些标准来评估生态意识、响应能力和设计。例如，建筑历史学家乔纳森·马西（Jonathan Massey）指出，福斯特合伙人事务所的圣玛丽艾克斯30号大厦，通常被称为“小黄瓜”，其设计回应了“我们对与气候变化、恐怖主义和金融全球化相关风险的想象方式”。[74]风险管理通常被视为在商业中理性化处理突发事件和不确定性的方法，但它也可以是关乎生态的。马西认为，通过应对风险，圣玛丽艾克斯30号大厦不仅是变革的标志，也是变革的推动者。它成功地弥合了可持续发展举措与经济增长之间的差距，尽管在实践中，其可持续特征实际上未能达到其能源性能的要求，却成功地向公众推销了某种生态理念［图Ⅲ.24］。

格罗夫认为，韧性与让·鲍德里亚（Jean Baudrillard）所称的“环境总体性”密切相关[75]：“这是一种将世界体验视为功能系统的认知，这个系统由物体组成，它们的排列可以根据变化的需求重新配置。在这样的世界中，对象的真相不仅在于它们是什么，更在于它们能做什么。”[76]博德里亚所说的系统本质上是组合性的，即由物品和对象组成，代表可以产生多种配置的基本元素。这种

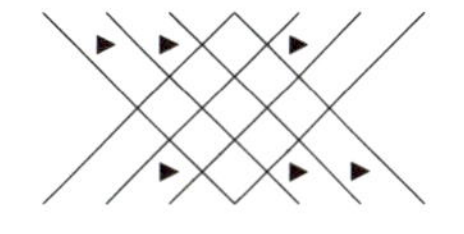

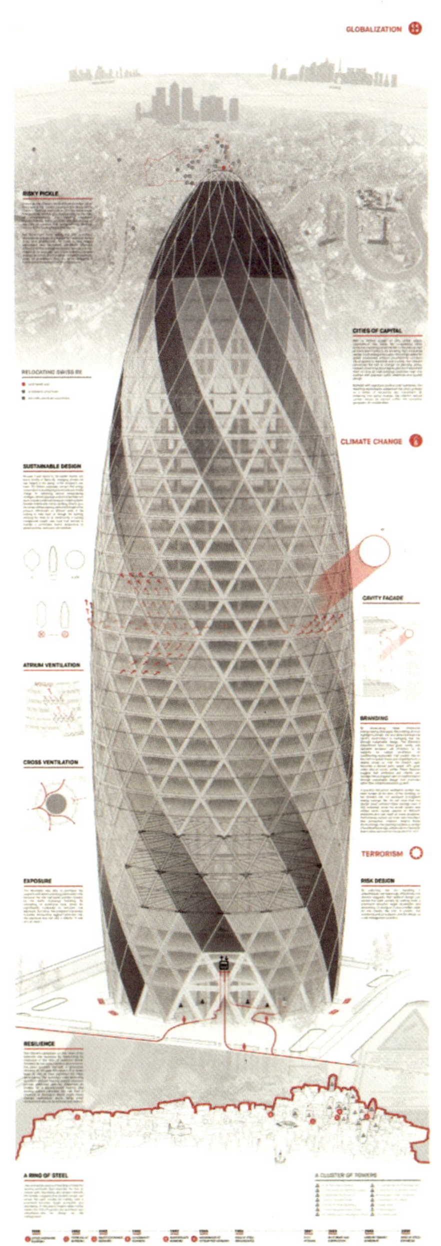

[图] 24

[Ⅲ] 乔纳森·马西和安德鲁·韦根德（Andrew Weigand），“风险设计分析绘图”，2013年10月的在线期刊 *Aggregate* 第1期。

逻辑在原子论的理论基础上具有历史根源[77]，它鼓励和支持多样性和变化，但也需要一定的标准化和规范化来应对系统的复杂性，这是更大系统的效果，由多个规范化的子系统构成。在这种意义上，风险和不确定性被视为可以通过全面监测进行量化的知识，并作为算法控制的模式，其中人类或非人类的身体与基础设施组件及其他元素并存。所有元素在可执行和可衡量的议程方案中都成为对象和工具。

布拉德利·坎特雷尔（Bradley Cantrell）是弗吉尼亚大学景观建筑系主任，是一位景观建筑师和学者，他的工作在修复受污染的生态系统方面有着独特的创新。他的作品常被称为“响应式景观”“合成景观”或“赛博生态”，融合了计算和生态学，提供了监测、理解和表现沉积作用、河床地貌演变等复杂自然过程的新方式。[78] 坎特雷尔开发并设计了设备和基础设施，如他定制的“流体建模台”，利用超声波模拟地形景观，形成了维护、进化过程和环境响应之间复杂的相互关系［图 Ⅲ.25］。尽管坎特雷尔的工作主要集中在实验室中进行数字和物理模拟，但他的计算景观涉及计算和机器学习，为建造与城市和自然系统共生的物理基础设施和自然景观提供了深刻的见解。[79]

[图] 25
[Ⅲ] 布拉德利·坎特雷尔和艾玛·门德尔（Emma Mendel），地貌模型桌，沉积物运输基础设施原型设计。

在 2023 年纽约库珀联盟的毕业典礼演讲上，毕业生安德里乌斯·阿尔瓦雷斯 - 巴克斯（Andrius Alvarez-Backus）坦言，在谈到世界面临的巨大社会挑战时，他拒绝接受的一个词是“韧性”。他继续说道：“当我们对逆境过于宽容时，我们就接受了我们当前面临的有缺陷的世界。相反，我们应该梦想并要求一个充满便利和公平的世界，并利用我们在这里学到的技能来实现这个现实。”[80] 巴克斯强烈谴责将灾难自然化，以及将救援计划纳入无情资本主义的权力动态中的行为。的确，一些看似创新的技术和举措利用了某些生物有机体的消亡来实现恢复。问题在于，这种恢复是为了谁？贝类被用作过滤机制或植物被用作植物修复工具，将生物生命简化为一种机械叙事，这种叙事使生态系统功能化，并重新确立人类的至高地位。鉴于海克尔 19 世纪的进化树将人类生活置于一切之上的位置，韧性可以说证明了生命秩序几乎没有改变。作为新一代艺术家、建筑师、工程师和思想家的代表，巴克斯认为，韧性意味着气候危机的不断恶化及其令人不安的影响是自然的和不可避免的，而与之斗争是唯一的选择。这种对问题的误解，正是重新关注环境历史对于重建联盟和层级结构至关重要的原因，这些现实将促成包容和集体化模式的社会组织、相互理解和环境关怀。

[Ⅲ]　iv

[▸]　有韧性者

[↘]

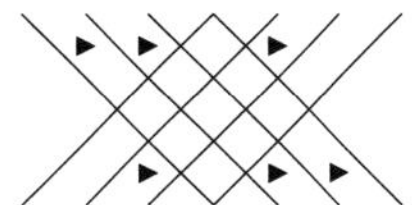

[↘]

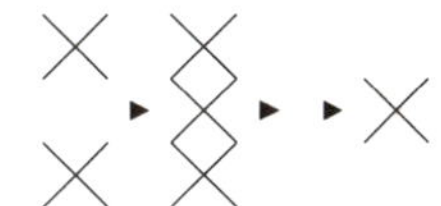

[▸] 土地叙述者

阿里斯·康斯坦丁尼迪斯(Aris Konstantinidis)在整个20世纪的希腊建筑界都具有重要影响力。通过丰富的作品，他将现代建筑引入希腊，但带有非常独特的视角。他声称，任何建筑都应该像植物、树木或花朵一样从地上长出来；因为正如他所认为的，建筑是地理和地形的，从土地的根基中生长出来，就像树木、灌木和花朵也从土地中生长出来一样。[81] 这种信念，类似于弗兰克·劳埃德·赖特对有机建筑的宣言，它驱使康斯坦丁尼迪斯使用本土材料建造，使他的建筑看起来像是从山上的岩石中无缝地生长出来［图Ⅲ.26］。他的技术在希腊现代建筑教育中已经获得了神话般的地位，与另一种对禁欲生活的坚定信念相结合，转化为一种禁欲的匿名建筑。[82] 像赖特一样用大写“N”拼写“自然”，赋予其神圣的品质，康斯坦丁尼迪斯也

[图] 26
[Ⅲ] 希腊阿纳维索斯的周末住宅，阿里斯·康斯坦丁尼迪斯设计，1962年。

诗意地提到了土地及其所体现的真理，认识到灵魂融入景观时的崇高感——这一思想与西方浪漫主义传统和埃德蒙·伯克于 1757 年关于崇高的哲学著作密不可分。[83]

将近六十年后，一篇关注 2023 年由莱斯利·洛科（Lesley Lokko）策展的威尼斯建筑双年展的论文，提出了关于建筑植物学以及建筑如何从植物考古学中学习的论述。[84] 在这篇文章中，保罗·塔瓦雷斯（Paulo Tavares）（他与加布里埃拉·德·马托斯（Gabriela de Matos）共同策展了获奖的巴西馆“地球”）将建筑视为一种植被，并谈到亚马逊森林中的土著部落如何与土地共同工作和共存。尽管塔瓦雷斯所持的许多原则，比如建筑应该无缝地融入并与土地结合的想法，与康斯坦丁尼迪斯的理念相似，但塔瓦雷斯批评了西方视角和把森林看作真正原始、未经人类触碰的处女地的观念。根据人类文化学家威廉·巴利（William Balée）的研究，巴西的卡波尔族（Ka’apor）并不将森林视为自然，而将其看作建构的景观。“对于西方视角而言，看似混乱的自然环境，即没有人类干预、意图和理性定义的环境，在卡波尔人看来却是祖先建造的村庄的遗迹，一种充满深刻人类历史的建筑考古学，其记忆体现在森林的植物结构之中。”[85] 通过巴利的视角，塔瓦雷斯谈论了不同的认知框架，以及一种可能具有相关性的替代建筑，在这种逻辑中，自然与人工之间的二分法不再具有神圣价值。在这个逻辑中，开采资源被完全否定，并被视为暴力行为。因此，植物学不仅仅是建筑和设计的视觉自然隐喻，更是对殖民主义现代主义霸权性质的批判。

与土地共存并叙述其故事的愿望并不新鲜。事实上，数百代土著社区一直秉持着土地管理的信念，以及人类、非人类和共享土地之间紧密联系的坚定信念。然而，对建筑和设计的未来至关重要的反殖民主义思想的普及，直到 21 世纪才从去殖民化和种族理论传统（20 世纪 60 年代和 70 年代）中出现，并且作为对建筑话语和实践中的欧洲中心主义的批判。这一转变导致了更具包容性、反压迫的设计方法，倡导通过社会和政治斗争对抗资源开采以及针对边缘化社区的暴力行为，这些社区的价值观超越语言规范及其各种视觉和口头表达。考虑到这一点，本章将探讨这一新转向的轨迹，特别关注非洲未来主义、本土主义理论的复苏和区域主义的新轨迹。

非洲未来主义在 20 世纪转折时期兴起，作为一个更广泛的文化、艺术和文学运动，它将非洲移民文化、历史、美学与科幻以及技术文化相结合。该术语

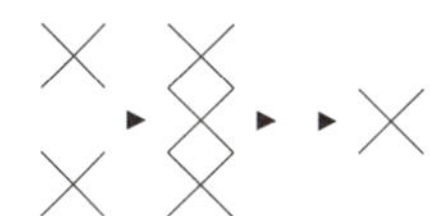

由马克·德里(Mark Dery)在1993年提出，他指出，非洲未来主义催生了一些社群，这些社群的过去被有意抹去，他们的精力都花在寻找其历史的可辨认痕迹上。[86] 与建筑融入景观的美学叙事相矛盾，非洲未来主义在设想替代未来的同时提供了一种激进的反叙事。在设计领域，它展示了新的视觉语言，涉及空间想象、挪用以及空间不公正美学中的交叉性。[87]

在这个方向上工作的杰出人物之一是尼日利亚出生的建筑师和设计师奥拉莱坎·杰伊福斯（Olalekan Jeyifous）。他在2023年威尼斯建筑双年展上的备受赞誉的项目设想了非洲大陆摆脱殖民主义、资源开采和经济剥削的奇幻未来。他的装置作品“ACE/AAP”是一个“全非洲原型港口”，是一个低影响、零排放的陆地、海洋和空中交通枢纽，采用了绿色技术和本土知识系统［图Ⅲ.27］。杰伊福斯的多媒体沉浸式休息室提供了一种关于迁徙团结的替代历史，作为生态思辨小说的一种流派。正如他解释的那样，“ACE/AAP”探索了一个设定在1X72年的备受欢迎的非洲复古未来主义生态小说中的当地、跨国和迁徙的和谐与紧张关系的时间线。在泛非洲运动和非洲去殖民化之后，致力于经济开发和资源开采的帝国主义基础设施被迅速拆

[图] 27
[Ⅲ] ACE/AAP，由奥拉莱坎·杰伊福斯创作的多媒体装置。摄影：马泰奥·德·迈达（Matteo de Mayda），图片来源：2023年威尼斯建筑双年展。

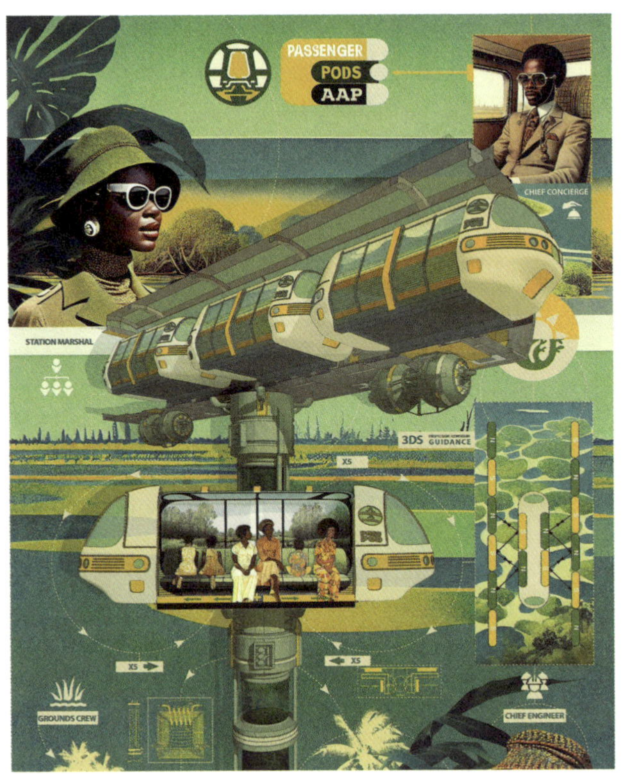

[图] 28
[Ⅲ] 奥拉莱坎·杰伊福斯设计的藻类驱动的磁悬浮管道系统，ACE/AAP，2023年威尼斯建筑双年展。

除，而整个非洲大陆的地方环保团体也合并为当前所称的非洲保护联盟（African Conservation Effort, ACE）[88]。杰伊福斯的项目不仅倡导诸如藻类驱动的磁悬浮管道系统等技术解决方案［图 Ⅲ.28］，而且为历史上被边缘化的群体赋权，为当前的生态危机提供了批判性视角。

2021 年在纽约现代艺术博物馆举办的由肖恩·安德森（Sean Anderson）和梅贝尔·威尔逊（Mabel Wilson）策展的“重建：美国建筑与黑人身份”也提出了类似的历史抹去问题。参展的建筑师包括杰伊福斯、约兰德·丹尼尔斯（Yolande Daniels）、费莉西娅·戴维斯（Felecia Davis）、塞库·库克（Sekou Cooke）、米奇·麦克尤恩（Mitch McEwen）、阿曼达·威廉姆斯（Amanda Williams）、埃马努埃尔·阿德马苏（Emanuel

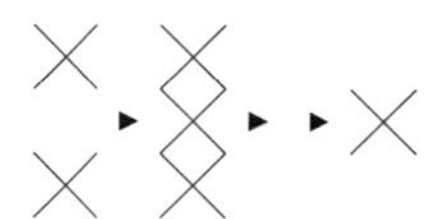

Admassu)、杰尔曼·巴恩斯(Germane Barnes)、沃尔特·胡德(Walter Hood)等，其共同组成了黑人重建集体，以应对博物馆藏品中黑人艺术家和建筑师缺失的问题，以及这种历史缺失所造成的暴力问题。与此同时，他们的集体作品设想了庇护和拒绝的空间，以及在压迫性政权下表达和维持生活的方式。

对土地剥夺的知识抗议最为生动的例证，是由倡导激进社会和环境改革的土著团体展示出来的。典型的例子是由土著领导的“红色民族”运动——一个由社区活动家、教育工作者、学生以及来自土著和非土著社区的领袖组成的联盟——编写了《红色协议》(*The Red Deal*)[89]，这是一份反殖民主义的宣言，旨在保护和维护土地、水域、空气以及所有生命形式，免受开采工业侵害。为应对气候变化、殖民主义和种族资本主义的共同危机，这份全面的指南呼吁美洲原住民、黑人和其他有色人种、妇女、跨性别者、移民和工人，共同争取一种不能单靠法律体制获得的集体解放。《红色协议》扩展了2019年由美国国会众议员亚历山德拉·奥卡西奥-科尔特兹(Alexandria Ocasio-Cortez)和参议员爱德华·马基(Edward Markey)提出的“绿色新政”(Green New Deal)[90]，提议彻底改革导致生态危机的经济、政治和社会结构。虽然这两种方法在应对气候危机的焦点和理解方式上有所不同，但它们都认识到需要紧急响应，并呼吁决策者采取大胆行动。然而，《红色协议》是对气候危机的一个交叉领域、基层主导的响应，它采纳了一种多方面的环保方法，将经济正义、去殖民化、社会正义和人权与环境保护相结合。它要求尊重和恢复土著主权，承认所有生命的相互联系，并坚持认为，如果我们要创造一个具有生态平衡、经济和社会正义、真正民主和可持续和平的世界，解放必须是正义的组成部分。

建筑师朱莉娅·沃森(Julia Watson)将多代人的知识、系统、实践和土著民族的信仰整合成设计理念，将这些呈现为与复杂生态系统同步工作的创新技术。她在2020年出版的著作《本土传统生态知识：激进土著主义设计》(*Lo-TEK: Design by Radical Indigenism*，书名末尾三个字母指的是传统生态知识)中汇集了这些内容。[91] 书中描述了跨国地理空间和联盟，这些联盟为抗议环境破坏带来的社会经济后果而兴起，并揭示了被忽视和掩盖的土著实践，旨在将它们重新引入当代环境和城市背景。这本书记录了从秘鲁到菲律宾、坦桑尼亚、肯尼亚、伊朗、伊拉克、印度和印度尼西亚的土著创造力，所绘制的系统拓展了

[图] 29
[Ⅲ] Jingkieng Dieng Jri根桥是由印度卡西族创造的用树根编织而成的梯子和步道，收录于朱莉娅·沃森2020年的著作《本土传统生态知识：激进土著主义设计》中。

自启蒙时代以来主要由人文主义、殖民主义和种族主义共同决定的环保主义视觉文化［图 Ⅲ.29］。

这种抱负的具体实现，即将土地上的多代人的知识直接融入居住空间，最为明显地体现在著名的布基纳法索-德国建筑师迪埃贝多·弗朗西斯·凯雷（Diébédo Francis Kéré）的作品中。凯雷于2022年获得普利兹克建筑奖。他主要在偏远地区建造公共建筑，如学校和社区中心，采用本土材料并复兴原始技术。他使用低技术和当地来源的建筑材料（如土砖、夯土和土块），提供自然通风和舒适的温度。但最重要的是，凯雷与当地社区和居民共同建造，这些社区的故事、日常实践和日常生活成为居住空间的一部分。在他早期的项目之一——位于布基纳法索家乡甘多的一所学校和图书馆中，由村里的妇女手工制作的传统黏土容器被放置在建筑的屋顶结

[图] 30
[Ⅲ] 凯雷建筑事务所的甘多学校图书馆项目（2010—2018年），工人正在屋顶上安装黏土容器。图片来源：凯雷建筑事务所。

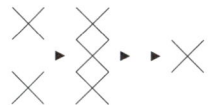

构中，用于收集和储存水，以实现自然采光和通风［图Ⅲ.30和图Ⅲ.31］。这些陶罐不仅仅是包容当地习惯和批判劳工剥削的手段，还暗示了一种共同创作的方式：建筑成为土地（从土地上采集的泥土转化为砖）、人及其日常实践相互依存的鲜活过程，也是关于如何居住在这片土地上的教育叙事。

凯雷的建筑可能与建筑历史学家肯尼思·弗兰姆普顿（Kenneth Frampton）所称的"批判性地域主义"有些相似，弗兰姆普顿在谈论利用地形、气候、光线和建筑技术来抵制现代运动的普遍化时提出了这一概念。[92] 正如弗兰姆普顿所认为的，"批判性地域主义"旨在通过充分利用地方和地区的独特特质来实现全球化形式与异质化的、本土的和地方的形式之间的平衡。尽管凯雷的工作深深扎根于非洲背景和对土地深刻依存的非西方思维，但值得注意的是，这类实践在历史上被归类为区域现代主义的广泛范畴。未被弗兰姆普顿单独提及，但其工作体现了类似原则的人包括2018年普利兹克奖得主巴克里希纳·多西（Balkrishna Doshi）、澳大利亚建筑师格伦·默卡特（Glenn Murcutt），他实践环境语境主义，支持形式和环境影响的轻质化，以及理查德·莱普拉斯特里尔（Richard Leplastrier）和彼得·斯塔奇伯里（Peter Stutchbury），他们都设计了采用夯土、稻草或地方材料的被动节能住宅，哥伦比亚建筑师西蒙·维雷斯（Simón Vélez）测试了竹子建筑的极限，还有斯里兰卡建筑师米内特·德·席尔瓦（Minnette De Silva）。然而，本章所概述的当代争论越过了使用本地材料和被动式冷却通风系统的益处，而是质疑了现代主义的欧洲中心主义基础，并推动其解构。尽管物质和物理上扎根于土地的价值不容置疑，但当前的讨论已超越了建筑形式，转向土地管理、正义和摆脱西方思想至上的议题。

希腊建筑师和教育家阿里斯蒂德·安托纳斯（Aristide Antonas）称这种脱离为"撤退之法；反自然"，这也是他2020

[图] 31
[Ⅲ] 社区成员运送黏土容器，用于凯雷建筑事务所的甘多学校图书馆屋顶的施工。图片来源：凯雷建筑事务所。

[图] 32
[Ⅲ] 阿里斯蒂德·安托纳斯在苏黎世联邦理工学院开设的工作室，莫里斯·克恩（Maurice Kern），乔尔·霍斯勒（Joel Hösle），“隐秘的隐退等级”（The Hidden Hierarchy of Withdrawal），与卡特里娜·库佐吉安尼（Katerina Koutsogianni），塔米诺·库尼（Tamino Kuny）和菲利波·桑托尼（Filippo Santoni）合作，2020年。图片来源：阿里斯蒂德·安托纳斯。

年在苏黎世联邦理工学院（ETH）任教时的设计工作室的名称。虽然安托纳斯并未明确定义撤退为对西方思想的否定，但他的方法暗示了不可避免的撤退的必要性——在爱琴海荒岛上的不可避免的回归，可能为关于建筑、城市主义和市政基础设施的新思维奠定了基础。该工作室预见了现代城市的终结和西方世界的深刻衰落，提出了一个以“古怪监狱”为形式的居住实验，即在一个久远失落的岛屿天堂中策划的学生宿舍。[93] 学生们被鼓励思考，如何在有限的资源下，基于协作、集体和自给自足的原则创建一个社会——一个城市和乡村生活方式之间的界限模糊的社会，其成员在隐退状态下被提供了一系列关于居住和参与环境的可能性［图 Ⅲ.32 和图 Ⅲ.33］。

通过研究本章中的各种案例研究，可以发现一种认知转变：从对潜意识景观的纯净和原始的赞美，转向与土地、物种、材料和叙事共同建构空间的实践。密西沙加·尼什纳比格（Mississauga Nishnaabeg）的作家兼学者莉安·贝塔萨莫萨克·辛普森（Leanne Betasamosake

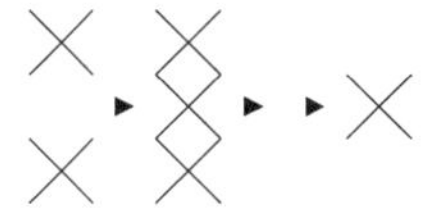

[图] 33
[Ⅲ] 阿里斯蒂德·安托纳斯在苏黎世联邦理工学院开设的工作室，卡罗尔·阿伦巴赫（Carole Allenbach），"漂浮平台的协议"，与卡特里娜·库佐吉安尼、塔米诺·库尼和菲利波·桑托尼合作，2020年。

Simpson）解释说，这样的实践引领着一种对环境理论的另类认知，这不仅仅是知识上的追求。谈到尼什纳比格的智慧[94]，她指出该理论"融入了动力学、精神存在和情感。它是具有情境性和关系性的。它是亲密和个人的，每个人都有责任在自己的生活中寻找和创造意义。"[95]这种思维方式是对现代生态学本身的批判，后者依赖于测量、官僚理性化、法律系统化以及在资本主义经济中的整合，以管理和最大化资源开采。[96]因此，将建筑理想化为"花朵"，作为一种单独的视觉和技术追求，这已不再是环境力量的相关表现。现在的问题是，生态设计如何能够阻止权力的不均衡，并消除不公正和不平等，包括贫困、种族主义和新殖民主义暴力。

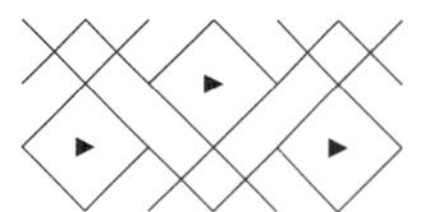

[▸] 活体制造者

本章讨论的建筑师和设计师团体专注于生物设计和制造领域。这一领域源于古老的炼金术实践和化学计算实验的谱系，其核心理念在于模糊生命与非生命实体之间的界限，并追求通过激发和协调内在物质力量来控制设计。将设计理解为有机物质的生长过程，并能够引导到预期结果，这并非新概念。然而，这里的不同之处在于，这一事业是由技术手段，特别是计算算法所塑造的。

将物质编程以执行特定任务的历史可以追溯到 20 世纪 70 年代尼古拉斯・尼葛洛庞帝（Nicholas Negroponte）的麻省理工学院机器小组，属于生态学和控制论的认识论交叉领域。在他的著作《柔性建筑机器》（*Soft Architecture Machines*，1975 年）[97] 中，尼葛洛庞帝将计算机描述为"反建筑师"，因为工具（计算机）和创作者（建筑师）在设计过程中在不断协商，以决定设计的方向。稍早于此，《从绘图到建筑的转换》（*Translatons from Drawing to Building*）的作者罗宾・埃文斯（Robin Evans）1969 年在伦敦建筑联盟的论文中引入了"非建筑"或"非控制的构造学"的概念[98]，他专注于压电材料编程，以响应城市不断变化的能源需求［图 III.34］。作为能量供给结构，压电系统对埃文斯而言是奇特的机械生命形式，有着惊人的生机或充沛的活力，有时对实际需求作出反应，有时则对随机和意外事件作出反应。他的项目并非追求服从和目的论，而是旨在"为人造

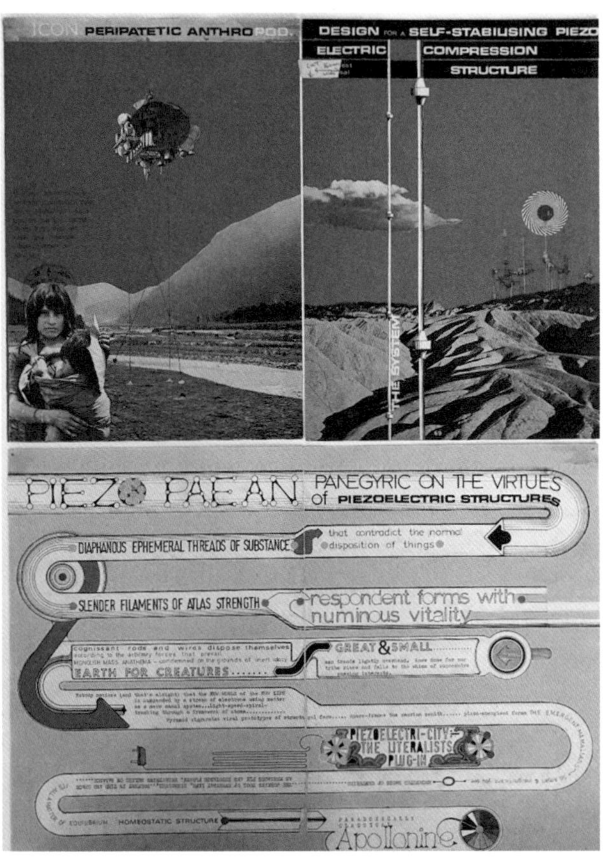

[图] 34

[Ⅲ] 罗宾·埃文斯于1969年在伦敦建筑联盟的论文，讨论了压电材料的创造性应用。图片来源：伦敦建筑联盟档案馆。

世界注入能量”。[99] 他在论文封面引用杰里米·边沁（Jeremy Bentham）的话“位置。而非形式”。埃文斯最终对设计结构本身的环境感兴趣，将其构想为信息环境系统，其中生物不是主角，而是相互关联力量的环境领域。

在21世纪初，首批将生物学引入艺术领域的团体之一是由艺术家奥伦·卡茨（Oron Catts）、伊奥纳特·祖尔（Ionat Zurr）、生物学家米兰达·格朗兹（Miranda Grounds）和神经科学家斯图尔特·邦特（Stuart Bunt）于2000年在西澳大学解剖与人体生物学学院创立的共生A（SymbioticA）艺术研究实验室。祖尔和

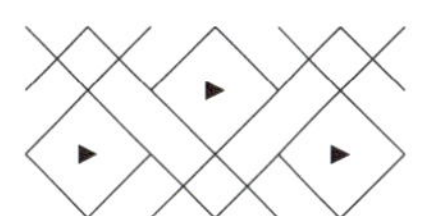

卡茨早期的项目之一是“半生物”忧虑人偶，这是首批在画廊现场展示的组织工程雕塑，作为组织培养与艺术项目的一部分［图 III.35］。灵感来自危地马拉的忧虑人偶，这些人偶由可降解聚合物（PGA 和 P4HB）和外科缝线手工制作而成，然后用活细胞种植，这些活细胞在展览期间逐渐在微重力生物反应器中被聚合物替换。根据艺术家的说法，该项目的目的是“引导和控制组织生长成所需形状，以替代或支持有缺陷或受伤的部位的功能。”[100]

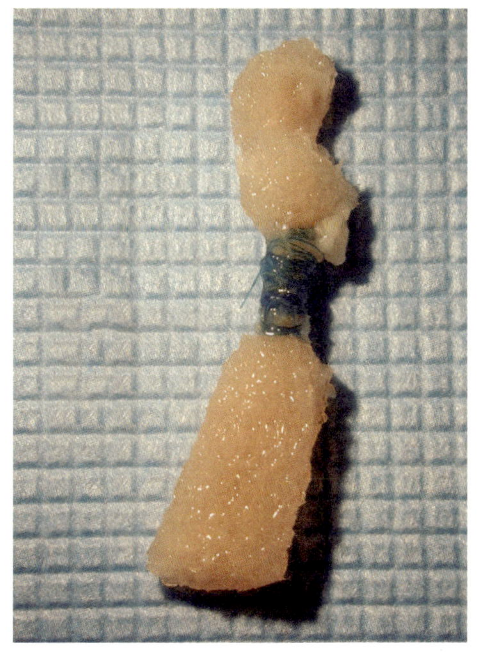

[图] 35
[Ⅲ] 2001年由奥伦·卡茨、伊奥纳特·祖尔和盖伊·本-阿里（Guy Ben-Ary）创作的“半生物”忧虑人偶。

“半生物”的一个衍生概念是“新生物设计”，这个术语用于描述生物学、微生物学、生物技术、医学和外科技术创新方法向设计领域的转移。马科斯·克鲁兹（Marcos Cruz）和史蒂夫·派克（Steve Pike）在他们于 2009 年担任客座编辑的《建筑设计》杂志中首次提出了这个术语。这个术语指的是结合部分设计对象和部分生物材料的项目，模糊了自然与人造之间的界限。根据作者的说法，“新生物设计”意味着完全新定义的“半生物”实体。这些“新生物设计”实验不仅涉及生物体，还涉及生物建筑复合材料，有时表现为构建的实体，有时则表现为活生生的生物体。[101] 作为伦敦大学学院巴特莱特建筑学院的教育者、研究者和设计师，克鲁兹参与了许多利用生物物质（主要是细菌和藻类）的建筑项目［图 III.36］。

总部位于纽约的生命工作室（The Living）的创始人大卫·本杰明（David Benjamin），对使用生物材料持有不同的立场。与克鲁兹详细展示材料转化的外科手段不同，本杰明借助形式和材料特性，提出几乎无痕迹的设计概念。在 2014 年为 MoMA PS1 青年建筑师项目（由现代艺术博物馆协调）建造的“HyFi”项目中，他使用由玉米和蘑菇制成的砖块，塑造了 PS1 长岛城市庭院中将热量向上引导的圆柱体。这些砖块由位于纽约北部的生物材料公司Ecovative制造，该公司利用专利工艺，用蘑菇（具体来说是真菌菌丝体）生长产品，这是一种低价值的非食用农业材料。这些砖块在不到一周的时间内生长完成，本杰明计划在PS1临时展览结束后将它们归还给城市土壤。如今，生命工作室与美国电脑软件公司Autodesk合作，专注于生物计算、生物感知和生物制造。其最近的一个项目在2021年威尼斯建筑双年展上展出，主张在建筑与设计中采用益生菌而非抗生素的方法。其作品“活的”（Alive），由鲁法（一种由有纹理的有机材料构成的结构）建造而成，提供宏观空间给人类、微观空间给微生物，并为不同物种之间的交换提供物质界面——推广了某些类型的细菌对我们整体健康有益、促进消化并增强免疫力的观念。[102]［图Ⅲ.37］

加拿大建筑师菲利普·比斯利（Philip Beesley）和美国建筑师珍妮·萨宾（Jenny Sabin）的作品以诗意丰沛的存在感而著称，同时展示了计算、生物技术、数学和合成生物学的交汇点。比斯利最著名的作品是“生命之地”（Hylozoic Ground），这是从2008年开始制作的一

[图] 36
[Ⅲ] 巴特莱特建筑学院第20单元的塞缪尔·怀特（Samuel White）于2003—2004年完成的细胞生长增强项目。从培养皿内部观察，人类皮肤细胞（角质形成细胞）的生长通过微型机械的切割得到增强。

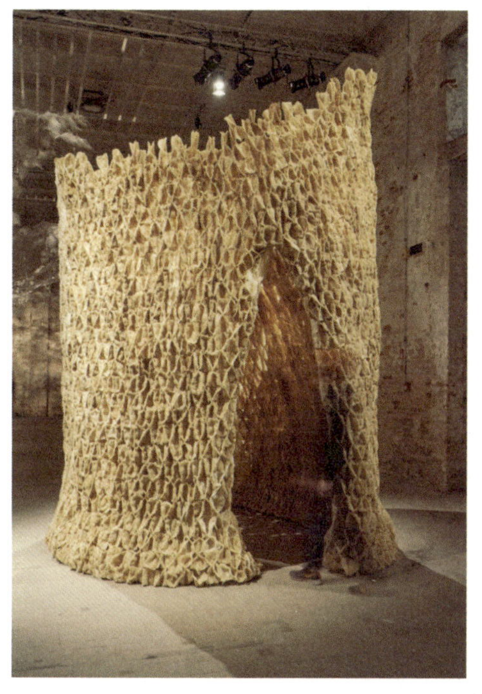

[图] 37
[Ⅲ] 生命工作室的装置作品“活的”，在2021年威尼斯建筑双年展军械库展区展出。摄影：斯蒂法诺·斯基亚福纳蒂（Stefano Schiafonati）。图片来源：生命工作室。

系列沉浸式装置的一部分，能够对访客的存在做出反应［图 III.38］。该项目在 2010 年威尼斯建筑双年展的加拿大馆展出，其“无土”的生活环境可以被描述为一种经历进化转变的合成生态模型。“与生命系统的功能类似，嵌入式机器智能允许人类互动引发呼吸、爱抚和吞咽动作以及混合代谢交换。”[103] 创造一个能够再生和生长的有生命、有呼吸和有代谢的建筑，设计师表现出对重新创造马克 - 安托万·劳吉尔（Marc-Antoine Laugier）原始小屋及其对荒野文化起源的渴望。再次回顾利奥·马克斯，他认为，渴望回归原始土地的愿望，正如托马斯·杰斐逊在独立宣言中写道的，可能会让我们追求幸福。这个前提，正如马克斯在 20 世纪中期所提出的，这一前提是通过技术工具和希望机器是“伊甸园树的自然果实”来实现的。[104]

萨宾则在 2017 年赢得了 MoMA PS1 青年建筑师项目竞赛，她的计划是利用机器编织的太阳能电池板制作庇护所。萨宾主要从事纺织品工作，并不是简单地将生物学的隐喻转化，而是致力于跨不同学科和各种尺度上材料和形式的非线性发展。萨宾作品的主要参考包括基质生物学、材料科学和数学，所有这些都通过纺织品和陶瓷等手工艺媒介进行探索。[105] 正如艺术史学家詹妮弗·约洪（Jennifer Johung ）所指出的，当代建筑的关键在于，建筑和环境——与数字建模和制造技术同步——应被设计和建造得好像它们是生命形式，作为持续变化和波动的时间过程。[106]

同样，未来城市实验室（Future Cities Lab，由纳塔利·加特涅（Nataly Gattegno）和杰森·凯利·约翰逊（Jason Kelly Johnson）组成）的海拉马克斯港机（HYDRAMAX Port Machines）在海平

面上升后，用“模糊建筑、景观、基础设施和机器之间界限”的合成建筑重新思考了旧金山的海滨。细丝状、刺状的机器结构使边界更加灵活和柔软，因此能够智能地调节新的水上公园、社区花园、野生动物保护区和水生农场的环境。该项目的所有生态功能，如收集雨水和雾气、调节空气流动、获取太阳能等，都由传感器和电动组件驱动的智能建筑系统执行，这些系统从外部能够以最详细的方式显示。未来城市实验室的提案不仅表达了其内在机制，还作为“活模型”，对不断变化的环境因素做出直接的实时机械响应。

意大利建筑师和设计师克劳迪娅·帕斯克罗（Claudia Pasquero）和马可·波莱托（Marco Poletto）是伦敦生态逻辑工作室（Ecologic Studio）的创始人，他们设计了多个作为沉浸式实验的生态装置，主要通过将微藻培养结合到建筑覆层系统和数字调控系统中。他们最近的项目 BIT.BIO.BOT 在 2021 年威尼斯建筑双年展上展出，由三个流动互联的系统组成，体现了未来住所的基本建筑环境：生态覆层、垂直花园和共融空间［图 III.39］。

他们解释说，标题首字母缩写将计算设计策略（BIT）与专有制造技术（BOT）结合起来，以实施集体微生物培养协议（BIO）。[107] 在其工作的语境中，帕斯克罗和波莱托将在实验室合成人工组织的

［图］ 38
［Ⅲ］ 2010年菲利普·比斯利在威尼斯建筑双年展加拿大馆展出的作品“生命之地”。

[图] 39

[Ⅲ] 生态逻辑工作室的装置作品BIT.BIO.BOT在2021年威尼斯建筑双年展军械库展区展出。摄影：马可·卡佩莱蒂（Marco Cappelletti）。图片来源：生态逻辑工作室。

化学家与使干旱土地复苏的园丁进行了比较。他们提到“编码如同园艺”，对比实验室和花园，前者与精确性、恒定性和非可变性相关联，而后者则与创造差异性相关。[108] 在这两种情境下，组织和植物都是基于规则的、循环的协议（即算法）生长而非构建的。他们继续声称，对花园进行编码是基于经验和“技能”，园艺的代码是嵌入其所在环境中的，而非外部；它被编码在介质中。因此，生长是一个可变且部分不可预测的过程。

作为一种组装模式，生长而非拼凑零件，意味着基于物质相变的进化设计逻辑。这一过程还涉及对设计主体性和作者身份的视角替换。在本章描述的几个案例中，建筑师已经成为物理现象的动态数据编辑者，而不是提出新现实形式愿景的作者。他们的主体性依赖于算法设置和参数的方向，其中一些取决于对材料性质和化学相互作用的深入了解。在这种意义上，作者身份已部分让位于“半控制”的材料过程，设计师在其中可以引导但无法完全控制最终结果。

这些实践所产生的是将物质视为结晶能量模式的考察，而不是物质化为形式和物体的物质。格雷戈里·贝特森在其具有影响力的论文《形式、物质与差异》（“Form, Substance and Difference”）中，将这种辩证法描述为一场原始的哲学辩论。模式与物质的对立早在毕达哥拉斯学派及其前辈之间就引发了辩论[109]，他们问“你问它由什么构成——土、火、水等”，还是问“它的模式是什么”？[110]贝特森声称，这场争议在18世纪让-巴蒂斯特·拉马克的“软继承”进化理论中确立了一个基本的认知论立场，即这是早于查尔斯·达尔文《物种起源》的最早的系统化进化转变理论。拉马克是很早就将物质赋予“活性”[111]的自然学家之一，他反对分类而支持普遍的变化和进化，他表明“所有的存在无非是永恒的变化，是一种巨大的流动，由瞬息即逝的特质和不稳定的实体构成”。[112]

对于活体制造者来说，创造的对象位于多条路径的交汇处，而不是实现单一愿景。他们的建筑实验揭示了一种关键的学科转变，这种转变是由战后时期生态学和控制论在认识论上的交汇推动而来的。从这个角度来看，生态设计等同于一个演化的设计过程，通过材料实验作为模拟计算工具，在多个阶段和生命周期逐步展开，试图将主导生命系统和机器的原则结合起来。这种类型的创造方式为不可预测性留下空间，并指向了自然世界作为被动的、概念化的、历史化的观察背景的终结，而建筑正是被置于这一背景之中。

[Ⅲ] vi

[▸] 活体制造者

[↘]

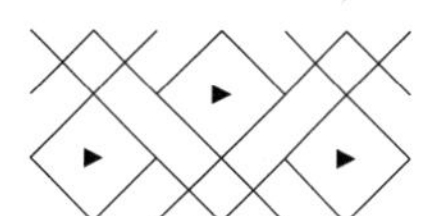

[ ] 导 论

[1] 保罗·克鲁岑和尤金·斯托默，“人类世”（The Anthropocene），《全球变化通讯》（*Global Change Newsletter*），2000年，41期，第17-18页。

[2] 安德鲁·罗斯，《奇怪的天气：极限时代的文化、科学与技术》（*Strange Weather: Culture, Science, and Technology in the Age of Limits*），伦敦；纽约：Verso出版社，1991年。

[3] 简·班纳特，《活力物质：事物的政治生态学》（*Vibrant Matter: A Political Ecology of Things*），北卡罗来纳州，达勒姆：杜克大学出版社，2010年，第ix页。

[4] 唐娜·哈拉维，“触手思维：人类世、资本世、克苏鲁世”（Tentacular Thinking: Anthropocene, Capitalocene, Chthulucene），*e-flux*，第75期，http://www.e-flux.com/journal/75/67125/tentacularthinking-anthropocene-capitalocenechthulucene/（访问日期：2016年10月29日）。

[5] 唐娜·哈拉维，《留在麻烦中：在克苏鲁世中制造亲缘》（*Staying with the Trouble: Making Kin in the Chthulucene*），北卡罗来纳州，达勒姆：杜克大学出版社，2016年，第101-102页。

[6] 罗安清，《末日松茸：资本主义废墟上的生活可能》，新泽西州，普林斯顿：普林斯顿大学出版社，2015年，第8页。另见斯蒂芬妮·韦克菲尔德（Stephanie Wakefield），“人类世的傲慢”（Anthropocene Hubris），*e-flux*，2020年9月，https://www.e-flux.com/architecture/accumulation/337991/anthropocene-hubris/（访问日期：2021年2月22日）。

[7] 罗西·布拉伊多蒂，《后人类》，英国，剑桥：波利蒂出版社，2013年。

[8] 克里斯·安德森，“理论的终结：数据洪流使科学方法过时”（The End of Theory: The Data Deluge Makes the Scientific Method Obsolete），《连线》，2008年6月23日。详见 https://www.wired.com/2008/06/pb-theory/（访问日期：2010年8月27日）。

[9] 蒂莫西·莫顿，《生态存在》（*Being Ecological*），马萨诸塞州，剑桥：麻省理工学院出版社，2018年，第64页。

[10] 迈克尔·扬，《现实模仿图像：数字图像后的建筑与美学》（*Reality Modeled After Images, Architecture and Aesthetics After the Digital Image*），纽约：劳特利奇出版社，2021年，第126-127页。

[11] 迈克尔·马德尔，“被抛弃”，《环境人文学》，2019年5月，第11卷，第1期，第184页。

[12] 伊恩·麦克哈格，《设计结合自然》，纽约：自然历史出版社，1969年。

[13] 阿图罗·埃斯科巴尔，《为多元宇宙设计：激进的相互依存、自主性与世界的构建》（*Designs for the Pluriverse: Radical Interdependence, Autonomy, and the Making of Worlds*），北卡罗来纳州，达勒姆：杜克大学出版社，2018年。

[14] 罗安清，《末日松茸：资本主义废墟上的生活可能》，新泽西州，普林斯顿：普林斯顿大学出版社，2015年，第28页。

[Ⅲ.i.] 次自然主义者

[15] 大卫·吉森，《次自然：建筑的其他环境》（*Subnature: Architecture's Other Environments*），纽约：普林斯顿建筑出版社，2009年，第23页。

[16] 詹妮弗·皮普尔斯，“有毒的崇高：影

像污染景观”（Toxic Sublime: Imaging Contaminated Landscapes），《环境传播》（*Environmental Communication*），2011年，第5卷，第4期，第373-392页。

[17] 埃德蒙·伯克，《关于崇高与美的观念起源的哲学探究》（*A Philosophical Enquiry into the Origin of Our Ideas of the Sublime and Beautiful*），伦敦：R. and Dodsley, 1757年。

[18] 大卫·奈，《美国技术的崇高》，马萨诸塞州，剑桥：麻省理工学院出版社，1996年。

[19] 同注释16，第380页。

[20] 菲利普·拉姆，“气象建筑”（Meteorological Architecture），《建筑设计》，第79卷，第3期：能源（Energies），2009年5月，第32页。

[21] 刘易斯·利兹，《通风论：费城富兰克林学院七讲，1866—1868》，纽约：威利出版社，1871年。另见加文·汤森（Gavin Townsend），“1865—1895年美国住宅中的空气毒素”（Airborne Toxins and the American House, 1865-1895），《温特图尔档案》（*Winterthur Portfolio*），1989年，春季刊，第24卷，第1期，第29-42页。

[22] 莉迪亚·卡利波利提，《封闭世界的建筑，或，排泄物的力量》，苏黎世：拉斯·穆勒出版社，2018年，第23页。

[23] 马克·雅尔佐姆贝克，“哈克的凝结方块：盒中机器与建筑的劳顿”（Haacke's Condensation Cube: The Machine in the Box and the Travails of Architecture），《阈值》，第30期：微观世界（Microcosms），2005年，秋季刊，第36页。

[24] 雷纳·班纳姆，插图由弗朗索瓦·达勒格雷绘制，“家不是房子”，《美国艺术》，1965年4月，第53卷，第70-79页。

[25] 雷姆·库哈斯，“垃圾空间”（Junkspace），《十月》（*October*），第100卷：过时（Obsolescence），2002年，春季刊，第175-190页。

[26] 安德烈斯·哈克关于环境不平等的论述，见路易斯·巴萨贝（Luis Basabe），哈维尔·加西亚-赫尔曼（Javier García-Germán），迭戈·加西亚-塞蒂恩（Diego García-Setién），尼维斯·梅斯特雷（Nieves Mestre）编，《论点四：我们的房子正在燃烧》（*Argument #4: Our House Is On Fire*），马德里：Ediciones Asimétricas/DPA Prints，2022年。

[27] 詹娜·麦克奈特（Jenna McKnight），《安德烈斯·哈克在MoMA PS1分馆庭院揭幕的巨大净水器》（Andrés Jaque's giant water purifier unveiled in MoMA PS1 courtyard），Dezeen设计网站，2015年6月24日。详见 https://www.dezeen.com/2015/06/24/andres-jaque-giant-water-purifier-moma-ps1-courtyard-new-york-yap/（访问日期：2016年3月31日）。

[28] 利奥·马克斯，《花园中的机器：美国的技术与田园理想》，纽约：牛津大学出版社，1964年，第8页。

[Ⅲ.ii.] 星球主义者

[29] 泰勒·洛伦兹（Taylor Lorenz）、艾琳·格里菲斯（Erin Griffith）和迈克·艾萨克（Mike Isaac），“我们现在生活在Zoom中”（We Live in Zoom Now），《纽约时报》（*The New York Times*），2020年3月17日。

[30] 关于地球形象及其对视觉文化影响的详尽描述，参见沃尔克·M·韦尔克（Volker M. Welker），“从圆盘到球体”（From Disc to Sphere），《橱柜》（*Cabinet*），2010—2011年，冬季刊，第40期，第19-25页；以及西蒙·萨德勒，“整体的建筑”（An Architecture of the Whole），《建筑教育杂

志》，2008年，第61卷，第4期，第108-129页。关于第一幅地球图像的历史，参见丹尼斯·科斯格罗夫，“争议的全球视野：一个世界，整个地球及阿波罗太空照片”（Contested Global Visions: One World, Whole Earth, and the Apollo Space Photographs），《美国地理学家协会年鉴》，1994年6月，第84卷，第2期，第270-294页；以及罗伯特·普尔（Robert Poole），《地球升起：人类首次如何看到地球》（*Earthrise: How Man First Saw the Earth*），纽黑文：耶鲁大学出版社，2008年。

[31] 布鲁诺·拉图尔，《回到地球：新气候体制中的政治》（*Down To Earth: Politics in the New Climate Regime*），剑桥：波利蒂出版社，2017年，第1-3页。

[32] 同注释4。

[33] 菲利普·约翰·厄舍尔（Philip John Usher），《地表之下：人文人新世的开采》（*Exterranean: Extraction in the Humanist Anthropocene*），纽约：福德汉姆大学出版社（Fordham University Press），2019年，第77页。

[34] 尼古拉斯·柯洛迪（Nicholas Korody），“纸上地球：DESIGN EARTH的重大地理”（Putting the Planet to Paper: The Monumental Geographies of DESIGN EARTH），*Archinect*平台，2016年10月19日。参见 http://archinect.com/features/article/149974257/puttingthe-planet-to-paper-the-monumentalgeographies-of-design-earth（访问日期：2017年2月21日）。

[35] 设计地球团队，《地质工程之后的星球》，巴塞罗那；纽约：阿克塔出版社，2021年，第LXXXVII页。

[36] 同上，第LXXXV页。

[37] 同注释34。

[38] 罗拉·谢帕德、梅森·怀特、尼拉杰·巴蒂亚和玛雅·普日比尔斯基，《耦合：基础设施机会主义策略》（《建筑手册》第30期），纽约：普林斯顿建筑出版社，2011年。

[39] 内兰·图兰，《建筑作为尺度》（*Architecture as Measure*），巴塞罗那；纽约：阿克塔出版社，2019年。

[40] 内兰·图兰，“假地球”（Fake Earths），杰弗里·内斯比特（Jeffrey Nesbit）和盖伊·特朗戈斯（Guy Trangos）编，《新地理II：地球外》（*New Geographics II: Extraterrestrial*），第11期，哈佛大学/阿克塔出版社，2019年，第109-128页。

[41] 约翰·霍普金斯大学（JHU）系统科学与工程中心（CSSE）发布的COVID-19数据平台。详见 https://coronavirus.jhu.edu/map.html（访问日期：2020年3月23日）。

[42] “讽刺的是，美国的政府机构美国国家航空航天局竟然消解了爱国主义。当我们拥有地球全景图像时，国家边界已不再构成激励性意象。”迈克尔·沙姆伯格和雨舞公司，《游击电视》，纽约：E. P. 达顿出版社，1971年，第1页。

[43] 太空鱼子酱团队，非开采式建筑平台。详见 https://www.spacecaviar.net/articles/nonextractive-architecture（访问日期：2021年7月27日）。

[III.iii.] 非人类

[44] 理查德·格鲁辛，《非人类转向》，（21世纪研究系列），明尼阿波利斯：明尼苏达大学出版社，2015年，第vii页。

[45] 同注释14，第29页。

[46] 唐娜·哈拉维，“赛博格宣言：20世纪80年代的科学、技术与社会主义女性主义”（Manifesto for Cyborgs: Science, Technology, and Socialist Feminism in the 1980s），《社会主义评论》（*Socialist Review*），1985年，第80期，第65-108页。

[47] 唐娜·哈拉维，《猿猴、赛博格与女性：自然的再发明》（*Simians, Cyborgs and Women: The Reinvention of Nature*），纽约：劳特利奇出版社，1991年，第102页。

[48] 唐娜·哈拉维，《当物种相遇》，明尼阿波利斯：明尼苏达大学出版社，2008年。另见唐娜·哈拉维，《留在麻烦中：在克苏鲁世中制造亲缘》，北卡罗来纳州，达勒姆：杜克大学出版社，2016年；唐娜·哈拉维，《制造亲缘，而非人口》（*Making Kin Not Population*），芝加哥，伊利诺伊州：刺点范式出版社（Prickly Paradigm Press），2018年。

[49] 理查德·格鲁辛，“引言”（Introduction），理查德·格鲁辛，《非人类转向》，第viii-ix页。

[50] 活动公告：“共生宣言：城市空间中人类与非人类生命体的协同共生”（Cohabitation: A Manifesto for the Solidarity of Non-Humans and Humans in Urban Space），2021年6月5日至7月4日。详见 https://www.e-flux.com/announcements/391539/cohabitationa-manifesto-for-the-solidarity-of-nonhumans-and-humans-in-urban-space/（访问日期：2021年7月23日）。

[51] 唐娜·哈拉维，《伴侣物种宣言：狗、人类和显著的他者》（*The Companion Species Manifesto; Dogs, People, and Significant Otherness*），芝加哥，伊利诺伊州：刺点范式出版社，2003年。

[52] 米切尔·乔阿希姆，玛丽亚·艾奥洛娃（Maria Aiolova）/ Terreform ONE，《与生命共设计》（*Design with Life*），巴塞罗那；纽约：阿克塔出版社，2019年，第70页。

[53] 参见哈里森工作室网站 www.harrisonatelier.com（访问日期：2023年6月5日）。另见阿里安娜·哈里森编，《环境建筑理论：后人类领域》（*Architectural Theories of the Environment: Posthuman Territory*），纽约：劳特利奇出版社，2013年。

[54] 驯养动物工作室网站：https://animalidomestici.eu/（访问日期：2023年5月2日）。

[55] 简·班纳特，《流入与流出：与沃尔特·惠特曼共书写》（*Influx & Efflux: Writing Up with Walt Whitman*），北卡罗来纳州，达勒姆：杜克大学出版社，2020年，第xi页。

[56] 阿斯特里达·内伊曼尼斯，《水体：后人类女性主义现象学》（*Bodies of Water: Posthuman Feminist Phenomenology*），伦敦：布鲁姆斯伯里学术出版社（Bloomsbury Academic），布鲁姆斯伯里出版公司旗下品牌，2017年，第1页。

[57] 罗安清、詹妮弗·德格尔、阿尔德·凯勒曼·萨克森和周非非编，《野生地图集：超越人类的人新世纪》（*Feral Atlas: The More-Than-Human Anthropocene*）。加利福尼亚州，斯坦福市：斯坦福大学出版社（Stanford University Press），2021年：https://feralatlas.org（访问日期：2021年7月6日）。

[58] 蕾切尔·卡森，《寂静的春天》，由保罗·R. 埃利希（Paul R. Ehrlich）作序，康涅狄格州，格林尼治：福西特出版社（Fawcett），1962年初版，1970年再版，序言版权归1970年版。

[59] 同上。

[III.iv.] 有韧性者

[60] 克劳福德·斯坦利·霍林，“生态系统的韧性和稳定性”，《生态与系统年度回顾》（*Annual Review of Ecology and Systematics*），1973年，第4卷，第1-23页。

[61] 同上；另见莫拉·贝内吉亚莫，“恢复力、政治生态学与退增长：政治地理学和城市规划理论的三种主要方法的批判性审查”（Resilience, Political Ecology and Degrowth, A Critical Review of Three Main Approaches to Political Geography and Urban Planning Theory），恩里科·安圭拉里（Enrico Anguillari）、布兰卡·迪米特里耶维奇（Branka Dimitrijević）编，《整合城市规划：方向、资源与领域》（*Integrated Urban Planning: Directions, Resources and Territories*），代尔夫特理工大学开放出版社（TU Delft Open），2018年，第21页。

[62] 罗斯·埃克索·亚当斯，“身体的生态学”（An Ecology of Bodies），詹姆斯·格雷厄姆（James Graham）编，《气候：行星想象中的建筑》（*Climates: Architecture in the Planetary Imaginary*），纽约：哥伦比亚大学建筑与城市书籍出版社（Columbia Books on Architecture and the City），2016年，第181-190页。

[63] 本·安德森（Ben Anderson），“什么是韧性的本质？”（What Kind of Thing Is Resilience?），《政治》（*Politics*），2015年，第35卷，第1期，第60-66页。

[64] 罗斯·埃克索·亚当斯，“韧性城市笔记”（Notes from the Resilient City），*Log*，2014年，第32期，纽约：任意公司（Any Corporation），第126-139页。另见罗斯·埃克索·亚当斯，“渴望一个更绿色的现在：经济自由主义与生态城市”（Longing for a Greener Present: Neoliberalism and the Eco-City），《激进哲学》（*Radical Philosophy*），2010年，第163期，第2-7页。

[65] 莫拉·贝内吉亚莫，“恢复力、政治生态学与退增长：政治地理学和城市规划理论的三种主要方法的批判性审查”，恩里科·安圭拉里、布兰卡·迪米特里耶维奇编，《整合城市规划：方向、资源与领域》，代尔夫特理工大学开放出版社，2018年，第19-33页。

[66] 劳伦斯·J. 瓦尔（Lawrence J. Vale）和托马斯·J. 坎帕内拉（Tomas J. Campanella），《韧性城市：现代城市如何从灾难中恢复》（*The Resilient City: How Modern Cities Recover from Disaster*），牛津：牛津大学出版社，2005年。另见布拉德·埃文斯（Brad Evans）和朱利安·里德（Julian Reid），《韧性生活：危险生活的艺术》（*Resilient Life: The Art of Living Dangerously*），剑桥：波利蒂出版社，2014年。

[67] 萨拉·尼尔森，“超越增长的限制：生态学与经济自由主义的反革命”（Beyond the Limits to Growth: Ecology and the Neoliberal Counterrevolution），《反极》（*Antipode*），2015年，第47卷，第2期，第461-480页。

[68] 米歇尔·福柯，《社会必须被捍卫》（*Society Must Be Defended*），纽约：皮卡多出版社（Picador），2003年，第253页。

[69] 同注释62。

[70] 重建设计（Rebuild by Design），“飓风桑迪设计竞赛”（Hurricane Sandy Design Competition），详见https://www.rebuildbydesign.org/hurricane-sandydesign-competition/（访问日期：2023年1月15日）。

[71] 重建设计，“迈向一个防雨的纽约”（Toward a Rainproof NYC），详见https://rebuildbydesign.org/rainproof-nyc/（访问日

期：2023年1月15日）。

[72] 阿黛尔·彼得（Adele Peter），“这种多孔性路面通过吸收雨水帮助防止洪水”（This porous pavement helps prevent flooding by absorbing rain），快公司（Fast Company），2021年8月2日，详见 https://www.fastcompany.com/90660862/this-porous-pavement-helps-prevent-flooding-by-absorbing-rain（访问日期：2022年2月26日）。

[73] 凯文·格罗夫，《韧性》（*Resilience*），伦敦：劳特利奇出版社，2018年，第33-34页。

[74] 乔纳森·马西，“风险设计”（Risk Design），《灰色房间》（*Grey Room*），2014年，冬季刊，54期，第6-33页。

[75] 让·鲍德里亚，《符号的政治经济批判》（*For a Critique of the Political Economy of the Sign*），纽约：泰洛斯出版社（Telos Press），1981年。

[76] 同注释73，第134页。

[77] 古希腊哲学家德谟克利特（Democritus）提出“原子论”，他认为所有物质都是由不同排列的原子和虚空组成的，二者既无始源亦无终结。

[78] 克里斯·本特利（Chris Bentley）和布拉德利·坎特雷尔，“景观建筑师布拉德利·坎特雷尔谈论‘赛博生态’以及观察自然的新方式”（Landscape architect Bradley Cantrell on ‘cyborg ecologies’ and new ways to look at nature），《建筑师报》（*The Architect's Newspaper*），2016年7月21日，详见 https://archpaper.com/ 2016/07/bradley-cantrelllandscape-architecture/（访问日期：2017年3月23日）。

[79] 布拉德利·坎特雷尔，“如何通过巨型景观改造世界”（How megalandscaping might reshape the world），TED演讲，2014年12月12日，详见https://blog.ted.com/ted-fellowbradley-contrell-on-computationallandscape-architecture/（访问日期：2017年3月23日）。另见张子豪（Zihao Zhang）和布拉德利·坎特雷尔，“栽培的野性：机器中的技术多样性与野性”（Cultivated Wildness: Technodiversity and Wildness in Machines），《景观建筑前沿》（*Landscape Architecture Frontiers*），2021年，第9卷，第1期，第52-65页。

[80] 安德里乌斯·阿尔瓦雷斯-巴克斯，在纽约库珀联盟的毕业典礼演讲，2023年5月。

[Ⅲ.v.] 土地叙述者

[81] 阿里斯·康斯坦丁尼迪斯，“生命的容器，或，真正的希腊建筑问题”（Vessels of Life, or, The Problem of a True Greek Architecture），《希腊建筑》（*Architecture in Greece*），1972年，第6期。

[82] 阿里斯·康斯坦丁尼迪斯，《神建：现代希腊的风景与房屋》（*God-Built: Landscapes and Houses of Modern Greece*），希腊，克里特：克里特大学出版社（Crete University Press），1994年。

[83] 同注释17。

[84] 保罗·塔瓦雷斯，“建筑植物学：重新定义建筑档案的作用（及范围）”（An Architectural Botany: Redefining the Agency (and scope) of the Architectural Archive），Koozarch网站，2023年5月23日，详见 https://www.koozarch.com/essays/an-architectural-botanyredefining-the-agency-and-scope-of-thearchitectural-archive，（访问日期：2023年5月28日）。

[85] 同上。另见威廉·巴利，《亚马逊的文化森林：人们与其景观的历史生态学》（*Cultural*

Forests of the Amazon: A Historical Ecology of People and Their Landscapes），塔斯卡卢萨（Tuscaloosa）：阿拉巴马大学出版社（University of Alabama Press），2013年，第7-10页。

[86] 马克·德里，“黑色未来：与塞缪尔·R.德兰尼、格雷格·泰特和特里西娅·罗斯的访谈”（Black to the Future: Interviews with Samuel R. Delany, Greg Tate, and Tricia Rose），《南大西洋季刊》（*The South Atlantic Quarterly*）1993年，秋季刊，92卷，第4期，北卡罗来纳州，达勒姆：杜克大学出版社，第735-788页。

[87] 参见2022年3月10日在加州艺术学院（CCA）举办的研讨会“[非]共通的建筑语言”（[Un]commoning Architectural Language），该研讨会展示了学者朗尼·布鲁克斯（Lonny Brooks）、尼亚梅·布朗（Nyame Brown）、布伦达·张（Brenda Zhang）、伊菲·萨勒玛·瓦纳布（Ife Salema Vanable）的作品，同时探讨了的非洲未来主义（Afrofuturism）和非洲超现实主义（Afrosurrealism）文化运动。详见https://portal.cca.edu/events-calendar/uncommoningarchitectural-language/（访问日期：2022年6月13日）。

[88] 奥拉莱坎·杰伊福斯在Instagram上的公告“kidcadaver”，2023年5月18日，详见https://www.instagram.com/p/CsYfTJrM3TJ/?img_index=1o（访问日期：2023年6月8日）。

[89] 红色民族，《红色协议，拯救地球的土著行动》（*The Red Deal, Indigenous Action to Save our Earth*），纽约，布鲁克林：常识出版社（Common Notions），2021年。

[90] 绿色新政是一项突出的进步性计划，旨在通过将美国转向低碳经济并投资可再生能源来对抗气候变化。该计划由众议员亚历山德拉·奥卡西奥-科尔特兹和参议员爱德华·马基构想，并已获得众多进步派议员和活动家的支持。2019年，它作为应对气候变化和通过优先保护人民与地球、呼吁摆脱对化石燃料依赖的更广泛努力的一部分，被引入国会。总的来说，它是对气候危机的一种大规模、以经济为中心的回应，旨在通过增加对可再生能源基础设施、研发和绿色经济的公共投资来解决社会不平等和促进就业增长。关于绿色新政的简史，请参阅阿维瓦·乔姆斯基（Aviva Chomsky）的“绿色新政简史（迄今为止）”（A Brief History of the Green New Deal (So Far)），文学中心网站（Literary Hub），2022年4月25日。详见https://lithub.com/a-brief-historyof-the-green-new-deal-so-far/（访问日期：2023年1月28日）。

[91] 朱莉娅·沃森，《本土传统生态知识：激进土著主义设计》，科隆：塔琛出版社（Taschen），2019年。

[92] 肯尼斯·弗兰姆普顿，“走向批判的地域主义：抵抗建筑的六点论述”（Towards a Critical Regionalism: Six Points for an Architecture of Resistance），哈尔·福斯特（Hal Foster）编，《反审美：后现代文化论文集》（*Anti-Aesthetic; Essays on Postmodern Culture*），西雅图：湾区出版社（Bay Press），1983年，第16-30页。

[93] 阿里斯蒂德·安托纳斯，《撤退法则；反自然》，（*The Law of Withdrawal; Against Nature*），设计工作室教学大纲，苏黎世联邦理工学院，2020年。

[94] 比吉蒂贡·尼什纳比格（Biigtigong Nishnaabeg）是加拿大苏比利尔湖北岸的奥吉布瓦（Ojibway）第一民族。

[95] 莉安·贝塔萨莫萨克·辛普森，《正如我们一直所做：通过激进抵抗实现土著自由》（*As We Have Always Done; Indigenous Freedom through Radical Resistance*），明尼

阿波利斯（Minneapolis）：明尼苏达大学出版社，2017年，第151页。

[96] T. J. 德莫斯，《自然的去殖民化》，柏林：斯特恩伯格出版社，2016年，第14页。

[Ⅲ.vi.] 活体制造者

[97] 尼古拉斯·尼葛洛庞帝，《柔性建筑机器》，马萨诸塞州，剑桥：麻省理工学院出版社，1975年，第1页。

[98] 罗宾·埃文斯，《从绘图到建筑的转化》（*Translations from Drawing to Building*），马萨诸塞州，剑桥：麻省理工学院出版社，1997年，第11页。

[99] 罗宾·埃文斯，“压电结构”（Piezoelectric Structures），1969年在伦敦建筑联盟的论文。来自伦敦建筑联盟档案馆。

[100] 伊奥纳特·祖尔和奥伦·卡茨，“半生命的出现”（Emergence of the Semi-Living），《阈值》，第24期：生产与繁殖（Reproduction and Production），2002年，春季刊，第54-59页。

[101] 马科斯·克鲁兹和史蒂夫·派克，“新生物设计：与生物建筑复合材料的设计实验”（Neoplasmatic Design: Design Experimentation With Bio-Architectural Composites），《建筑设计》，第78卷，第6期：新生物设计（Neoplasmatic Design）特刊，2008年11月/12月，第6-15页。

[102] 阿德里安·马德勒纳（Adrian Madlener），“大卫·本杰明的威尼斯双年展装置为共生生活发生”（David Benjamin's Venice Biennale Installation Makes the Case for Probiotic Living），《都市》（*Metropolis*），2021年10月20日，详见 https://metropolismag.com/viewpoints/probiotic-antibiotic-living-microbes/（访问日期：2021年11月17日）。

[103] 菲利普·比斯利和蕾切尔·阿姆斯特朗（Rachel Armstrong），“土壤与原生质：赫洛佐克地基项目”（Soil and Protoplasm: The Hylozoic Ground Project），《建筑设计》，第81卷，第2期：原生细胞建筑（Protocell Architecture）特刊，2011年3月/4月，第78-89页。

[104] 同注释28。

[105] 珍妮·萨宾，“珍妮·萨宾：数据景观”（Jenny E. Sabin: Datascapes），2014年。http://sabinlab.aap.cornell.edu/2014/03/24/jenny-e-sabindatascapes/（访问日期：2017年2月20日）。

[106] 詹妮弗·约洪，《生命形态：生物艺术、建筑与生命的依存关系》（*Vital Forms: Biological Art, Architecture, and the Dependencies of Life*），明尼阿波利斯：明尼苏达大学出版社，2019年，第7页。

[107] 生态逻辑工作室，“BIT.BIO.BOT”，https://www.ecologicstudio.com/projects/bitbiobot（访问日期：2023年9月2日）。

[108] 马可·波莱托、克劳迪娅·帕斯克罗，《系统建筑：自组织城市操作手册》（*Systemic Architecture: Operating Manual for the Self-Organizing City*），英国阿宾顿/纽约：劳特利奇出版社，2012年，第6页。

[109] 格雷戈里·贝特森的论文《形式、物质与差异》最初是在第十九届科尔津斯基（Korzynski）纪念讲座上发表的，该讲座于1970年1月9日由一般语义学研究所（Institute of General Semantics）主办。该论文最初发表在《一般语义学公报》（*General Semantics Bulletin*），1970，第37期。经研究所许可，贝特森将这篇论文收录于他的著作《通向心智生态学》（*Steps to an Ecology of Mind*）中。参见格雷戈里·贝特森，《通向心智生态学：人类学、精神病学、进化和认识论

的论文集》（*Steps to an Ecology of Mind: Collected Essays in Anthropology, Psychiatry, Evolution, and Epistemology*），加利福尼亚州，旧金山：钱德勒出版社（Chandler Publications Co.），1972年，第455页。

[110] 同上，第456页。

[111] 威廉·科尔曼，《19世纪的生物学：形态、功能与转变问题》，纽约：威利出版社，1971年，第69页。

[112] 同上，第68-69页。

[→] [↘]

[↖]

参考文献

[A]

Adams, R. (2010). Approaching the End: Eden and the Catastrophe. *Log* 19 (Spring-Summer).

Adams, R. (2016). An Ecology of Bodies. In *Climates: Architecture and the Planetary Imaginary*. New York: The Avery Review and Lars Müller Publishers. Retrieved April 23, 2016 from http://www.averyreview.com/content/3-issues/14-14/1-an-ecology-of-bodies/ada ms.pdf.

Alexander, C. (1965). The City is Not a Tree. *The Architectural Forum* 122, no. 1.2 (April): 58-62.

Allen, D. E. (1969). *The Victorian Craze: A History of Pteridomania*. London: Hutchinson.

Anderson, C. (2008). The End of Theory: The Data Deluge Makes the Scientific Method Obsolete. *Wired* (June 23). Retrieved August 27, 2010 from https://www.wired.com/2008/06/pb-theory/

Andrewartha, Herbert & L.C. Birch (1954). *The Distribution, and Abundance of Animals*. Chicago: The University of Chicago Press.

Andrewartha, H. G. & L. C. Birch (1986). *The Ecological Web: More on the Distribution and Abundance of Animals*. Chicago, IL: The University of Chicago Press.

Animali Domestici. https://animalidomestici.eu/. Accessed on May 2, 2023.

Anker, P. (2001). *Imperial Ecology: Environmental Order in the British Empire, 1895-1945*. Cambridge, MA: Harvard University Press.

Anker, P. (2010). *From Bauhaus to Ecohouse: A History of Ecological Design*. Baton Rouge: Louisiana State University Press.

AntFarm (1971). *Inflatocookbook*. San Francisco, CA: Antfarm Inc.

Antonakakis, A. (2020). *The Law of Withdrawal; Against Nature*. Design Studio Syllabus (Fall). Zurich, ETH.

Axer, E. & R. Shields (2023). The Seed of an Idea, the Idea of a Seed: Goethe's *Urpflanze* in the 21st Century in *The Philosophical Life of Plants*. Retrieved January 31, 2023 from https://www.plantphilosophy.org.uk/plants-and-philosophy-in-the-present/the-seed-of-an-idea-the-idea-of-a-seed-goethes-urpflanze-in-the-21st-century/.

Ayub, Z. (2011). Classifications in Ecology: From Linnaeus Onward [Research paper for the course "EcoRedux" taught by Lydia Kallipoliti in the Spring of 2011]. New York, NY: Irwin S. Chanin School of Architecture, Cooper Union.

[B]

Baer, S., ed. (1968). *Dome Cookbook*. Corrales. NM: Lama Foundation's cookbook fund.

Baer, S., ed. (1970). *Zome Primer.* Albuquerque, NM: Zomeworks Corporation.

Baer, S. (1979). *Sunspots: An Exploration of Solar Energy through Fact and Fiction*. PA: Rodale Press

Balée, W. (2013). *Cultural Forests of the Amazon: A Historical Ecology of People and Their Landscapes*. Tuscaloosa: University of Alabama Press.

Banham, R. (1965). A Home Is Not a House. *Art in America* 53 (April).

Banham, R. (1969). *The Architecture of the Well-Tempered Environment.* Chicago, IL: The University of Chicago Press.

Banham, R. (1976). *Megastructure: Urban Futures of the Recent Past*. London: Thames and Hudson.

Barber, D. (2014). The Thermoheliodon. *A.R.P.A Journal* (May 15). Retrieved May 19, 2017 from http://www.arpajournal.net/thermoheliodon/

Barker, G. (1973). A New Way of Living. *Garden News* 780 (June 15).

Basabe, L., J. García-Germán, D. García-Setién & N. Mestre, eds. (2022). *Argument #4: Our House Is On Fire.* Madrid: Ediciones Asimétricas/ DPA Prints.

Bateson, G. (1970). Form, Substance and Difference. *General Semantics Bulletin 37.*

Bateson, G. (1972). Steps to an Ecology of Mind: *Collected Essays in Anthropology, Psychiatry, Evolution, and Epistemology.* San Francisco, CA: Chandler Publications. Co.

Beecher, C. E. (1841). *A Treatise on Domestic*

Economy: For the Use of Young Ladies at Home, and at School. New-York: Harper & Brothers.

Beecher C. E. & H. Beecher Stowe (1869). *The American Woman's Home, Or, Principles of Domestic Science: Being a Guide to the Formation and Maintenance of Economical, Healthful, Beautiful, and Christian Homes.* New York: J.B. Ford &Co.

Beecher Stowe, H. (1851). *Uncle Tom's Cabin; or, Life Among the Lowly.* Boston: John P. Jewett and Company.

Beesley P. and R. Armstrong (2011). Soil and Protoplasm: The Hylozoic Ground Project. *Architectural Design* 81, no. 2, Protocell Architecture (March/April).

Bennet, J. (1994). *Thoreau's Nature: Ethics, Politics, and the Wild.* New York: Sage Publications Inc.

Bennett, J. (2010). *Vibrant Matter: A Political Ecology of Things.* Durham, NC: Duke University Press Books.

Bennett, J. (2020). *influx & efflux: Writing Up with Walt Whitman.* Durham: Duke University Press.

Betasamosake Simpson, L. (2017). *As We Have Always Done; Indigenous Freedom through Radical Resistance.* Minneapolis: University of Minnesota Press.

Bhabha, H. (1992). *Location of Culture.* New York: Routledge.

Biester, C. E. (1950). *Catharine Beecher and her Contributions to Home Economics.* Greeley CO, Colorado State College of Education, EdD dissertation.

Binet, R. & G. Geffroy (1900). *Esquisses décoratives,* Paris: Librairie centrale des beaux-arts.

Blaut M. (1993). *The Colonizer's Model of the World: Geographical Diffusionism and Eurocentric History.* New York: Guilford Press.

Blauvelt, A., ed. (2015). *Hippie Modernism: The Struggle for Utopia.* Minneapolis: Walker Art Center.

Bookchin, M. (1971). *Post-Scarcity Anarchism.* Berkeley, CA: Ramparts Press.

Boon, J. (1973). The Ecol Operation. *Architectural Design* 43 (April).

Borasi G., ed. (2007). *Sorry, Out of Gas: Architecture's Response to the 1973 Oil Crisis.* Mantua: Corraini.

Botar, O. (2001). Notes towards a Study of Jakob von Uexküll's Reception in Early Twentieth-Century Artistic and Architectural Circles. *Semiotica* 134 (2001).

Botar, O. A. I. (2010). László Moholy-Nagy: A Biocentric Artist? *Hungarian Studies Review* 37.

Botar, O. A. I., & I. Wünsche, eds. (2011). *Biocentrism and Modernism.* Surrey, UK: Ashgate.

Botar, O. A. I. (2017). Biocentrism and the Bauhaus. In *The Routledge Companion to Biology in Art and Architecture,* edited by C.N. Terranova & M. Tromble. New York, NY: Routledge.

Bowker, G. (1990). How to Be Universal: Some Cybernetic Strategies. *Social Studies of Science* 20, no. 2 (May).

Braidotti, R. (2013). *The Posthuman*. Cambridge, UK: Polity.

Brand, S., ed. (1968-1972). *Whole Earth Catalog*. Menlo Park, CA: Portola Institute.

Branzi, A. (1973). Radical Notes 11: Dirty and Clean/*Sporco e pulito*. *Casabella* 382 (October).

Braun, J. (2019). Bioprospecting Breadfruit. *Early American Literature*. 54, no. 3, *The New Natural History*.

Breidbach, O. (1998). Brief Instructions to Viewing Haeckel's Pictures. In *Ernst Haeckel: Art Forms in Nature*. Munich: Prestel.

Burke, E. (1757). *A Philosophical Enquiry Into the Origin of Our Ideas of the Sublime and Beautiful.* London: Printed for R. and J. Dodsley in Pall-Mall.

Burtynsky, E. (2012). *Primary Landscapes: An Interview with Edward Burtynsky* [Interview by G.Manaugh] (2012, June). Nevada Museum of Art and Center for Art + Environment. Retrieved April 22, 2016 from http://v-e-n-u-e.com/Primary-Landscapes-An-Interview-with-Edward-Burtynsky.

Butlin, J. (1989). Our Common Future. *Journal of International Development,* 1, 2. Retrieved from https://onlinelibrary.wiley.com/doi/10.1002/jid.3380010208

[C]

Caine, G. (1972). A Revolutionary Structure. *Oz* (November).

Caine, G. (1972). The Ecological House. *Architectural Design* (March).

Caine, G. (1975). Graham Street Farmhouse. In *Survival Scrapbook* 5, Energy, edited by S. Szcelkun. Bristol, UK: Unicorn Bookshop Press.

Callicott, J. & R. Froderman (2009). *Deep Ecology from Encyclopedia of Environmental Ethics and Philosophy*. Farmington Hills, MI: Macmilan Reference USA/Gale Cengage Learning. Retrieved April 29, 2016 from http://www.uky.edu/OtherOrgs/AppalFor/Readings/240%20%20Reading%20%20Deep%20Ecology.pdf.

Carson, R. (1962). *Silent Spring*. Boston, MA: Houghton Mifflin.

Catarrhozone Co. (1934). *Recipes for Everyday Use*. Montreal: Catarrhozone.

Center for Systems Science and Engineering (CSSE). COVID-19 Dashboard. Johns Hopkins University. Retrieved March 23, 2020 from https://coronavirus.jhu.edu/map.html

Chaitkin, B. (1976). Counter-Culture. *Architectural Design* 46 (March).

Chakravorty Spivak, G. (1988). Can the Subaltern Speak? In *Marxism and the Interpretation of Culture*, edited by C. Nelson and L. Grossberg. Urbana, IL: University of Illinois Press.

Chang, J. H. and A. D. King (2011). Towards a Genealogy of Tropical Architecture: Historical Fragments of Power-Knowledge, Built Environment and Climate in the British Colonial Territories. *Singapore Journal of Tropical Geography* 32, no. 3.

Chomsky, A. (2022). A Brief History of the Green New Deal (So Far). *Literary Hub* (April 25). Retrieved January 28, 2023 from https://lithub.com/a-brief-history-of-the-green-new-deal-so-far/

Clarke, R. (1973). *Ellen Swallow: The Woman Who Founded Ecology*. Chicago: Follett Publishing Company.

Cline, B. (2002). Highrise of Homes. In *Envisioning Architecture: Drawings from The Museum of Modern Art,* edited by M. McQuaid. New York: The Museum of Modern Art.

Cogdell, C. (2004). *Eugenic Design: Streamlining America in the 1930s.* Philadelphia: University of Pennsylvania Press.

Cogdell, C. (2015). Breeding Ideology: Parametricism and Biological Architecture. In *The Politics of Parametricism: Digital Technologies in Architecture*, edited by M. Poole & M. Shvartzberg. London: Bloomsbury Publishing.

Coleman, W. (1978). *Biology in the Nineteenth Century: Problems of Form, Function, and Transformation*. New York: Wiley.

Colomina, B. (2019). *X-Ray Architecture.* Zurich: Lars Müller Publishers.

Cook, P. (1970). *Experimental Architecture.* New York: Universe Books.

Cosby, A. W. (1986). *Ecological Imperialism: The Biological Expansion of Europe 900-1900.* Cambridge UK: Cambridge University Press.

Cosgrove, D. (1994). Contested Global Visions: One World, Whole Earth, and the Apollo Space Photographs. *Annals of the Association of American Geographers* 84, no. 2 (June).

Crary, J. (2014). *24/7: Late Capitalism and the Ends of Sleep*. New York: Verso.

Crutzen P. & E. Stoermer (2000). The Anthropocene. *Global Change Newsletter* 41.

Cruz, M. and S. Pike (2008). Neoplasmatic Design: Design Experimentation With Bio-Architectural Composites. *Architectural Design* 78, no. 6, Neoplasmatic Design (November/December).

Cruz, M. (2009). NeoArch; Neoplasmatic Architecture. The Blog of Marcus Cruz. Retrieved February 20, 2017 from http://marcoscruzarchitect.blogspot.com/

Curtis Swallow, P. (2014). *The Remarkable Life and Career of Ellen Swallow Richards: Pioneer in Science and Technology*. London: Wiley.

[D]

Darwin, C. (1859). *The Origin of Species by Means of Natural Selection of the Preservation of Favored Races in the Struggle for Life*. London: John Murray.

Demos, T. J. (2016). *Decolonizing Nature*. Berlin: Sternberg Press.

Demos, T. J (2017). *Against The Anthropocene: Visual Culture and Environment Today*. Berlin: Sternberg Press.

Derrida, Jacques. (1993). *Spectres de Marx: L'Etat de la Dette, Le Travail du Deuil et La Nouvelle Internationale*. Paris: Editions Galilée.

Derrida, J., & P. Kamuf (1994). *Specters of Marx: The State of the Debt, the Work of Mourning, and the New International*. Upper Saddle River: Routledge.

Dery, M. (1993). Black to the Future: Interviews with Samuel R. Delany, Greg Tate, and Tricia Rose. *The South Atlantic Quarterly* 92, no. 4 (Fall)

Design Earth, *The Planet After Geoengineering* (2021). Barcelona; New York: Actar Publishers.

Dr. Medicine Co. (1910). *Household Hints and Helps*. Brockville, Ontario: Dr. Williams Medicine Co..

Dyson, F. (2009). Freeman Dyson Takes on the Climate Establishment, Interviewed by M. Lemonick, *Yale Environment 360* (June 4). Retrieved from HTTP://E360.YALE.EDU/CONTENT/FEATURE.MSP?ID=2151 on August 30, 2016.

[E]

Easterby-Smith, S. (2017). Botanical Collecting in 18th-Century London. *Curtis's Botanical Magazine* 34, no. 4 (December).

Eccli, E. (1973). Environmentalists Versus Ecologists (Interview with Murray Bookchin). *Undercurrents 4* (Spring).

Eckel, M. K. (2017). "A Little World within a World": The Wardian Case of Tropical Ferns in the Victorian Home. *Immediations* 4, no. 2. Retrieved December 9, 2021 from https://courtauld.ac.uk/research/research-resources/publications/immeditations-postgraduate-journal/immediations-online/2017-2/molly-k-eckel-a-little-world-within-a-world-the-wardian-case-of-tropical-ferns-in-the-victorian-home/

Eco, U. (2014). *From the Tree to the Labyrinth; Historical Studies on the Sign and Interpretation*. Cambridge, MA: Harvard University Press.

Ecologic Studio. BIT.BIO.BOT. https://www.ecologicstudio.com/projects/

bitbiobot, accessed on September 2, 2023.

e-flux Architecture. (2021). Cohabitation: A Manifesto for the Solidarity of Non-Humans and Humans in Urban Space (June 5–July 4, 2021). Retrieved July 23, 2021 from https://www.e-flux.com/announcements/391539/cohabitation-a-manifesto-for-the-solidarity-of-non-humans-and-humans-in-urban-space/..

Emerson, R. W. (1967). *Self-Reliance* (1841). White Plains, N.Y: Peter Pauper Press.

Escobar, A. (2018). *Designs for the Pluriverse: Radical Interdependence, Autonomy, and the Making of Worlds*. Durham, NC: Duke University Press.

Evans, R. (1969). Piezoelectric Structures. Thesis, Architectural Association, London.

Evans, R. (1997). *Translations from Drawing to Building*. Cambridge, MA: MIT Press.

[F]

Farallones Institute, & S. V. Ryn (1971). *Farallones Scrapbook*. Point Reyes Station, CA: Farallones Designs.

Farallones Institute, & S. V. Ryn (1979). *The Integral Urban House: Self-Reliant Living in the City*. San Francisco, CA: Sierra Club Books.

Ferenczi, S. (1952). The Phenomena of Hysterical Materialization (1919). In *Theory and Technique of Psychoanalysis*, compiled by J. Rickman and translated by J. Isabel Suttie. New York: Basic Books Inc.

Fernández Pascual, D. and A. Schwabe (2017). The Offsetted. *e-flux architecture* (November). Retrieved January 11, 2022 from https://www.e-flux.com/architecture/positions/153904/the-offsetted/

Fleming, J. R. (2010). *Fixing The Sky; The Checkered History of Weather and Climate Control*. New York: Columbia University Press.

Foerster, H. V. (1960). On Self-Organizing Systems and Their Environments. In *Self-Organizing Systems*, edited by M. C. Yovits & S. Cameron. London: Pergamon Press. Retrieved December 6, 2012 from http://e1020.pbworks.com/f/fulltext.pdf

Foucault, M. (1966). *L'Ordre du Discours*. Paris: Éditions Gallimard.

Foucault, M. (1978). *The History of Sexuality: An Introduction*. New York: Random House.

Frampton, K. (2002). *The Architecture of Glenn Marcus Murcutt*. The Pritzker Architecture Prize sponsored by The Hyatt Foundation. Retrieved April 23, 2016, from http://www.pritzkerprize.com/sites/default/files/file_fields/field_files_inline/2002_essay0.pdf.

Frampton, K. (1983). Towards a Critical Regionalism: Six Points for an

Architecture of Resistance. In *Anti-Aesthetic; Essays on Postmodern Culture*, edited by H. Foster. Seattle: Bay Press.

Francé, R. H. (1920). *Die Pflanze als Erfinder; The Plant as an Inventor.* Stuttgart: Kosmos.

Freud, S. *The Ego and the Id and Other Works* (1923-1925). In *The Standard Edition of the Complete Psychological Works of Sigmund Freud*. Volume 19. London: Hogarth Press, 1953-1974.

[G]

Gans, H. J. (1962). *The Urban Villagers: Group and Class in the Life of Italian Americans*. Glencoe: Free Press.

Gattegno, N. & J. Kelly (2012). *HYDRAMAX Port Machines.* Future Cities Lab. Retrieved April 23, 2016, from http://www.future-cities-lab.net/projects/#/hydramax/.

Geddes, P. (1915). *Cities in Evolution: An Introduction to the Town Planning Movement and to the Study of Civics.* London: Williams & Norgate.

Gerischer,W. (1974). Anti-Industrialization: Do-it-Yourself Environments from Industrial By-Products. *Lotus International* 8 (September).

Giedion, S. (1948). *Mechanization Takes Command: A Contribution to Anonymous History.* Oxford: Oxford University Press,.

Girard, K. E. (1959). *Dr. A. W. Chase Calendar Almanac.* Toronto: The Dr. A. W. Chase Medicine Co. Ltd.

Gissen, D. (2009). *Subnature: Architecture's Other Environments.* New York, NY: Princeton Architectural Press.

Goethe, J. W. V. (2009). *The Metamorphosis of Plants.* Introduction and Photography by G. L. Miller. Cambridge, MA: MIT Press.

Goethe, J. W. V., Martin, C. & P. J. F. Turpin (1837). *Oeuvres d' histoire naturelle de Goethe: Comprenant divers memoires d'anatomie comparee de botanique et de geologie*. Paris: Ab. Cherbuliez.

Goodman, P. & P. Goodman (1947). *Communitas: Means of Livelihood and Ways of Life*. First edition. Chicago: University of Chicago Press.

Gray R. & S. Sheikh (2021). The Coloniality of Planting: Legacies of Racism and Slavery in the Practice of Botany. *The Architectural Review* (January 27). Retrieved November 16, 2022 from https://www.architectural-review.com/essays/the-coloniality-of-planting

Griffa, C. (2012). *The Lillies: Algal Design.* Cesare Griffa Architecture Lab, Cesare Griffa Architect. Retrieved April 22, 2016, from https://cesaregriffa.com/waterlilly/

Gropius, W. (1938). Bauhaus Manifesto and Program (April 1919). In H. *Bauhaus, 1919-1928,* edited by W. Bayer, W. Gropius, and I. Gropius. New York: The Museum of Modern Art,

Distributed by New York Graphic Society.

Grove, R. H. (1995). *Green Imperialism: Colonial Expansion, Tropical Island Edens and the Origins of Environmentalism, 1600-1860*. Cambridge: Cambridge University Press.

Grusin, R., ed. (2015). *The Nonhuman Turn.* 21st Century Studies. Minneapolis: University of Minnesota Press.

[H]

Haeckel, E. (1866). *Generelle Morphologie der Organismen: Allgemeine Grundzüge der Organischen Formen-Wissenschaft; mechanisch begründet durch die von Charles Darwin reformirte Descendenz.* Berlin: Druck und Verlag von Georg Reimer.

Haeckel, E. (1891). Plankton Studien. *Jena Zeitschrift* für *Naturwissenschaft* 25. Translated by G.W. Field. Report of United States Commissioner of Fish and Fisheries, 1889-1891.

Haeckel, E. (1900). *The Riddle of the Universe.* Trans. by J. McCabe. London: Harper & Brothers.

Haeckel, E. (1904). *Kunstformen der Natur.* Leipzig and Vienna: Bibliographisches Institut.

Haeckel, E. (1905). *The Wonders of Life: A Popular Study of Biological Philosophy.* New York and London: Harper & Brothers.

Hall, P. (1988). *Cities of Tomorrow: An Intellectual History of Urban Planning and Design in the Twentieth Century.* Oxford: Basil Blackwell.

Haraway, D. J. (1985). Manifesto for Cyborgs: Science, Technology, and Socialist Feminism in the 1980s. *Socialist Review* 80.

Haraway, D. J. *Simians* (1991). *Cyborgs and Women: The Reinvention of Nature.* New York: Routledge.

Haraway, D. J. (2003). *The Companion Species Manifesto; Dogs, People, and Significant Otherness.* Chicago, IL: Prickly Paradigm Press.

Haraway, D. J. (2008). *When Species Meet.* Minneapolis: University of Minnesota Press.

Haraway, D. (2016). Tentacular Thinking: Anthropocene, Capitalocene, Chthulucene. *e-flux, 75*. Retrieved October 29, 2016, from http://www.e-flux.com/journal/75/67125/tentacular-thinking-anthropocene-capitalocene-chthulucene/.

Haraway, D. J. (2016). *Staying with the Trouble: Making Kin in the Chthulucene.* Durham. NC: Duke University Press.

Haraway, D. J. (2018). *Making Kin Not Population.* Chicago, IL: Prickly Paradigm Press.

Hardy, A. (1860). Importance de I'Algerie comme station d'acclimatation. *L'Algerie agricole, commerciale, industrielle.* Paris: Challamel.

Harold Bryant, W. (2006). *Whole System, Whole Earth: The Convergence of Ecology and Technology in Twentieth Century American Culture*. Unpublished Ph.D. dissertation. Iowa City, IA: University of Iowa.

Harper P. & G. Boyle, eds. (1976). *Radical Technology*. New York: Pantheon Books, A Division of Random House.

Harrison, A. L. (2013). *Architectural Theories of the Environment: Posthuman Territory*. New York, NY: Routledge.

Harrison Atelier. www.harrisonatelier.com. Accessed June 5, 2023.

Hartman, E. (2014). Tour a New Building Made of Corn and Mushrooms at MoMA PS1. *The New York Times Style Magazine* (June 25). Retrieved February 20, 2017 from https://www.nytimes.com/2014/06/25/t-magazine/moma-young-architects-program.html%20on%20February%2020

Harvey, D. (2008). The Right to the City. *New Left Review* 53 (Sept-Oct).

Hawley, A. (1950). *Human Ecology: A Theory of Community Structure*. New York: Ronald Press Co.

Hays, M. (1984). Critical Architecture: Between Culture and Form. *Perspecta* 21.

Hays, M. (1998). The Oppositions of Autonomy and History. In *Oppositions Reader: Selected Readings from a Journal for Ideas and Criticism in Architecture, 1973-1984*, edited by M. Hays. New York, NY: Princeton Architectural Press.

Hershey, D. R. (1996). Dr. Ward's Accidental Terrarium. *The American Biology Teacher* 58, no 5 (May).

Hight, C. (2020). Designing Ecologies. In *Projective Ecologies,* edited by C. Reed & N.-M. Lister. Barcelona: Actar Publisher and Harvard Graduate School of Design.

Hippocrates. (1881). *On Airs, Waters, and Places* ['Ipparchou Ton 'Aratou Kai Eu'doxou Phainoménon 'exegéseos Biblia Trial]. London: Wyman & Sons.

Huggett, R. J. (1999). Ecosphere, Biosphere, or Gaia? What to Call the Global Ecosystem. *Global Ecology and Biogeography* 8, no. 6.

Humboldt, A.V., & A. Bonpland (1805). *Essai sur la géographie des plantes: accompagné d'un tableau physique des régions* équinoxiales, *fondé sur des mesures exécutées, depuis le dixième degré de latitude boréale jusqu'au dixième degré de latitude australe, pendant les années 1799, 1800, 1801, 1802 et 1803*. Paris: Chez Levrault, Schoell et Companie Libraries.

Humboldt, A. V. (1852). *Cosmos: A Sketch of a Physical Description of the Universe*. New York: Harper & Brothers.

Huntington, E. (1915). *Civilization and Climate*. New Haven, CT: Yale University Press.

Huntington, E. (1924). *The Character of Races as Influenced by Physical Environment, Natural Selection and Historical Development*. New York; London: Charles Scribner.

Hutchinson, G. E. (1970). Use and Conservation of the Biosphere. *Scientific American* (Sept).

Huxley, M. (2006). Spatial Rationalities: Order, Environment, Evolution and Government. *Social & Cultural Geography* 7, no. 5 (November).

[J]

Jack Todd, N. (2006). *A Safe and Sustainable World: The Promise of Ecological Design*. Washington, DC: Island Press.

Jacobs, J. (1961). *The Death and Life of Great American Cities*. New York: Random House.

Jarzombek, M. (2003). Sustainability, Architecture and Nature; Between Fuzzy Systems and Wicked Problems. *Thresholds* 26 (Denatured). Cambridge, MA: MIT Press.

Jarzombek, M. (2005). Haacke's Condensation Cube: The Machine in the Box and the Travails of Architecture. *Thresholds* 30, Microcosms (Fall).

Jencks C. & N. Silver (1972). *Adhocism: The Case for Improvisation*. New York: Doubleday.

Jeyifous, O. (2023). Kidcadaver. Instagram (May 18). Retrieved June 8, 2023 from https://www.instagram.com/p/CsYfTJrM3TJ/?img_index=1o

Joachim, M. and M. Aiolova (2019). Terreform ONE, *Design with Life*. Barcelona: Actar Publishers.

Johung, J. (2019). Vital Forms: Biological Art, Architecture, and the Dependencies of Life. Minneapolis: University of Minnesota Press.

[K]

Kahn, L. ed. (1970-1972). *Domebook 1-2*. Bolinas, CA: Shelter Publications.

Kallipoliti, L. (2012). EcoRedux: Environmental Architecture from "Object" to "System" to "Cloud." *PRAXIS: A Journal of Writing + Building 13*.

Kallipoliti, L. (2013). *Mission Galactic Household: The Resurgence of Cosmological Imagination in the Architecture of the 1960s and 1970s*. PhD Dissertation. Princeton, NJ: School of Architecture, Princeton University.

Kallipoliti, L. (2015). Closed Worlds: The Rise and Fall of Dirty Physiology. *Architectural Theory Review* 20, no. 1.

Kallipoliti, L. (2018). *The Architecture of Closed Worlds, Or, What is the Power of Shit*. Zurich: Lars Müller Publishers/ Storefront for Art and Architecture.

Kallipoliti, L. (2022). Acclimatization. In *Words of Weather: A Glossary*, edited by J. Parikka and D. Dragona. Athens: Onassis Publications.

Kendall, B. J. (1884). *The Doctor at Home*. Enosburgh Falls, VT: B. J. Kendall & Co.

Kepes, G. (1972). Art and Ecological Consciousness. In G. Kepes, *Arts of the Environment*. New York, NY: George Braziller.

Kiesler, F. (1934). Notes on Architecture. The Space-House. Annotations at Random. *Hound and Horn* 7, no. 2 (January-March).

Kiesler, F. (1939). On Correalism and Biotechnique: A Definition and Test of a New Approach to Building Design. *Architectural Record* 86 (September).

Kim, J., & E. Carver (2015). *The Underdome Guide to Energy Reform*, 67-68. New York, NY: Princeton Architectural Press.

Kirk, A. G. (2007). *Counterculture Green: The Whole Earth Catalog and American Environmentalism*. Lawrence, Kansas: University Press of Kansas.

Konstantinidis, A. (1972). Vessels of Life, or, The Problem of a True Greek Architecture. *Architecture in Greece* 6.

Konstantinidis, A. (1994). *God-Built: Landscapes and Houses of Modern Greece*. Crete, Greece: Crete University Press.

Koolhaas, R. (1978). *Delirious New York: A Retroactive Manifesto for Manhattan*. New York: Oxford University Press.

Koolhaas, R. (2002). Junkspace. *October* 100, Obsolescence (Spring).

Korody, N. (2016). Putting the Planet to Paper: The Monumental Geographies of DESIGN EARTH. *Archinect* (October 19). Retrieved February 21, 2017 from http://archinect.com/features/article/149974257/putting-the-planet-to-paper-the-monumental-geographies-of-design-earth

Krishnan, A, & R. Chandran (2020). A World in Which Many Worlds Fit. Global Dashboard (June 16). Retrieved July 20, 2023 from https://www.globaldashboard.org/2020/06/16/a-world-in-which-many-worlds-fit/

Kuklick, H. (1996). Islands in the Pacific: Darwinian Biogeography and British Anthropology. *American Ethnologist* *23*, no.3.

Kwa, C. (2011). *Styles of Knowing*. Pittsburgh: University of Pittsburgh Press.

Kwinter, S. (2020). Combustible Landscape. In *Projective Ecologies*, edited by C. Reed and N.-M. Lister. Barcelona: Actar Publisher and Harvard Graduate School of Design.

[L]

Lacan, J. (1977). The Mirror Stage as Formative of the Function of the I as Revealed in Psychoanalytic Experience. In *Jacques Lacan: Ecrits; A Selection,* translated by A. Sheridan. New York: Norton.

[↖] 参考文献

Lateral Office & Infranet Lab (2010). *COUPLING: Strategies for Infrastructural Opportunism*. New York, NY: Princeton Architectural Press.

Latour, B. (2017). *Down To Earth: Politics in the New Climate Regime*. Cambridge: Polity Press.

Laurence, P. (2006). Contradictions and Complexities. Jane Jacobs's and Robert Venturi's Complexity Theories. *Journal of Architectural Education* 59, no.3 (February).

Lavin, S. (2004). *Form Follows Libido: Architecture and Richard Neutra in a Psychoanalytic Culture*. Cambridge: MIT Press.

Lawrence, R. J. (2001). Human Ecology. In *Our Fragile World: Challenges and Opportunities for Sustainable Development*, edited by M. K. Tolba. Oxford, UK: EOLS -Encyclopedia of Life Support Systems.

Leach, G. (1972). Living Off the Sun in South London. *The Observer* (27 August).

Leatherbarrow D. & R. Wesley (2014). Performance and Style in the Work of Olgyay and Olgyay. *arq: Architectural Research Quarterly* 18, no. 2.

Le Corbusier (1950). *Le modulor: essai sur une mesure harmonique a l'echelle humaine applicable universellement a l'architecture et a la mécanique*. Boulogne: Editions de l'architecture D'aujourd'hui.

Le Corbusier (1963). *Towards a New Architecture* (1923). Reprint. New York: Frederick A. Praeger.

Leeds, L. W. (1871). *A Treatise on Ventilation: Comprising Seven Lectures Delivered Before the Franklin Institute, Philadelphia, 1866-68*. New York: John Wiley & Sons.

Lefebvre, H. (1967). Le Droit à la Ville. *L'Homme et la Société* 6, no. 1.

Leplastrier, R. (2009). *Richard Leplastrier Profile*. The Architecture Foundation Australia. Citation of The 2009 Dreyer Foundation prize. Retrieved April 23, 2016 from http://www.ozetecture.org/2012/richard-leplastrier/.

Libby R. (1997). Ecology: A Science of Empire? In *Ecology and Empire: Environmental History of Settler Societies*, edited by T. Griffiths and L. Robin. Edinburgh: Edinburgh University Press.

Linnaeus, C. (1735). *Systema naturae; sive, Regna tria naturae: Systematice proposita per classes, ordines, genera & species*. Lyon: Apud Theodorum Haak, Ex typographia Joannis Wilhelmi de Groot.

Livingstone, D. N. (1999). Tropical Climate and Moral Hygiene: The Anatomy of a Victorian Debate. *The British Journal for the History of Science* 32, no.1.

López-Durán, F. & N. Moore (2010). (Ut)opiates: Rethinking Nature. *Architectural Design* 80, no. 6.

López-Durán, F. (2018). *Eugenics in the Garden: Transatlantic Architecture and the Crafting of Modernity*. Austin: University of Texas Press.

López Munuera, I. (2020). Lands of Contagion: Sick Architecture *e-flux architecture* (November). Retrieved March 23, 2021 from https://www.e-flux.com/architecture/sick-architecture/363717/lands-of-contagion/

Lorenz, T., E. Griffith & M. Isaac (2020). We Live in Zoom Now. *The New York Times* (March 17).

Lourie Harrison, A. ed. (2013). *Architectural Theories of the Environment: Posthuman Territory*. New York: Routledge.

Lynn, G. (1998). *Folds, Bodies & Blobs: Collected Essays*. Brussels: La Lettre volée.

Lynn, G. (1999). *Animate Form*. New York, NY: Princeton Architectural Press.

[M]

Madlener, A. (2021). David Benjamin's Venice Biennale Installation Makes the Case for Probiotic Living. *Metropolis* (October 20). Retrieved November 17, 2021 from https://metropolismag.com/viewpoints/probiotic-antibiotic-living-microbes/

Mahony M. & G. Endfield (2018). Climate and Colonialism. *WIREs Climate Change 9*, no. 2.

Manaugh, G. (2011). Infrastructural Opportunism. *BLDGBLOG* (April 26, 2011). Retrieved February 21, 2017 from http://www.bldgblog.com/2011/04/infrastructural-opportunism/

Mann, S. A. (2011). Pioneers of U.S. Ecofeminism and Environmental Justice. *Feminist Formations* 23, no. 2.

Marder, M. (2019). Being Dumped. *Environmental Humanities* 11, no. 1 (May).

Margalef, R. (n.d.). Perspectives in Ecological Theory. Unpublished draft for *CoEvolution Quarterly*. Stewart Brand Archives, Special Collections of Stanford University, Palo Alto, CA.

Margulis, L. & D. Sagan (1997). *Microcosmos: Four Billion Years of Evolution*. Berkeley: University of California Press.

Marston Fitch, J. (1948). *American Building: The Forces that Shape It*. Boston: Houghton Mifflin Co.

Marston Fitch, J. (1970). Review: *The Architecture of The Well-Tempered Environment* by Reyner Banham. *Journal of the Society of Architectural Historians* 29, no. 3 (October).

Marston Fitch, J. (1972). *American Building 2: The Environmental Forces That Shape It*. Boston: Houghton Mifflin Company.

Marx, L. (1964). *The Machine in the Garden: Technology and the Pastoral Ideal in*

America. New York, NY: Oxford University Press.

Massey, J. (2013). Risk design. *The Aggregate website*. Retrieved April 22, 2016, from http://we-aggregate.org/piece/risk-design

Mayhew, R., ed. (2005). *Ayn Rand Answers, the Best of Her Q&A*. New York: New American Library.

Mbembe, A. (2015). Decolonizing Knowledge and the Question of the Archive. *Platform for Experimental Collaborative Geography*. Retrieved November 16, 2021 from https://worldpece.org/content/mbembe-achille-2015-%E2%80%9Cdecolonizing-knowledge-and-question-archive%E2%80%9D-africa-country

McCook, S. (2016). Squares of Tropic Summer: The Wardian Case, Victorian Horticulture, and the Logistics of Global Plant Transfers, 1770-1910. In *Global Scientific Practice in an Age of Revolutions, 1750-1850*, edited by P. Manning & D. Rood. Pittsburgh, PA: University of Pittsburgh Press.

McDonough W. & M. Braungart (2002). *Cradle to Cradle: Remaking the Way We Make Things*. New York: North Point Press.

McHale, J. (1969). *The Future of the Future*. New York, NY: George Braziller.

McHale, J. (1970). *The Ecological Context*. New York, NY: George Braziller.

McHarg, I. L. (1969). *Design with Nature*. New York: Natural History Press.

McIntosh, R. P. (1985). *The Background of Ecology: Concept and Theory*. Cambridge, UK: Cambridge University Press.

McKnight, J. (2015). Andrés Jaque's Giant Water Purifier Unveiled in MoMA PS1 Courtyard. *Dezeen* (June 24). Retrieved February 21, 2017 from https://www.dezeen.com/2015/06/24/andres-jaque-giant-water-purifier-moma-ps1-courtyard-new-york-yap/

Mennel, T. (2011). Jane Jacobs, Andy Warhol, and the Kind of Problem a Community Is. *Places Journal* (April). Retrieved May 22, 2023 from https://placesjournal.org/article/jane-jacobs-andy-warhol-and-the-kind-of-problem-a-community-is/#0. Accessed.

Migayrou, F. (2003). Extensions of the Oikos. In *ArchiLab's Earth Buildings:Radical Experiments in Land Architecture*, edited by M. Brayer & B. Simonot. London: Thames & Hudson.

Moffat, I. (2000). A Horror of Abstract Thought: Postwar Britain and Hamilton's 1951 Growth and Form Exhibition. *October* 94 (Autumn).

Moholy-Nagy, L. (1947). *Vision in Motion*. Chicago, IL: Paul Theobald & Co.

Moore, N., & Lopez-Durand, F. (2010). Utopiates: Rethinking Nature. In

EcoRedux: Design Remedies for a Dying Planet, edited by L. Kallipoliti. Architectural Design.

Moreno, C. D., & Grinda, E. G. (2014). *Third Natures: A Micropedia.* London: Architectural Association. Retrieved April 22, 2016 from http://aabookshop.net/?wpsc-product=third-natures.

Morton, T. (2010). *The Ecological Thought.* Cambridge, MA: Harvard University Press.

Morton, T. (2013). *Hyperobjects: Philosophy and Ecology after the End of the World.* Minneapolis: University of Minnesota Press.

Morton, T. (2018). *Being Ecological.* Cambridge, MA: MIT Press.

Moses, R. (1942). What Happened to Haussmann. *Architectural Forum* 77, no. 1 (July).

Mother Earth News (1980). The Integral Urban House. *Mother Earth News* (January–February). Retrieved June 11, 2018 from http://www.motherearthnews.com/green-homes/integral-urban-house-zmaz80jfzraw.aspx#axzz3LXNifVQa.

Mullender-Ross, R. (2019). Picturing a Voice: Margaret Watts Hughes and the Eidophone. In *The Public Domain Review* (November 27). Retrieved on January 24, 2023 from https://publicdomainreview.org/essay/picturing-a-voice-margaret-watts-hughes-and-the-eidophone

Müller-Wille, S. (2005). Walnuts at Hudson Bay, Coral Reefs in Gotland; The Colonialism of Linnaean Botany. In *Colonial Botany. Science, Commerce and Politics in the Early Modern World,* edited by L. Schiebinger and C. Swan. Philadelphia, PA: University of Pennsylvania Press.

Murphy, M. (2006). *Sick Building Syndrome and the Problem of Uncertainty: Environmental Politics, Technoscience and Women Workers.* Durham NC: Duke University Press.

[N]

Naess, A. (1973). The Shallow and the Deep, Long-Range Ecology Movements: A Summary. *Inquiry* 16, nos. 1-4.

National Academy of Science (1966). *Waste Management and Control.* National Research Council publication 1400.

National Women's History Museum (2017). Gardening Clubs: Fertile Ground for Women's Activism. Retrieved October 5, 2021 from https://www.womenshistory.org/articles/gardening-clubs

Ndubisi, F. (2014). *The Ecological Design and Planning Reader.* Washington, D.C.: Island Press.

Negroponte, N. (1975). *Soft Architecture Machines.* Cambridge, MA: MIT Press.

Neimanis, A. (2017). *Bodies of Water:*

Posthuman Feminist Phenomenology. London: Bloomsbury Academic, an imprint of Bloomsbury Publishing Plc.

Nelson, A. (1995). The Planning of Exurban America: Lessons from Frank Lloyd Wright's Broadacre City. *Journal of Architectural and Planning Research* 12, no. 4 (Winter).

Nelson, G. (1952). After the Modern House. *Interiors* 111, no. 7 (July).

Nelson, G. & Wright, H. (1945). *Tomorrow's House: A Complete Guide for the Home-Builder*. New York: Simon and Schuster.

Northrop & Lyman Co. Ltd. (n.d.). *Northrop & Lyman Co.'s Family Recipe Book*. Toronto: Northrop & Lyman Co. Ltd.

Nye, D. E. (1996). *American Technological Sublime*. Cambridge, MA: MIT Press.

[O]

O'Donnell, C. (2015). *Niche Tactics: Generative Relationships between Architecture and Site* New York: Routledge.

Odum, E.P. (1971). *Fundamentals of Ecology*. Philadelphia, PA: Saunders.

Odum, E.P. (1989). *Ecology and Our Endangered Life-Support Systems*. Sunderland, MA: Sinauer Associates.

Odum H. T. and L. L.Peterson (1972). Relationship of Energy and Complexity in Planning. In *Complexity,* edited by Royston Landau. *Architectural Design* 42, no. 10 .

Olgyay. V. (1963). *Design with Climate: Bioclimatic Approach to Architectural Regionalism*. Princeton, NJ: Princeton University Press.

Ortega, A. et alia (1972). *Ecol Operation: Ecology, Building and Common Sense*. Montreal: Minimum Cost Housing Group, McGill University.

Osborne, M. A. (2000). Acclimatizing the World: A History of the Paradigmatic Colonial Science. *Osiris* 15.

Osman, M. (2015). What's at Risk? In *The Underdome Guide to Energy Reform,* edited by J. Kim and E. Carver. New York, NY: Princeton Architectural Press.

[P]

Papanek, V. (1971). *Design for the Real World: Human Ecology and Social Change*. New York: Pantheon Books.

Pawley, M. (1971). Garbage Housing. *Architectural Design,* 41 (February).

Pawley, M. (1973). Garbage Housing II: Chile and the Cornell Programme. *Architectural Design* (December).

Pawley, M. (1975). Garbage Housing USA. The Work of Mike Reynolds. *Architectural Design* 45 (March).

Pawley, M. (1975). *Garbage Housing*. London: Architectural Press.

Pawley, M. (1988). We Shall Not Bulldoze Webminster Abbey. Archigram and the Retreat from Technology. In *Oppositions Reader,* edited by M. Hays. New York, NY: Princeton Architectural Press.

Pawley, M. (2000). Towards an Unoriginal Architecture. In *Non-Plan: Essays on Freedom Participation and Change in Modern Architecture & Urbanism,* edited by J. Hughes & S. Sadler. UK: Architectural Press.

Peeples, J. (2011). Toxic Sublime: Imaging Contaminated Landscapes. *Environmental Communication* 5, no. 4 (November). DOI: 10.1080/17524032.2011.616516

Poletto, M. & C. Pasquero (2012). *Systemic Architecture: Operating Manual for the Self-Organizing City* . Abingdon, UK/ New York: Routledge.

Poletto, M. & C. Pasquero (2015). *Urban Algae Folly*. ecoLogicStudio. Retrieved April 22, 2016, from http://www.ecologicstudio.com/v2/project.php?idcat=3&idsubcat=71&idproj=148.

Poole, R. (2008). *Earthrise: How Man First Saw the Earth*. New Haven: Yale University Press.

Poovey, M. (1998). *A History of the Modern Fact: Problems of Knowledge in the Sciences of Wealth and Society*. Chicago: University of Chicago Press.

Proctor, R. (2009). A World of Things in Emergence and Growth: René Binet's Porte Monumentale at the 1900 Paris Exposition. In *Symbolist Objects: Materiality and Subjectivity at the Fin-de-Siècle*. High Wycombe: Rivendale Press.

Puig de la Bellacasa, M. (2017). *Matters of Care: Speculative Ethics in More Than Human Worlds*. Minneapolis, MN: University of Minnesota Press.

[Q]

Quick, T. (2004). *American Transcendentalism and Deep Ecology in the History of Ideas.* Victoria, BC: University of Victoria Archival Theses. Retrieved April 20, 2016, from http://hdl.handle.net/1828/728

[R]

Rahm, P. (2009). Meteorological Architecture. *Architectural Design*. 79, no. 3 Energies (May)

Rand, A. (1943). *The Fountainhead.* Indianapolis, IN: Bobbs Merrill.

Red Nation (2021). *The Red Deal, Indigenous Action to Save our Earth*. Brooklyn, NY: Common Notions.

Reinhold M. (2003). Organicism's Other. In *Architecture and the Sciences: Exchanging Metaphors*, edited by A. Picon & A. Ponte. New York, NY: Princeton Architectural Press.

Richards, E. H. (1919). *Euthenics: The Science of Controllable Environment.* Boston: Whitcomb & Barrows.

Richards, R. J. (2007). Ernst Haeckel's Alleged Anti-Semitism and Contributions to Nazi Biology. *Biological Theory* 2, no 1.

Richardson, B. (2000). Ellen Swallow Richards: Advocate for "Oekology": Euthenics and Women's Leadership in Using Science to Control the Environment. *Michigan Sociological Review* 14 (Fall).

Ricklefs, R.E. (1973). *Ecology*. Portland, OR: Chiron.

Ricklefs, R.E. (1987). Community Diversity: Relative Roles of Local and Regional Processes. *Science* 235.

Rinard, R. G. (1981). The Problem of the Organic Individual: Ernst Haeckel and the Development of the Biogenetic Law. *Journal of the History of Biology* 14, no. 2 (Autumn).

Rivera Cusicanqui, S. (2011). *Ch'ixinakaxutxiwa*: A Reflection on the Practices and Discourses of Decolonization. *South Atlantic Quarterly* 111, no. 1.

Ross, R. (1991). *Strange Weather: Culture, Science and Technology in the Age of Limits.* New York, NY: Verso.

Roszak, T. (1969). *The Making of a Counterculture; Reflections on the Technocratic Society and Its Youthful Opposition*. Garden City, N.Y: Doubleday .

Rudolf, J. (2008). The Botanical Cabinet. *Lankesteriana International Journal* 8, no. 2 (August).

Ruiz-Geli, E., & Cloud 9 (n.d.). *Global Warming Scenarios*. Barcelona. Retrieved April 22, 2016 from http://www.ruiz-geli.com/global-warming-scenarios/index.

Ruskin, J. (1865). Of Queens' Gardens. In *Sesame and Lilies*. New York: John Wiley & Son.

Rybczynski, W. (1973). From Pollution to Housing. *Architectural Design* 43 (December).

Rybczynski, W. (1975). Sulphur Building. *Architectural Design* 45 (December).

Rybczynski, W. (2008). Martin Pawley Obituary. *Slate* (March 12). Retrieved March 27, 2023 from https://slate.com/news-and-politics/2008/03/remembering-architecture-critic-martin-pawley.html.

Ryn, S. V. & S. Cowan (1996). *Ecological Design*. Washington, D.C.: Island Press.

[S]

Sabin, J. (2014). Jenny E. Sabin: Datascapes. Retrieved February 20, 2017 from http://sabinlab.aap.cornell.edu/2014/03/24/jenny-e-sabin-datascapes/.

Sachs, A. *Environmental Design; Architecture, Politics, and Science in Postwar America*. Charlottesville: University of Virginia Press.

Sadler, S. (2008) "An Architecture of the Whole," *Journal of Architectural Education* 61, no. 4.

SCAPE / Landscape Architecture PLLC (2014). Kingston Brownfield Opportunity Area. Retrieved April 23, 2016 from http://www.scapestudio.com/projects/kingston-brownfield-opportunity-area/#8.

Schoolman, M. (1994). Introduction. In Jane Bennet, *Thoreau's Nature: Ethics, Politics, and the Wild.* New York: Sage Publications Inc.

Schwartz, H. (1996). *The Culture of the Copy: Striking Likenesses, Unreasonable Facsimiles*. New York: Zone Books.

Scott, J. C. (1991). *Domination and the Arts of Resistance: Hidden Transcripts*. New Haven: Yale University Press.

Scott, F. D. (2007). *Architecture or Techno-Utopia: Politics after Modernism*. Cambridge, MA: MIT Press.

Scott, F. D. (2016). *Outlaw Territories: Environments of Insecurity/Architectures of Counterinsurgency*. New York: Zone Books.

Shamberg, M. & Raindance Corporation (1971). *Guerilla Television*. New York: E.P. Dutton.

Shamberg, M. and Raindance Corporation (1971). *Guerilla Television*. New York: E.P. Dutton, 1971.

Sheppard, L., M. White, N. Bhatia & M. Przybylski (2011). *Pamphlet Architecture 30: Coupling; Strategies for Infrastructural Opportunism*. New York, NY: Princeton Architectural Press.

Smit, T. (2012). *Sir Tim Smit: The Eden Project*. Interview by S. D. Cameron on November 27. Retrieved April 23, 2016, from https://youtu.be/Q5B4FFTGouQ.

Soleri, P. (1969). *Arcology: City in the Image of Man*. Cambridge, MA: MIT Press.

Solman, D. (1995). *Loddiges of Hackney: The Largest Hothouse in the World.* London: Hackney Society.

Somma, P. (2005). Gans, Herbert J. In *Encyclopedia of the City,* edited by R. W. Caves. London and New York: Routledge.

Space Caviar. Non-Extractive Architecture. Retrieved July 27, 2021 from https://www.spacecaviar.net/articles/non-extractive-architecture

Spilhaus, A. (1968). The Experimental City. *Science,* n.s. 159, no. 3816 (February).

Spring, M. & H. Beck (1976). Cooperative Autonomies. *Architectural Design* 46 (January).

Stella, M. & K. Kleisner (2010). Uexküllian *Umwelt* as Science and as Ideology: The Light and the Dark Side of a Concept. *Theory in Biosciences* 129, no. 1 (June).

Stevens, P. F. (1994). *The Development of*

Biological Systematics: Antoine-Laurent de Jussieu and the Natural System. New York: Columbia University Press.

Sullivan, L. H. (1924). *A System of Architectural Ornament According with a Philosophy of Man's Powers*. New York: Press of the American Institute of Architects, Inc.

Swallow Richards, E. H. (1910). *Euthenics, the Science of Controllable Environment; A Plea for Better Living Conditions as a First Step toward Higher Human Efficiency*. Boston, Whitcomb & Barrows.

Swanson, R.-A. L. (2013). *Clean Up Our Home: Ellen Swallow Richards' Human Ecology and Emerging Environmental Ideologies, 1890-1915*. University of Northern Iowa, Honors Program Theses.

Szczelkun, S., ed. (1974). *Survival Scrapbook*. Vol. 5: *Energy*. Bristol, UK: Unicorn Bookshop Press.

[T]

Tabas, B. (2015). Dark Places: Ecology, Place, and the Metaphysics of Horror Fiction. In *Expressions of Environment in Euroamerican Culture / Antique Bodies in Nineteenth Century British Literature and Culture*. Miranda, 11. Retrieved January 27, 2017, from https://miranda.revues.org/7012.

Taut, B. (1919). *The City Crown: "Die Städtkrone."* Jena: Verlegt bei Eugen Diederichs.

Tavares, P. (2023). An Architectural Botany: Redefining the Agency (and Scope) of the Architectural Archive. *Koozarch* (May 23). Retrieved May 28, 2023 from https://www.koozarch.com/essays/an-architectural-botany-redefining-the-agency-and-scope-of-the-architectural-archive

Thompson, D. A. W. (1917). *On Growth and Form*. Cambridge: Cambridge University Press.

Thoreau, H. D. (1854). *Walden, or, Life in the Woods*. Boston, MA: Ticknor & Fields.

Tilman, D. (1977). Resource Competition between Plankton Algae: An Experimental and Theoretical Approach. *Ecology* 58, no. 2.

Tomkins, C. (1998). In the Outlaw Area. *New Yorker* (January 8).

Townsend, G. (1989). Airborne Toxins and the American House, 1865-1895. *Winterthur Portfolio*, 24, no. 1 (Spring).

Tsing, A. L. (2015). *The Mushroom at the End of the World: On the Possibility of Life in Capitalist Ruins*. Princeton, NJ: Princeton University Press.

Tsing, A. L., J. Deger, A. Keleman Saxena & F. Zhou, eds. (2021). *Feral Atlas: The More-Than-Human Anthropocene*. Stanford University Press. Retrieved July 6, 2021 from https://feralatlas.org

Tuck, E. & Y. K. Wayne (2012). Decolonization Is Not a Metaphor. *Decolonization: Indigeneity, Education,*

Society 1, no. 1.

Turan, N. (2019). Fake Earths. In *New Geographies II: Extraterrestrial,* no. 11, edited by J. Nesbit and G. Trangos. Harvard University: Actar.

Turan, N. (2019). *Architecture as Measure*. New York; Barcelona: Actar Publishers.

Turner, F. (2006). *From Counterculture to Cyberculture: Stewart Brand, the Whole Earth Network, and the Rise of Digital Utopianism*. Chicago: University of Chicago Press.

Turner, F. (2013). *The Democratic Surround: Multimedia & American Liberalism from World War II to the Psychedelic Sixties*. Chicago, IL: University of Chicago Press.

[U]

Uexküll, J. V. (1909). *Umwelt und Innenwelt der Tiere*. Berlin: Springer.

Uexküll, J. V. (1920). *Staatsbiologie*. Berlin: Gebrüder Paetel.

Uexküll, J. V. (2001). An Introduction to Umwelt. *Semiotica* 134.

Uexküll, J.V. (2010). *A Foray into the Worlds of Animals and Humans: With A Theory of Meaning* (1934). Translated by J. D. O'Neill. Minneapolis: University of Minnesota Press.

Usher, P. J. (2019). *Exterranean: Extraction in the Humanist Anthropocene*. New York: Fordham University Press.

U.S. Environmental Protection Agency (1989). Report to Congress on Indoor Air Quality. Vol. 2. EPA/400/1-89/001C. Washington, DC.

[V]

Valitutti, A. (2005). Urban Ecology. In *Encyclopedia of the City,* edited by R. W. Caves. London and New York: Routledge.

Van der Ryn, S. & S. Cowan (1996). *Ecological Design*. Washington, D.C.: Island Press.

Vernadsky, V. (1998). *The Biosphere*. Translated by D. B. Langmuir. Revised and annotated by M.A.S. McMenamin. New York: Copernicus.

Vesely, D. (2002). The Architectonics of Embodiment. In *Body and Building,* edited by G. Dodds & R. Tavernor. Cambridge, MA: MIT Press.

Vidler, A. (1992). *The Architectural Uncanny. Essays in the Modern Unhomely*. Cambridge, MA: MIT Press.

Voorhees, D.W. (1983). *Concise Dictionary of American Science*. New York: Scribner's.

[W]

Wakefield, S. (2020). Anthropocene Hubris. *e-flux architecture* (September). Retrieved February 22, from https://www.e-flux.com/architecture/accumulation/337991/anthropocene-hubris/

Ward, N. (1852). Preface to the Second Edition. In *On the Growth of Plants in Closely Glazed Cases*. 2nd Edition. London: J. Van Voorst.

Watson, J. *Lo-TEK: Design by Radical Indigenism*. Cologne: Taschen.

Watts-Hughes, M. (1904). *The Eidophone Voice Figures: Geometrical and Natural Forms Produced by Vibrations of the Human Voice*. London: Christian Herald Co. Ltd.

Watts-Hughes, M. (1891). Visible Sound. *Century Illustrated Monthly Magazine* 42. New York: Scribner.

Webber, S. M. (2005). Blight. In *The Encyclopedia of the City,* edited by R. W. Caves. London and New York: Routledge.

Welker, V. M. (2010-11). From Disc to Sphere. *Cabinet* 40 (Winter).

Welter, V. (2003). *Biopolis: Patrick Geddes and the City of Life*. Cambridge, MA: MIT.

Wiener, A. (2018). The Complicated Legacy of Stewart Brand's *Whole Earth Catalog*. *The New Yorker* (November 16). Retrieved January 27, 2019 from https://www.newyorker.com/news/letter-from-silicon-valley/the-complicated-legacy-of-stewart-brands-whole-earth-catalog

Williams, E. (1972). The House that Grows. *Garden News* 722 (May 5).

Wilson, F. (1979). Building with the Byproducts of Society. *AIA Journal* 68 (August).

Will You Live in a Space Capsule House? (1966). *American Home* (September).

Wines, J. (2009). Economy of Means: Some Notes on Alternative Architecture (Or, Trying to Do More with Less during These Difficult Times). *Journal of Architectural Education* 62, no. 4 (May).

Wines, J. (1974). Introduction. *On Site* 5/6. New York: Site, Inc.

Winsor, M. P. (2009). Taxonomy Was the Foundation of Darwin's Evolution. *Taxon* 58, no. 1.

Woodard, B. (2020). The Biophilosophy of Epidemiological Models. *Strelka Magazine* (May 28). Retrieved February 19, 2021 from https://strelkamag.com/en/article/biophilosophy-of-epidemiological-models.

Wright, F. L. (1932). *The Disappearing City*. New York: William Farquhar.

Wright, F. L. (1939). *An Organic Architecture: The Architecture of Democracy*. London: Lund Humphries.

Wright, F. L. (1957). The Mike Wallace Interview. New York, NY: Harry Ransom Center. Retrieved January 6, 2022 from https://youtu.be/Y0Yo2e-kRWM.

Wulf, A. (2016). *The Invention of Nature. Alexander von Humboldt's New World.* New York: Vintage.

[Y]

Young, M. (2021). *Reality Modeled After Images; Architecture and Aesthetics After the Digital Image*. New York: Routledge.

[Z]

Žižek, S. (2008). Censorship Today: Violence, or Ecology as a New Opium for the Masses. *Lacan.com* 18.

Zurr, I. & O. Catts (2002). Emergence of the Semi-Living. *Thresholds* 24 (Spring).

感谢唐尚恒、王一格、曾子悦同学对本书所做的初步整理与翻译工作。